国家级一流本科专业精品课程教材

化学工业出版社"十四五"普通高等教育规划教材

大学化学实验教程

（下册）

曹忠　童海霞　主　编

潘彤　聂艳媚　周俊　曾巨澜　副主编

化学工业出版社

·北京·

内容简介

化学是一门实验性很强的学科，本书是编者总结多年来各类大学化学实验教学与研究方面的改革成果，并设计新的实验教学体系和模式编写而成的。

全书分上、下两册，共分 10 章五大部分，分别是基础知识、基本操作、基本实验、创新研究性实验和附录，将无机化学、分析化学、有机化学、物理化学、仪器分析等实验，编排为基本实验与创新研究性实验两大块，其中基本实验又分为基础性实验、综合性实验与设计性实验。一方面增加项目式探究实验内容，另一方面选取教师科研课题成果开设创新性实验项目，并接入数字化拓展资源，融入大情怀、大格局的思政元素；同时，针对不同理科和工科专业，开设能源、环境、材料、食品、生物、制药、水利、机械、交通、土木类等具有相关专业背景的实验项目，全方位培养学生学习化学实验的"好奇心"和"智能制造"，交叉融合，以适应行业、产业、地方经济发展的需要。

《大学化学实验教程（下册）》共收录各类大学化学实验项目 76 个，其中三性实验达 56 个，占 74%。本书可作为高等院校化学、化工、轻工、环境、材料、农业、食品、生物、制药、医学以及土木、水利、机械、交通等理工科专业学生的大学化学实验教材，也可供其他专业科研和技术人员参考。

图书在版编目（CIP）数据

大学化学实验教程．下册／曹忠，童海霞主编；潘彤等副主编．—北京：化学工业出版社，2024.3
　　ISBN 978-7-122-44732-6

　　Ⅰ．①大… Ⅱ．①曹…②童…③潘… Ⅲ．①化学实验-高等学校-教材 Ⅳ．①O6-3

中国国家版本馆 CIP 数据核字（2024）第 066973 号

责任编辑：李　琰　宋林青　　　　　加工编辑：杨玉倩　朱　允
责任校对：刘　一　　　　　　　　　装帧设计：韩　飞

出版发行：化学工业出版社
　　　　　（北京市东城区青年湖南街 13 号　邮政编码 100011）
印　　刷：北京云浩印刷有限责任公司
装　　订：三河市振勇印装有限公司
787mm×1092mm　1/16　印张 12¼　字数 294 千字
2024 年 8 月北京第 1 版第 1 次印刷

购书咨询：010-64518888　　　　　售后服务：010-64518899
网　　址：http://www.cip.com.cn
凡购买本书，如有缺损质量问题，本社销售中心负责调换。

定　　价：35.00 元

《大学化学实验教程（下册）》编写人员名单

主　　编： 曹　忠　童海霞

副 主 编： 潘　彤　聂艳媚

　　　　　　周　俊　曾巨澜

参　　编：（将按姓氏拼音排序）

　　　　　　曹　忠　李和平　李志伟

　　　　　　罗文坤　聂艳媚　宁静恒

　　　　　　潘　彤　宋刘斌　谭　烨

　　　　　　童海霞　王成峰　王少芬

　　　　　　喻林萍　曾巨澜　张雄飞

　　　　　　赵亭亭　郑兴良　周　俊

前　言

为了适应国家"强基计划"和新时代人才培养战略，需要发展基础学科，并促进工程实践能力，需要培养厚基础、强能力、高素质的创新人才。化学是一门中心科学，它作为重要的基础学科，与化工、轻工、环境、材料、食品、生物、制药、医学、生命健康，甚至能源交通、土木水利、机械电气及智能制造与工程等多个核心领域的发展息息相关。同时，化学是一门实验性很强的学科，化学理论和化学规律的发展、演进和应用都来源于化学实验；化学实验教学是培养学生创新能力和工程实践能力的重要环节。因此，在进行化学类、化工类和相关理工科专业学生的化学教学中，要从基础实验出发，培养学生"化学"思维创新能力，锻炼学生"化学"实践动手能力，从而为培养高素质的创新型人才打下坚实的基础。

本书是编者总结本校和兄弟院校多年来，尤其是近几年进行国家级一流本科专业建设、国家级和省级基础课示范实验室建设以来，在大学中各类化学实验教学与研究方面的改革成果，并设计新的实验教学体系和模式编写而成的。最大的特点是结合国家重点发展领域和湖南省"十四五"规划重点发展产业，以及学校重点发展学科专业，优化了实验设计，增加了与生产实际及工程相关的实验内容，这也是满足各级一流精品课程、一流专业建设、工程教育专业认证的需要。本实验教材的特色如下：

（1）对传统的实验内容进行改革和重组：将无机化学、分析化学、有机化学、物理化学、仪器分析等实验，编排为基本实验与创新研究性实验两大块，其中基本实验又分为基础性实验、综合性实验与设计性实验。全书综合性、设计性与创新研究性实验所占比例达85％，增强了大学化学实验对学生的综合化学知识、动手与动脑能力以及创新研究基本素质的培训与强化。

（2）针对不同专业，选取学生感兴趣的具有专业背景的实验内容：依托现有资源，针对不同理科和工科专业，开设能源、环境、材料、食品、生物、制药、水利、机械、交通、土木类等具有相关专业背景的实验项目，教学大纲中涉及的每个内容模块下均有2～3个实验项目供选择，能分别满足不同专业、不同兴趣学生对化学实验课程学习的需求，将人才培养从服务型人才向创新型人才推进。

（3）依据实验大纲教学要求，将教学内容情景化、数字化：增加项目式探究实验内容，构建"技能训练＋实际问题＋课题研究"三位一体课程实验内容，而这些主要体现在创新研究性实验部分，如"采用电化学方法回收废旧电池中的锰""未知有机物的结构鉴定"等。同时，增加了拓展学习内容，如实验知识拓展介绍、习题训练等，这部分内容以数字化资源形式呈现，可扫描二维码进行学习。

（4）科教融合，选择前沿科研课题部分内容作为实验项目：选取教师科研课题成果开设创新性实验项目，强调实验方案的开放性和实验过程的自主性，能够运用所学理论知识和实验技能来解决实验中遇到的各种问题，独立开展实验研究，培养学生学习化学实验的"好奇心"和"智能制造"，交叉融合，培养助力下游学科和产业高质量发展的复合型人才。

（5）强化思政育人：将创新创业、爱国主义、节能环保、严谨治学的科研态度等思政元素有机地融合在大学化学实验教程里，如插入典型化学实验发展历史、著名科学家故事等，激发学生的斗志，指引学生前进的方向，使学生拥有大情怀、大格局，从而给予学生前进的动力，以适应行业、产业、地方经济发展的需要。

《大学化学实验教程》全书分上、下两册，共包括 10 章五大部分，即基础知识、基本操作、基本实验、创新研究性实验和附录。上册由李丹副教授和卿志和教授担任主编，由夏姣云、李君、陈平、李俊彬担任副主编；下册由曹忠教授和童海霞副教授担任主编，由潘彤、聂艳媚、周俊、曾巨澜担任副主编。长沙理工大学无机化学、分析化学、物理化学、有机化学等相关教研室（组）在大学化学相关领域具有丰富教学、教研、科研经验的中青年骨干教师参与了本书的编写。全书由曹忠教授和李丹副教授负责统编、整理、定稿。

湖南大学王青教授、中南大学丁治英副教授、湖南科技大学刘灿军副教授、吉首大学刘文萍副教授、湖南工程学院方正军教授等对本书的编写给予了热情的帮助，在此表示衷心的感谢。此外，本书得到长沙理工大学应用化学国家级一流本科专业建设项目和化学 ESI 全球前 1% 学科"双一流"建设项目的资助和支持。

由于编者水平有限，书中难免存在疏漏和不妥之处，敬请读者批评指正，以便今后修订。

《大学化学实验教程》教材编委会
2024 年 2 月于长沙

目 录

第四章　大学化学基本实验（Ⅴ）（物理化学）

第五章　创新研究性实验

附　录

参考文献

第一章　大学化学实验基础知识

一、化学实验室规则

为了保证化学实验课正常、有效、安全地进行，保证实验课的教学质量，学生必须遵守下列规则：

① 穿着实验服、长裤和不露脚面的鞋，不得穿拖鞋、凉鞋、短裤等，并将长发及松散衣服妥善固定。实验中，严禁戴隐形眼镜，以防止其与酸碱性物质、挥发性物质反应而伤害眼睛。进行危害物质、挥发性有机溶剂、特定化学试剂、边缘尖锐的物体（如碎玻璃、木材、金属碎片等）、过热或过冷的物质等的操作时，必须穿戴防护用具，如防护口罩、防护手套、防护眼镜等，同时严禁携带任何食物和饮品进入实验室。

② 在进入实验室之前，了解进入实验室后应注意的事项及有关规定。同时，认真预习有关实验的内容及相关理论知识和其他参考资料，写好实验预习报告，方可进行实验。没有达到预习要求者，不得进行实验。

③ 每次实验，先将仪器组装好，经指导老师检查合格后，方可进行下一步操作。在操作前，想好每一步操作的目的、意义，明确实验的关键步骤及难点，了解所用药品的性质及应注意的安全问题。

④ 实验中严格按操作规程操作，如需改变，必须经指导老师同意。实验中要认真、仔细观察实验现象，如实做好记录。实验完成后，由指导老师登记实验情况，并将产品回收统一保管。课后，按时写出符合要求的实验报告。

⑤ 在实验过程中，不得大声喧哗，不得擅自离开实验室，严禁嬉戏打闹和玩手机。

⑥ 在实验过程中保持实验室的环境卫生。公用仪器用完后，放回原处，并保持原样。药品取完后，及时将盖子盖好，保持药品台清洁。液体样品一般在通风橱中量取，固体样品一般在称量台上称取。仪器损坏应如实填写破损单。废液应倒在废液桶内（易燃液体除外），固体废物（如沸石、脱脂棉等）应倒在垃圾桶内，千万不要倒在水池中，以免堵塞。

⑦ 实验结束后，将个人实验台面打扫干净，仪器洗、挂、放好，拔掉电源插头，请指导老师检查、签字后方可离开实验室。值日生待做完值日后，再请指导老师检查、签字。离开实验室前应检查水、电、气是否关闭。

二、化学实验室的安全知识

在实验中经常使用有机试剂，这些物质大多数都易燃、易爆，而且具有一定的毒性。虽然在设计实验时，尽量选用低毒性的溶剂和试剂，但是当其大量使用时，对人体也会造成一定伤害。因此，防火、防爆、防中毒已成为化学实验中的重要问题。同时，还应注意用电安全，防止割伤和灼伤事故的发生。

1. 防火

引起着火的原因很多，如用敞口容器加热低沸点的溶剂、加热方法不正确等，均可引起着火。为了防止着火，实验中应注意以下几点：

① 不能用敞口容器加热和放置易燃、易挥发的化学药品。应根据实验要求和物质的性质，选择正确的加热方法，如对沸点低于 80℃ 的液体，在蒸馏时，应采用水浴加热，不能直接加热。

② 尽量防止易燃气体的外逸。处理和使用易燃物时，应远离明火，注意室内通风，及时将蒸气排出。

③ 易燃、易挥发的废物，不得倒入废液缸和垃圾桶中，应专门回收处理。

④ 实验室不得存放大量易燃、易挥发性物质。

⑤ 有煤气的实验室，应经常检查管道和阀门是否漏气。

⑥ 一旦着火，应沉着镇静地及时采取正确措施，控制事故的扩大。首先，立即切断电源，移走易燃物。然后，根据易燃物的性质和火势采取适当的方法进行扑救。有机物着火通常不用水进行扑救，因为有机物一般不溶于水或遇水可发生更剧烈的反应而引起更大的事故。小火可用湿布或石棉布盖熄，火势较大时，应用灭火器扑救。

常用灭火器有二氧化碳灭火器、四氯化碳灭火器、干粉灭火器及泡沫灭火器等。

目前实验室中常用的是干粉灭火器。使用时，拔出保险销，将出口对准着火点，将上手柄压下，干粉即可喷出。

二氧化碳灭火器也是有机实验室常用的灭火器。灭火器内存放着压缩的二氧化碳气体，适用于油脂、电气设备及较贵重仪器的着火。

虽然四氯化碳灭火器和泡沫灭火器都具有较好的灭火性能，但四氯化碳在高温下能生成剧毒的光气，而且与金属钠接触会发生爆炸；泡沫灭火器会喷出大量的泡沫而造成严重污染，给后处理带来麻烦。因此，一般不使用这两种灭火器。不管采用哪一种灭火器，都是从火焰的根部开始。

地面或桌面着火时，还可用沙子扑救，但容器内着火不宜使用沙子扑救。身上着火时，应就近在地上打滚（速度不要太快）将火焰扑灭，千万不要在实验室内乱跑，以免造成更大的火灾。

2. 防爆

在化学实验室中，发生爆炸事故的原因一般有两种：

① 某些化合物容易发生爆炸。如过氧化物、芳香族多硝基化合物等，在受热或受到碰撞时，均会发生爆炸；含过氧化物的乙醚在蒸馏时，也有爆炸的危险；乙醇和浓硝酸混合在一起，会引起极强烈的爆炸。

② 仪器安装不正确或操作不当时，也可引起爆炸。如蒸馏或反应时实验装置被堵塞，减压蒸馏时使用不耐压的仪器等。

为了防止爆炸事故的发生，应注意以下几点：

a. 使用易燃易爆物时，应严格按操作规程操作，要特别小心。

b. 反应过于剧烈时，应适当控制加料速度和反应温度，必要时采取冷却措施。

c. 在用玻璃仪器组装实验装置之前，要先检查玻璃仪器是否有破损。

d. 常压操作时，不能在密闭体系内进行加热或反应，要经常检查反应装置是否被堵塞。如发现堵塞，应停止加热或反应，将堵塞排除后再继续。

e. 减压蒸馏时，不能用平底烧瓶、锥形瓶、薄壁试管等不耐压容器作为接收瓶或反应瓶。

f. 无论是常压蒸馏还是减压蒸馏，均不能将液体蒸干，以免局部过热或产生过氧化物而发生爆炸。

3. 防中毒

大多数化学药品都具有一定的毒性。有毒药品主要通过呼吸道吸入和皮肤接触而对人体造成危害，因此预防中毒应做到：

① 称量药品时使用工具，不得直接用手接触，尤其是有毒药品。做完实验后，应洗手后再吃东西。任何药品不能用嘴尝。

② 使用和处理有毒物质或腐蚀性物质时，应在通风橱中进行或加气体吸收装置，并戴好防护用品；尽可能避免蒸气外逸，以防造成污染。

③ 如发生中毒现象，应让中毒者及时离开现场，到通风好的地方，严重者应及时送往医院。

4. 防灼伤

皮肤接触了高温、低温或腐蚀性物质后均可能被灼伤。为避免灼伤，在接触这些物质时，最好戴橡胶手套和防护眼镜。发生灼伤时应按下列要求处理：

① 被碱灼伤时，先用大量的水冲洗，再用 $1\%\sim2\%$ 的乙酸或硼酸溶液冲洗，然后用水冲洗，最后涂上烫伤膏。

② 被酸灼伤时，先用大量的水冲洗，然后用 1% 的碳酸氢钠溶液清洗，最后涂上烫伤膏。

③ 被溴灼伤时，应立即用大量的水冲洗，再用酒精擦洗或用 2% 的硫代硫酸钠溶液洗至灼伤处呈白色，然后涂上甘油或鱼肝油软膏加以按摩。

④ 以上这些物质一旦溅入眼睛中，应立即用大量的水冲洗，并及时送医。

5. 防割伤

化学实验过程中，使用玻璃仪器时要防止割伤，切记不能对玻璃仪器的任何部位施加过度的压力。

① 需要用玻璃管和塞子连接装置时，用力处不要离塞子太远，如图 1-1 中（a）和（c）所示。图 1-1 中（b）和（d）的操作是不正确的。尤其在插入温度计时，要特别小心。

② 新割断的玻璃管断口处特别锋利，使用时，要将断口处用火烧至熔化，使其成圆滑状。

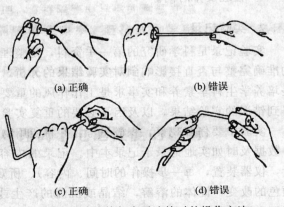

(a) 正确　　　　　　(b) 错误

(c) 正确　　　　　　(d) 错误

图 1-1　玻璃管与塞子连接时的操作方法

发生割伤后，应将伤口处的玻璃碎片取出，再用生理盐水将伤口洗净，涂上红药水，用纱布包好伤口。若割破静（动）脉血管，流血不止时，应先止血（具体方法：在伤口上方约5～10 cm处用绷带扎紧或用双手掐住），然后再进行处理或送往医院。

实验室应备有急救药品，如生理盐水、医用酒精、红药水、烫伤膏、1％～2％的乙酸或硼酸溶液、1％的碳酸氢钠溶液、2％的硫代硫酸钠溶液、甘油、止血粉、龙胆紫、凡士林等。除此之外，还应备有镊子、剪刀、纱布、药棉、绷带等急救用具。

6. 用电安全

进入实验室后，首先应了解水、电、气的开关位置，而且要掌握它们的使用方法。在实验中，应先将电气设备上的插头与插座连接好，再打开电源开关。不能用湿手或手握湿物去插或拔插头。使用电气设备前，应检查线路连接是否正确；电气设备内外要保持干燥，不能有水或其他溶剂。实验做完后，应先关掉电源，再去拔插头。

三、实验预习、记录和实验报告

1. 实验预习

实验预习是化学实验的重要环节，对保证实验成功起着关键的作用。学生若要积极主动、准确地完成实验，必须认真做好实验预习。教师有义务拒绝未进行实验预习的学生进行实验。预习的具体要求如下：

① 将本实验的目的、要求、反应方程式（主反应，主要副反应）、主要试剂及产物的物理常数（查手册或辞典）、主要试剂用量及规格摘录于实验预习报告中。

② 列出实验流程图。

③ 写出实验简单步骤。学生应将实验内容的文字改写成简单明了的实验步骤（而不是照抄实验内容！）。步骤中的文字可用符号简化，例如，试剂写分子式、克写成 g、毫升写成 mL、加热写成△、加写成＋、沉淀写成↓、气体逸出写成↑、仪器以示意图代之。学生在刚进入实验室时可画装置简图，步骤写得详细些，以后逐步简化。这样在实验前已形成了一个工作提纲，使实验有条不紊地进行。

④ 思考各步操作的目的，弄清楚实验的关键、难点及实验中可能存在的安全问题，对实验原理及操作理解透彻，进而节约实验时间。

⑤ 合理安排时间。

2. 实验记录

实验记录是科学研究的第一手资料，是整理实验报告和研究论文的根本依据。实验记录的准确完整与否直接影响到对实验结果的分析，学会保存所做实验及所得数据的完备记录，是培养学生科学素养和实事求是工作作风的重要途径。实验中常常出现由于记录得不仔细而得到错误的实验结果，以及因不必要的重复实验而浪费时间的现象。

实验中要仔细观察，积极思考，并将所用物料的数量、浓度及观察到的现象和测得的各种数据及时如实地记录于记录本中。记录的内容包括实验的全部过程（包括加入药品的数量，仪器装置，每一步操作的时间、内容）、所观察到的现象（包括反应温度的变化，体系颜色的改变，固体的溶解，结晶或沉淀的产生或消失，是否放热或有气体放出，分层现象等）和测得的各种数据（如熔程、沸程、加热温度、折射率、产量等）。记录要实事求是，特别是当观察到的现象和预期的不同时，要如实记录，以便作为总结讨论的依据。记录要及时，不允许做回忆笔记或以零星纸条上的记载补写实验记录。记录要做到简单明了、字迹清楚，实验完毕后学生应将实验记录本和产物交给教师。产物要盛于样品瓶中（固体产物可放在硫酸纸袋或培养皿中），贴好标签，标签格式如图 1-2 所示（以正溴丁烷为例）。

正溴丁烷
沸程：99～103℃
产量：8g
瓶重：15.5g
×××(姓名)
年　月　日

图 1-2　标签格式

3. 实验报告

实验报告是在实验结束后对实验过程的总结、归纳和整理，是对实验现象和结果进行分析和讨论，将感性认识提高到理性认识的必要步骤，也是整个实验的重要组成部分，必须认真对待。对于同一个实验，由于每位同学对理论知识及实验操作掌握程度的不同，同时对实验的理解也存在差异，因此得到的实验现象都是不完全相同的，可能会出现一些独有的现象，这需要在实验报告中进行总结。实验报告的内容包括以下几个部分：

① 实验目的和要求；

② 实验原理，主、副反应方程式；

③ 主要试剂及主、副产物的物理常数；

④ 主要试剂用量及规格；

⑤ 实验装置图；

⑥ 实验步骤及现象；

⑦ 涉及提纯时，粗产物纯化过程及原理；

⑧ 产率计算；

⑨ 实验讨论。

实验报告要求真实可靠，数据完整，文字简练，条理清晰，书写工整。实验报告应对反应现象给予讨论，对操作得到的经验教训和实验中存在的问题提出改进建议。讨论的重要性：通过对实验过程的回顾，可以发现自己在实验中的不足之处，防止以后出现相同的错误；同时可以加深对实验相关理论知识及实践操作的认识，巩固学习成果。

实验报告格式示例如下所示，以正溴丁烷为例：

正溴丁烷的制备

一、实验目的

1. 了解由醇制备溴代烷的原理及方法。

2. 初步掌握回流及气体吸收装置和分液漏斗的使用。

3. 初步掌握蒸馏和干燥操作。

二、实验原理

主反应：

$$NaBr + H_2SO_4 \longrightarrow HBr + NaHSO_4$$

$$n\text{-}C_4H_9OH + HBr \Longleftrightarrow n\text{-}C_4H_9Br + H_2O$$

副反应：

$$CH_3CH_2CH_2CH_2OH \xrightarrow[\triangle]{浓\ H_2SO_4} CH_3CH_2CH = CH_2 + H_2O$$

$$2n\text{-}C_4H_9OH \xrightarrow[\triangle]{\text{浓 }H_2SO_4} n\text{-}C_4H_9OC_4H_9 + H_2O$$

$$2HBr + H_2SO_4 \xrightarrow{\triangle} Br_2 + SO_2\uparrow + 2H_2O$$

三、主要试剂及产物的物理常数

名称	分子量	性状	折射率 n_D^{20}	相对密度	熔点/℃	沸点/℃	溶解度/$(g \cdot 100mL^{-1})$		
							水	醇	醚
正丁醇	74.12	无色透明液体	1.3993	0.80978	−89.9	117.71	7.920	∞	∞
正溴丁烷	137.03	无色透明液体	1.4398	1.299	−112.4	101.6	不溶	∞	∞

四、主要试剂用量及规格

正丁醇 7.4 g（9.2 mL，0.10 mol）

浓硫酸 26.7 g（14.5 mL，0.27 mol）

溴化钠 12.5 g（0.12 mol）

五、实验装置图

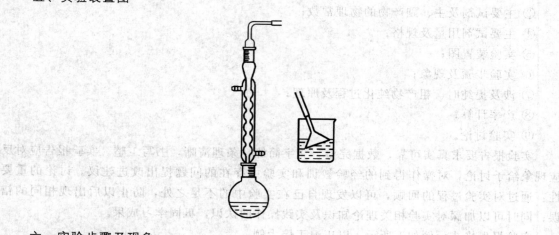

六、实验步骤及现象

步骤	现象
① 在 150 mL 圆底烧瓶中放置 10 mL 水 + 14.5 mL 浓硫酸, 振摇冷却	放热, 烧瓶烫手
② + 9.2 mL $n\text{-}C_4H_9OH$ 及 12.5 g NaBr。振摇, + 沸石	不分层, 有许多 NaBr 未溶。瓶中已出现白雾状 HBr
③ 装冷凝管、HBr 吸收装置, 小火 $\triangle$ 30～40 min	沸腾, 瓶中白雾状 HBr 增多, 并从冷凝管上升, 被气体吸收装置吸收。瓶中液体由一层变成三层, 上层开始极薄, 中层为橙黄色; 上层越来越厚, 中层越来越薄, 最后消失。上层颜色为淡黄→橙黄色
④ 稍冷, 改成蒸馏装置, + 沸石, 蒸出 $n\text{-}C_4H_9Br$	馏出液浑浊, 分层, 瓶中上层越来越少, 最后消失, 片刻后停止蒸馏。蒸馏瓶冷却析出无色透明结晶（$NaHSO_4$）
⑤ 馏出液转入分液漏斗, 用 15 mL 水洗, 静置分层 产物移至另一干燥分液漏斗中, 用 5 mL 浓硫酸洗	产物在下层 加一滴浓 H_2SO_4 沉至下层, 证明产物在上层

续表

步骤	现象
分去硫酸层,留取有机相,再依次用: 8 mL 水洗 8 mL 饱和 NaHCO₃ 溶液洗 8 mL 水洗	两层交界处有些絮状物
⑥ 粗产物置 25 mL 锥形瓶中,+1 g CaCl₂ 干燥	粗产物有些浑浊,稍摇后透明
⑦ 干燥后的产物滤入 25 mL 圆底烧瓶中,+沸石,蒸馏收集 99～103℃馏分	99℃以前馏出液很少。温度长时间稳定于 101～102℃,后升至 103℃。当温度下降,瓶中液体很少时,停止蒸馏
⑧ 观察产物外观,称重	无色透明液体,瓶重 15.5 g,共重 23.5 g,产物重 8 g

七、粗产物纯化过程及原理

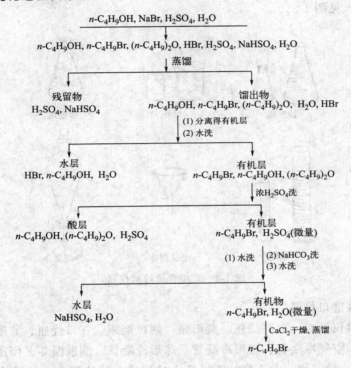

八、产率计算

理论产量 $=0.1 \text{ mol} \times 137 \text{ g} \cdot \text{mol}^{-1} = 13.7 \text{ g}$

产率 $= 8 \text{ g}/13.7 \text{ g} = 58\%$

九、实验讨论

醇能与硫酸生成钅羊盐,而卤代烃不溶于硫酸,故随着正丁醇转化为正溴丁烷,烧瓶中分成三层,上层为正溴丁烷,中层可能为硫酸氢正丁酯,中层消失即表示大部分正丁醇已转化为正溴丁烷。上、中两层液体呈橙黄色,可能是由副反应产生的溴所致。从实验可知溴在正溴丁烷中的溶解度比硫酸中的溶解度大。

蒸去正溴丁烷后,烧瓶冷却析出的结晶是硫酸氢钠。

由于操作时疏忽大意,反应开始前忘加沸石,回流不正常,停止加热稍冷后,再加沸石继续回流,致使操作时间延长,今后要引起注意。

四、实验常用仪器

了解实验所用仪器及设备的性能、正确使用的方法和维护的基本内容，是对每一个实验者最起码的要求。

1. 玻璃仪器

（1）常用普通玻璃仪器

玻璃仪器一般是由软质或硬质玻璃制作而成的。软质玻璃价格便宜，但耐温、耐腐蚀性较差，因此，一般用它制作的仪器均不耐温，如普通漏斗、量筒、吸滤瓶、干燥器等。硬质玻璃具有较好的耐温和耐腐蚀性，制成的仪器可在温度变化较大的情况下使用，如烧瓶、烧杯、冷凝器等。实验室常用的普通玻璃仪器有非磨口锥形瓶、烧杯、吸滤瓶、量筒、普通漏斗、分液漏斗等，见图1-3。

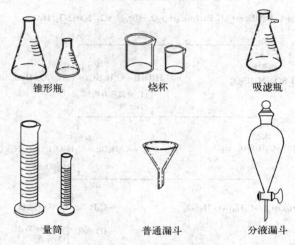

锥形瓶　　　　　烧杯　　　　　吸滤瓶

量筒　　　　　普通漏斗　　　　　分液漏斗

图1-3　常用普通玻璃仪器

（2）常用标准磨口仪器

常用标准磨口仪器有：圆底烧瓶、梨形瓶、两口烧瓶、三口烧瓶、Y形管、弯头、蒸馏头、克氏蒸馏头、空气冷凝管、直形冷凝管、球形冷凝管、滴液漏斗、恒压滴液漏斗、大小口接头（变径头）、导气管、空心塞、干燥管、抽滤管、抽滤漏斗、单股接引管、双股接引管。见图1-4。

同号的接头可以互相连接，不漏气，安装速度快。不同号的磨口玻璃仪器可以借助变径头（一头大一头小）连接。

标准磨口仪器根据磨口口径分为10、14、19、24、29、34、40、50等号。相同编号的子口与母口可以连接。当用不同编号的子口与母口连接时，中间可加一个大小口接头。当使用14/30这种编号时，表明仪器的口径为14 mm，磨口长度为30 mm。学生使用的常量仪器一般是19号的，半微量实验中采用的是14号的磨口仪器。微量实验中采用10号磨口仪器，国产微型化学实验仪器示意图见图1-5。

使用玻璃仪器时应注意以下几点：

① 使用时，应轻拿轻放。

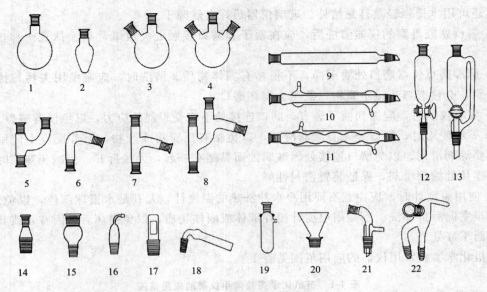

图1-4 常用标准磨口仪器

1—圆底烧瓶；2—梨形瓶；3—两口烧瓶；4—三口烧瓶；5—Y形管；6—弯头；7—蒸馏头；8—克氏蒸馏头；
9—空气冷凝管；10—直形冷凝管；11—球形冷凝管；12—滴液漏斗；13—恒压滴液漏斗；14—大变小接头；
15—小变大接头；16—导气管；17—空心塞；18—干燥管；19—抽滤管；20—抽滤漏斗；
21—单股接引管；22—双股接引管

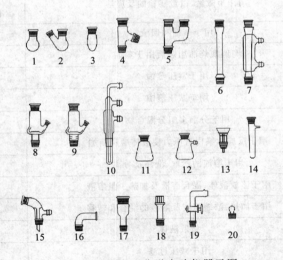

图1-5 国产微型化学实验仪器示图

1—圆底烧瓶；2—两口烧瓶；3—离心试管（又称锥形反应器）；4—蒸馏头；5—Y形管；6—空气冷凝管；
7—直形冷凝管；8—微型蒸馏头；9—微型分馏头；10—真空指形冷凝器；11—锥形瓶；12—吸滤瓶；
13—玻璃钉漏斗；14—具支试管；15—真空接引管；16—干燥管；17—大小口接头；
18—温度计套管（直通式）；19—二通活塞导气管；20—玻璃塞

② 不能用明火直接加热玻璃仪器，加热时应垫石棉网。

③ 不能用高温加热不耐温的玻璃仪器，如吸滤瓶、普通漏斗、量筒等。

④ 玻璃仪器使用完后，应及时清洗干净，特别是标准磨口仪器放置时间太久，容易黏结在一起，很难拆开。如果发生此情况，可用热水煮黏结处或用热风吹黏结处，使其膨胀而

脱落，还可用木槌轻轻敲打黏结处。玻璃仪器最好自然晾干。

⑤ 带旋塞或具塞的仪器清洗后，应在塞子和磨口接触处夹放纸片或涂抹凡士林，以防黏结。

⑥ 标准磨口仪器磨口处要干净，不得粘有固体物质。清洗时，应避免用去污粉擦洗磨口，否则，会使磨口连接不紧密，甚至会损坏磨口。

⑦ 安装仪器时，应做到横平竖直，磨口连接处不应受歪斜的应力，以免仪器破裂。

⑧ 一般使用时，磨口处无需涂润滑剂，以免粘有反应物或产物。但若反应中使用强碱时，则要涂润滑剂，以免磨口连接处因碱腐蚀而黏结在一起，无法拆开。当减压蒸馏时，应在磨口连接处涂润滑剂，保证装置密封性好。

⑨ 使用温度计时，应注意不要用冷水冲洗热的温度计，尤其是水银球部位，以免炸裂，应冷却至室温后再冲洗。不能用温度计搅拌液体或固体物质，以免损坏后，因有汞或其他有机液体而不好处理。

有机化学实验常用仪器的应用范围见表 1-1。

表 1-1　有机化学实验常用仪器的应用范围

仪器名称	应用范围	备注
圆底烧瓶	用于反应、回流加热及蒸馏	—
三口烧瓶	用于反应，三口分别安装电动搅拌器、回流冷凝管及温度计	—
两口烧瓶	用作半微量、微量实验的反应器	中间口接冷凝管、分馏头等，侧口接温度计和滴液漏斗
冷凝管	用于蒸馏和回流	—
蒸馏头	与圆底烧瓶组装后用于蒸馏	—
单股接引管	用于常压蒸馏	—
双股接引管	用于减压蒸馏	—
分馏柱	用于分馏多组分混合物	—
恒压滴液漏斗	用于反应体系内有压力使液体顺利滴加	—
分液漏斗	用于溶液的萃取、洗涤及分离	—
锥形瓶	用于盛放液体、混合溶液及加热少量溶液	不能用于减压蒸馏
烧杯	用于加热、浓缩溶液及溶液的混合和转移	—
量筒	量取液体	切勿直接用火加热
吸滤瓶	用于减压过滤	不能直接用火加热
布氏漏斗	用于减压过滤	瓷质
提勒管（b形管）	用于测熔点	内装石蜡油、硅油或浓硫酸
干燥管	装干燥剂，用于无水反应装置	—

2. 金属器具

在化学实验中常用的金属器具有铁架台、烧瓶夹、冷凝管夹（又称万能夹）、铁圈、镊子、剪刀、锉刀、打孔器、不锈钢小勺等。这些仪器应放在实验室规定的地方。要保持这些仪器的清洁，经常在活动部位加上一些润滑剂，以保证活动灵活不生锈。

五、实验常用装置

常用装置具体可参见图 1-6 至图 1-12。

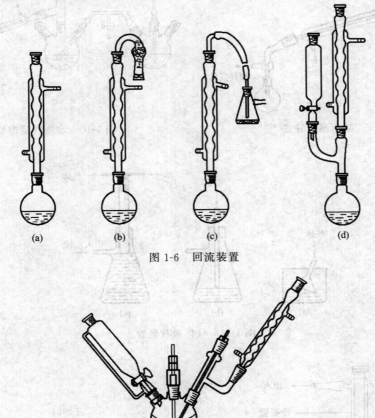

图 1-6　回流装置

图 1-7　控温-滴加-搅拌回流装置

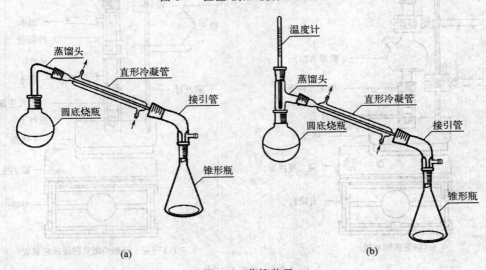

图 1-8　蒸馏装置

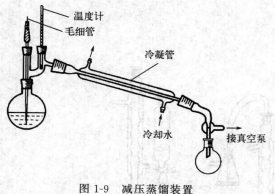

图 1-9　减压蒸馏装置

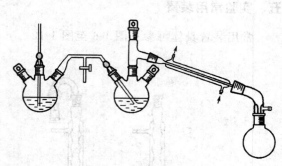

图 1-10　水蒸气蒸馏装置

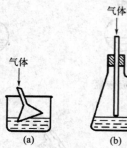

图 1-11　气体吸收装置

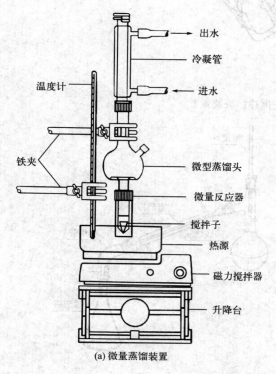

(a) 微量蒸馏装置　　　　　　　　　　(b) 带有干燥剂的微量回流反应装置

图 1-12　微量反应装置

六、仪器的选择

化学实验的大多数反应装置都是由一件件玻璃仪器组装而成的，实验中应根据要求选择合适的仪器。一般选择仪器的原则如下：

① 烧瓶的选择。根据液体的体积而定，一般液体的体积应占容器体积的 1/3～2/3。进行水蒸气蒸馏和减压蒸馏时，液体体积不应超过烧瓶容积的 1/3。

② 冷凝管的选择。一般情况下，回流用球形冷凝管，蒸馏用直形冷凝管。但是当蒸馏温度超过 140℃时应改用空气冷凝管，以防温差较大时，受热不均匀而造成冷凝管断裂。

③ 温度计的选择。实验室一般备有 100℃和 300℃两种温度计，根据所测温度可选用不同的温度计。一般选用的温度计要高于被测温度 10～20℃。

七、仪器的装配与拆卸

安装仪器时，应选好主要仪器的位置，要先下后上，先左后右，逐个将仪器边固定边组装。拆卸的顺序则与组装相反。拆卸前，应先停止加热，移走加热源，待稍微冷却后，先取下产物，然后再逐个拆掉。拆冷凝管时注意不要将水洒到电热套上。

八、仪器的清洗和干燥

1. 玻璃仪器的清洗

①水洗；②洗涤剂洗；③洗液洗；④特殊洗涤。
要求及时清洗，了解污物的性质采取针对性措施。

2. 仪器的干燥

（1）自然晾干
适应一般要求。

（2）在烘箱中烘干
仪器放入前必须尽量倒尽其中的水，放入时口应朝上。烘得很热的仪器放在石棉板上冷却，避免骤然遇到冷的物体而炸裂。厚壁仪器如量筒、吸滤瓶、冷凝管等，不宜在烘箱中烘干。分液漏斗和滴液漏斗必须拔去盖子和旋塞并擦去油脂后，才能放入烘箱烘干。仪器烘干时从上到下放置。

（3）用有机溶剂干燥
体积小的仪器急需干燥时，先用少量酒精洗涤一次，再用少量丙酮洗涤，最后用吹风机吹干（不必加热）。

3. 仪器的领取与维护

① 每人在第一次上课时在准备室领取一套玻璃仪器，领取后应按清单清点并洗净，如不够，需到准备室补齐。

② 实验过程中应小心使用玻璃仪器，若发生仪器损坏，应及时到准备室报告并领取新仪器，同时承担部分费用。

③ 每次实验后应将自己的所有玻璃仪器收好保存在柜中。所有课程结束后，清点仪器交还准备室，缺损的需补齐，并承担相应费用。

九、加热和冷却

1. 加热

某些化学反应在室温下难以进行或进行得很慢。为了加快反应，要采用加热的方法。温度升高，反应加快，一般温度每升高 10℃，反应速率增加 1 倍。有机实验常用的热源是电热套或电热板。直接用火焰加热玻璃器皿很少被采用，因为剧烈的温度变化和不均匀的加热会造成玻璃仪器的损坏；同时，由于局部过热，可能引起有机化合物的部分分解。此外，从安全的角度来看，因为许多有机化合物能燃烧甚至爆炸，应该避免用火焰直接接触被加热的物质，可根据物料及反应特性采用适当的间接加热方法。最简单的方法是通过石棉网进行加热，加热时，烧杯（瓶）受热面扩大，且受热较均匀。

（1）水浴

当所需加热温度在 80℃ 以下时，可将容器浸入水浴中进行加热。水浴液面应略高于容器中的液面，勿使容器底触及水浴锅底。控制温度稳定在所需范围内。若长时间加热，水浴中的水会汽化蒸发，可采用电热恒温水浴。还可在水面上加几片石蜡。石蜡受热熔化铺在水面上，可减少水的蒸发。

（2）油浴

加热温度在 80～250℃ 之间可用油浴。油浴所能达到的最高温度取决于所用油的种类。

若在植物油中加入 1% 的对苯二酚，可增加油在受热时的稳定性。甘油和邻苯二甲酸二丁酯的混合液适用的加热温度为 140～180℃，温度过高则分解。

甘油吸水性强，放置过久的甘油，使用前应首先加热蒸去所吸的水分，之后再用于油浴。

液体石蜡可加热到 220℃，温度稍高虽不易分解，但易燃烧。

固体石蜡也可加热到 220℃ 以上，其优点是室温下为固体，便于保存。

硅油和真空泵油在 250℃ 以上时较稳定，但由于价格贵，一般实验室较少使用。

用油浴加热时，要在油浴装置中加温度计（温度计感温头，如水银球等，不应接触油浴锅底），以便随时观察和调节温度。油浴所用的油中不能溅入水，否则加热时会产生泡沫或发生暴溅。使用油浴时，要特别注意防止油蒸气污染环境和引起火灾，为此，可用一块中间有圆孔的石棉板覆盖油锅。

（3）空气浴

空气浴就是使用热源将局部空气加热，空气再把热能传导给反应容器的一种加热方法。电热套加热就是简便的空气浴加热，能从室温加热到 200℃ 左右。安装电热套时，要使反应瓶外壁与电热套内壁保持 2 cm 左右的距离，以便利用热空气传热和防止局部过热等。

（4）沙浴

加热温度达 300℃ 左右时，往往使用沙浴。将清洁而又干燥的细沙平铺在铁盘上，把盛有被加热物料的容器埋在沙中，加热铁盘。由于沙对热的传导能力较差而散热较快，所以容器底部与沙浴接触处的沙层要薄些，以便于受热。由于沙浴温度上升较慢，且不易控制，因而使用不广。

除了以上介绍的几种加热方法外，还可用熔盐浴、金属浴（合金浴）、电热法等加热方法，可根据实验的需要选择。无论用何种方法加热，都要求加热均匀而稳定，尽量减少热损失。

2. 冷却

有些反应产生大量的热，使反应温度迅速升高，如果控制不当，可能引起副反应；还会使反应物蒸发，甚至发生冲料和爆炸事故。若要将温度控制在一定范围内，就要进行适当的冷却。有时为了降低溶质在溶剂中的溶解度或加速结晶析出，也要采用冷却的方法。

（1）冰水冷却

可用冷水在容器外壁流动，或把反应器浸在冷水中，交换走热量。也可用水和碎冰的混合物作冷却剂，其冷却效果比单用冰块好。如果水不妨碍反应进行，也可把碎冰直接投入反应器中，以便更有效地保持低温。

（2）冰盐冷却

当在0℃以下进行操作时，常用按不同比例混合的碎冰和无机盐作为冷却剂［把盐研细，把冰砸碎成小块（或用冰片花），使盐均匀包在冰块上］。在使用过程中应随时搅拌。

1份食盐＋3份碎冰：$-18 \sim -5℃$。

10份六水氯化钙＋8份冰：$-40 \sim -20℃$。

（3）干冰或干冰与有机溶剂混合冷却

干冰（固体的二氧化碳）和乙醇、异丙醇、丙酮、乙醚或氯仿混合，可冷却到$-78 \sim -50℃$。应将这种冷却剂放在杜瓦瓶（广口保温瓶）中或其他绝热效果好的容器中，以保持冷却效果。

干冰-丙酮：$-78℃$。

十、电气设备

实验室有很多电气设备，使用时应注意安全，并保持这些设备的清洁，千万不要将药品撒到设备上。

（1）烘箱

实验室一般使用的是恒温鼓风干燥箱，主要用于干燥玻璃仪器或无腐蚀性、热稳定好的药品。使用时应先调好温度（烘玻璃仪器一般控制在$100 \sim 110℃$）。刚洗好的仪器应将水控干后再放入烘箱。烘仪器时，将烘热干燥的仪器放在上边，湿仪器放在下边，以防湿仪器上的水滴到热仪器上造成仪器炸裂。热仪器取出后，不要马上碰冷的物体如冷水、金属器具等。带旋塞或具塞的仪器，应取下塞子后再放入烘箱中烘干。

（2）气流烘干器

气流烘干器是一种用于快速烘干仪器的设备，如图1-13。使用时，将仪器洗干净后，甩掉多余的水分，然后将仪器套在烘干器的多孔金属管上。注意随时调节热空气温度。气流烘干器不宜长时间加热，以免烧坏电机和电热丝。

图1-13　气流烘干器

（3）电热套

用玻璃纤维与电热丝编织成半圆形的内套，外边加上金属外壳，中间填上保温材料，构成电热套，如图1-14。根据内套直径的大小分为50、100、150、200、250 mL等规格，最大可到3000 mL。此设备不用明火加热，使用较安全。由于它的结构是半圆形的，在加热时，烧瓶处于热气流中，因此，加热效率较高。使用时应注意，不要将药品撒在电热套

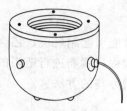

图1-14　电热套

中，以免加热时药品挥发污染环境，同时避免电热丝被腐蚀而断开。用完后放在干燥处，否则内部吸潮后会降低绝缘性能。

（4）搅拌器

搅拌器一般用于反应时搅拌液体反应物，分为电动搅拌器和电磁搅拌器。

① 使用电动搅拌器时，应先将搅拌棒与电动搅拌器连接好，再将搅拌棒用套管或塞子与反应瓶连接固定好。搅拌棒与套管的固定一般用乳胶管，乳胶管的长度不要太长也不要太短，以免由于摩擦而使搅拌棒转动不灵活或密封不严。在开动搅拌器前，应用手先空试搅拌器转动是否灵活，如不灵活，应找出摩擦点，进行调整，直至转动灵活。如是电机问题，应向电机的加油孔中加一些机油或更换新电机，以保证电机转动灵活。

② 电磁搅拌器能在完全密封的装置中进行搅拌。它由电机带动磁体旋转，磁体又带动反应器中的磁子旋转，从而达到搅拌的目的。电磁搅拌器一般都带有温度和速度控制旋钮，使用后应将旋钮回零。此外，应注意电磁搅拌器的防潮防腐。

（5）旋转蒸发器

旋转蒸发器可用来回收、蒸发有机溶剂。由于它使用方便，近年来在有机化学实验室中被广泛使用。它利用一台电机带动蒸发瓶（一般用圆底烧瓶）、冷凝管、接收瓶旋转，如图1-15所示。此装置可在常压或减压下使用，可一次进料，也可分批进料。由于蒸发瓶在不断旋转，不加沸石也不会暴沸。同时，液体附于壁上形成了一层液膜，加大了蒸发面积，使蒸发速度加快。使用时应注意：

① 减压蒸馏时，当温度高、真空度高时，瓶内液体可能会暴沸。此时，及时转动加料开关（放气开关），通入冷空气降低真空度即可。对于不同的物料，应找出合适的温度与真空度，以平稳地进行蒸馏。

② 停止蒸发时，先停止加热，再切断电源，最后停止抽真空。若烧瓶取不下来，可趁热用木槌轻轻敲打，以便取下。

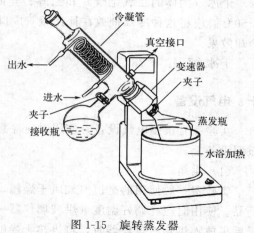

图1-15　旋转蒸发器

读一读

第二章　大学化学实验基本操作

一、干燥

1. 原理

干燥方法大致可分为物理法和化学法两种。

（1）物理法

物理法包括吸附、分馏、共沸蒸馏等方法。此外，还常用离子交换树脂和分子筛等来进行脱水干燥。离子交换树脂是一种不溶于水、酸、碱和有机化合物的高分子聚合物，如苯磺酸钾型阳离子交换树脂是由苯乙烯和二乙烯基苯共聚后经磺化、中和等处理后得到的细圆珠状粒子，内有很多空隙，可以吸附水分子。如果将其加热至 $150℃$ 以上，被吸附的水分子又将释出。分子筛是多孔硅铝酸盐的晶体，晶体内部有许多孔径大小均一的孔道和占本身体积一半左右的孔穴，它允许小的分子"躲"进去，从而达到将不同大小的分子"筛分"的目的。例如 4A 分子筛是一种硅铝酸钠 $[NaAl(SiO_3)_2]$，微孔的表观直径约为 $4.2 Å$，能吸附直径 $4 Å$ 的分子。吸附水分子后的分子筛可经加热至 $350℃$ 以上进行解吸后重新使用。

（2）化学法

化学法是用干燥剂来进行干燥的一种方法，根据原理，干燥剂可分为两类：

① 能与水可逆地结合生成水合物，如氯化钙、硫酸镁等；

$$干燥剂（固体）+x H_2O（液体）\Longleftrightarrow 干燥剂 \cdot x H_2O（固体）$$

② 与水发生不可逆的化学反应而生成一个新的化合物，如金属钠、五氧化二磷。

$$P_2O_5（固体）+3H_2O（液体）\Longrightarrow 2H_3PO_4$$

目前实验室中应用最广泛的是第一类干燥剂。

（3）使用干燥剂应注意的问题

① 因为是可逆反应，形成的水合物根据其组成在一定温度下保持恒定的蒸气压，如 $25℃$ 时硫酸镁水合物平衡时的蒸气压 $0.13 kPa$，与被干燥的液体和干燥剂的相对量无关。无论加入多少硫酸镁，在室温下所能达到的蒸气压不变，所以不可能将水完全除尽，故干燥剂的加入量要适当，一般为 5% 左右。

② 干燥剂只适用于干燥含有少量水的液体有机化合物，如果含大量水，必须在干燥前设法除去。

③ 温度升高使平衡向脱水方向移动，所以在蒸馏前，必须将干燥剂滤除。

④ 干燥剂形成水合物达到平衡需要一定时间，因此，加入干燥剂后，最少要放置 $1\sim2 h$ 或者更长时间。

2. 液体有机化合物的干燥

（1）干燥剂的选择

液体有机化合物的干燥，通常是用干燥剂直接与其接触，因而所用的干燥剂必须不与该物质发生化学反应或催化作用，且不溶于该液体中。例如，酸性物质不能用碱性干燥剂，碱性物质不能用酸性干燥剂。有的干燥剂能与某些被干燥的物质生成配合物，如氯化钙易与醇类、胺类形成配合物，因而不能用来干燥这些液体。强碱性干燥剂，如氧化钙、氢氧化钠能催化某些醛类或酮类发生缩合、自动氧化等反应，也能使酯或酰胺类发生水解反应；氢氧化钾（钠）还能显著地溶于低级醇中，因而不能用它们来干燥这些液体。

在选择干燥剂时，也要考虑干燥剂的吸水容量和干燥效能。吸水容量是指单位质量干燥剂所吸收的水量；干燥效能是指达到平衡时液体干燥的程度。对于形成水合物的无机盐干燥剂，常用吸水后结晶水的蒸气压来表示干燥效能。例如，硫酸钠形成 10 个结晶水的水合物，其吸水容量达 1.25；氯化钙最多能形成 6 个结晶水的水合物，其吸水容量为 0.97。两者在 25℃时水的蒸气压分别为 0.26 kPa 及 0.04 kPa。因此，硫酸钠的吸水容量较大，但干燥效能弱；而氯化钙的吸水容量较小，但干燥效能强。所以在干燥含水量较多且不易干燥的化合物（含有亲水性基团）时，常先用吸水容量较大的干燥剂除去大部分水分，然后再用干燥效能强的干燥剂干燥。对于化学法中的两类干燥剂，通常第二类干燥剂的干燥效能较第一类高，但吸水容量较小，所以通常用第一类干燥剂干燥后，再用第二类干燥剂除去残留的微量水分，而且只有在需要彻底干燥的情况下才使用第二类干燥剂。

此外，干燥剂的选择还要考虑干燥速率和价格。常用干燥剂的性能与应用范围见表2-1。

表 2-1　常用干燥剂的性能与应用范围

干燥剂	干燥原理	吸水容量	干燥效能	干燥速率	适用范围	酸碱性
氯化钙	形成 $CaCl_2 \cdot nH_2O$（$n=1、2、4、6$）	0.97（按 $CaCl_2 \cdot 6H_2O$ 计）	中等	较快，但吸水后表面为薄层液体所盖，故放置时间要长些	能与醇、酚、胺、酰胺及某些醛、酮形成配合物，因而不能用来干燥这些化合物。其工业品中可能含氢氧化钙或氧化钙，故不能用来干燥酸类	中性
硫酸镁	形成 $MgSO_4 \cdot nH_2O$（$n=1、2、4、5、6、7$）	1.05（按 $MgSO_4 \cdot 7H_2O$ 计）	较弱	较快	应用范围广，可用以干燥酯、醛、酮、腈、酰胺等不能用 $CaCl_2$ 干燥的化合物	中性
硫酸钠	形成 $Na_2SO_4 \cdot 10H_2O$	1.25	弱	缓慢	一般用于液体有机化合物的初步干燥	中性
硫酸钙	形成 $2CaSO_4 \cdot H_2O$	0.06	强	快	常与硫酸镁（钠）搭配，作最后干燥之用	中性
碳酸钾	形成 $K_2CO_3 \cdot 1/2H_2O$	0.2	较弱	慢	用于干燥醇、酮、酯等中性有机物，以及胺、杂环等碱性化合物。不适用于干燥酸、酚及其他酸性化合物	弱碱性

续表

干燥剂	干燥原理	吸水容量	干燥效能	干燥速率	适用范围	酸碱性
浓硫酸	吸水性	—	强	快	常用于卤代烃及脂肪烃的干燥,但不能用于干燥烯烃、醇和醚类	酸性
氢氧化钾(钠)	溶于水	—	中等	快	用于干燥胺、杂环等碱性化合物,不能用于干燥醇、酯、醛、酮、酸、酚等	强碱性
金属钠	$Na+H_2O \Longrightarrow$ $NaOH+\frac{1}{2}H_2$		强	快	限于干燥醚、烃类中的痕量水分。用时切成小块或压成钠丝	—
氧化钙	$CaO+H_2O \Longrightarrow$ $Ca(OH)_2$		强	较快	适于干燥低级醇类	碱性
五氧化二磷	$P_2O_5+3H_2O \Longrightarrow$ $2H_3PO_4$		强	快,但吸水后表面为黏浆液所覆盖,操作不便	适用于干燥醚、烃、卤代烃、腈等中的痕量水分。不适用于干燥醇、酸、胺、酮等	酸性
分子筛(3A或4A)	物理吸附	约0.25	强	快	适用于各类有机化合物的干燥	—

(2) 干燥剂的用量

干燥剂的用量可根据水在液体中的溶解度和干燥剂的吸水容量来估计,水在液体中的溶解度可以从手册或网络上查出。一般来说,含亲水性基团的化合物(如醇、醚、胺等),所用的干燥剂要多些,而不含亲水性基团的化合物(如烃类)用量要少些。由于干燥剂也能吸附一部分液体,所以要严格控制干燥剂的用量。必要时,宁可先加入一些吸水容量大的干燥剂干燥,过滤后再用干燥效能较强的干燥剂。一般干燥剂的用量为每10 mL液体0.5~1 g,但由于液体中的水分含量不等,干燥剂的质量、颗粒大小和干燥时的温度等不同,以及干燥剂也可能吸收一些副产物(如氯化钙吸收醇)等因素存在,因此很难规定具体的数量,操作者应细心积累这方面的经验。观察被干燥的液体,如原先浑浊的液体加入干燥剂放置后,呈清澈透明状,则表明干燥已基本合格。然而,有时干燥后由浑浊变为澄清,并不一定说明它不含水分,澄清与否和水在该化合物中的溶解度有关。也可以观察干燥剂的形态,如干燥剂结块,在瓶底聚集在一起,或相互黏结,附在瓶壁上,则表明干燥剂不够;经静置后,干燥剂棱角清楚分明,摇动时颗粒能自由悬浮移动,表明用量已足够。

各类液体有机化合物常用的干燥剂见表2-2。

表2-2 各类液体有机化合物常用的干燥剂

化合物	干燥剂	化合物	干燥剂
烃	$CaCl_2,CaSO_4,Na,P_2O_5$	酮	$K_2CO_3,MgSO_4,Na_2SO_4$
卤代烃	$CaCl_2,MgSO_4,Na_2SO_4,P_2O_5$	酚	$MgSO_4,Na_2SO_4$
醇	$K_2CO_3,MgSO_4,CaO,Na_2SO_4$	酯	$MgSO_4,Na_2SO_4,K_2CO_3$
醚	$CaCl_2,Na,P_2O_5$	胺	$KOH,NaOH,K_2CO_3,CaO$
醛	$MgSO_4,Na_2SO_4$	硝基化合物	$CaCl_2,MgSO_4,Na_2SO_4$

（3）实验操作

干燥前应将被干燥液体中的水分尽可能分离干净，不应有任何可见的水层。将该液体置于锥形瓶中，取适量的干燥剂小心加入（见图 2-1）。干燥剂颗粒大小要适宜，太大时，因表面积小而吸水很慢，且干燥剂内部不起作用；太小时，则因比表面太大而不易过滤，且吸附目标产物过多。然后塞上塞子，振摇片刻，增加液固两相的接触，促进干燥。当在液体有机化合物中存在较多的水分时，常常可能出现少量的水层（例如在用氯化钙干燥时），必须将此水层用分液漏斗分去或用吸管将水层吸去，再加入一些新的干燥剂，放置一段时间（至少 0.5 h，最好放置过夜），并时时加以振摇。最后将已干燥的液体通过置有折叠滤纸或一小团脱脂棉的漏斗直接滤入烧瓶中（见图 2-2），进行蒸馏。对于某些干燥剂，如金属钠、生石灰、五氧化二磷等，由于它们和水反应后生成比较稳定的产物，有时可不必过滤而直接进行蒸馏。

图 2-1　向溶液中加入干燥剂　　　　图 2-2　干燥剂的过滤

（4）共沸蒸馏法干燥

许多溶剂能与水形成恒沸混合物，恒沸点低于溶剂的本身沸点，因此当恒沸混合物蒸完时，剩下的就是无水溶剂。显然，这些溶剂不需要加干燥剂干燥。如工业乙醇通过简单蒸馏只能得到 95.5% 的乙醇，即使用最好的分馏柱，也无法得到无水乙醇。为了将乙醇中的水分完全除去，可在乙醇中加入适量苯或甲苯进行恒沸蒸馏。先蒸出的是苯-水-乙醇恒沸混合物（沸点 65℃），然后是苯-乙醇混合物（沸点 68℃），残余物继续蒸出即为无水乙醇。

共沸蒸馏法也可用来除去反应时生成的水。如羧酸与乙醇的酯化过程中，为了提高酯的产率，可加入环己烷或苯，使反应所生成的水-环己烷-乙醇形成三元恒沸混合物而蒸馏出来。

3. 固体有机化合物的干燥

（1）晾干

将待干燥的固体放在表面皿上或培养皿中，尽量平铺成一薄层，再用滤纸或培养皿覆盖上，以免灰尘沾污，然后在室温下放置直到干燥为止，这对于低沸点溶剂的除去是既经济又方便的方法。

（2）红外灯干燥

固体中如含有不易挥发的溶剂时，为了加速干燥，常用红外灯干燥。红外灯可用可调变压器来调节温度，使用时温度不要调得过高，干燥的温度应低于晶体的熔点，干燥时旁边可放一支温度计，以便控制温度。要随时翻动固体，防止结块。严防水滴溅在灯泡上而发生炸裂。常压下易升华或热稳定性差的结晶不能用红外灯干燥。

（3）烘箱干燥

烘箱用来干燥无腐蚀性、无挥发性、加热不分解的有机化合物。切忌将易挥发、易燃、易爆物放在烘箱内烘烤，以免发生危险。

（4）干燥器干燥

普通干燥器一般适用于保存易潮解或升华的样品，但干燥效率不高，所费时间较长。干燥剂通常放在多孔瓷板下面，待干燥的样品用表面皿或培养皿盛装，置于瓷板上面，所用干燥剂由被除去溶剂的性质而定。

变色硅胶是干燥器中使用较普遍的干燥剂，其制备方法是：

将无色硅胶平铺在盘中，在空气中放置几天，任其吸收水分，以减少内应力。如果部分干燥的硅胶有内应力，浸入溶液中即会发生炸裂，变成更小的颗粒状。当吸收的水分使它的质量增加了原质量的 1/5 时，浸入 20％氯化钴的乙醇溶液中，15～30 min 后取出晾干，再置于 250～300℃ 的烘箱中活化至恒重，即得变色硅胶。它干燥时为蓝色，吸水后变成红色，烘干后可再使用。

真空干燥器比普通干燥器干燥效率高，但这种干燥器不适用于易升华物质的干燥。用真空泵抽气后，要放气取样时，需用滤纸片挡住入口，防止冲散样品。抽气时要接上安全瓶，以免在水压变化时使水倒吸入干燥器内。对于空气敏感的物质，可通入氮气保护。图 2-3 为普通干燥器和真空干燥器示意图。

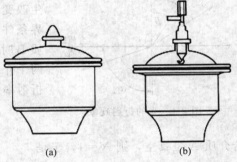

图 2-3　普通干燥器（a）和真空干燥器（b）

（5）冷冻干燥

冷冻干燥是使有机化合物的水溶液或混悬液在高真空的容器中，先冷冻成固体状态，然后利用冰的蒸气压较高的性质，使水分从冰冻的体系中升华，有机化合物即成固体或粉末。对于受热时不稳定物质的干燥，该方法特别适用。

4. 气体的干燥

有气体参加反应时，常常将气体发生器或钢瓶中气体通过干燥剂干燥。固体干燥剂一般装在干燥管、干燥塔或大的 U 形管内；液体干燥剂则装在各种形式的洗气瓶内。要根据被干燥气体的性质、用量、潮湿程度及反应条件，选择不同的干燥剂和仪器。干燥气体常用的干燥剂见表 2-3。

表 2-3　干燥气体常用的干燥剂

干燥剂	可干燥的气体
CaO、NaOH、KOH	NH_3 类
无水 $CaCl_2$	H_2、HCl、CO_2、CO、SO_2、N_2、O_2、低级烷烃、醚、烯烃、卤代烃
P_2O_5	H_2、O_2、CO_2、SO_2、N_2、烷烃、乙烯
浓硫酸	H_2、N_2、CO_2、Cl_2、HCl、烷烃
$CaBr_2$、$ZnBr_2$	HBr

用无水氯化钙干燥气体时，切勿用细粉末，以免吸潮后结块堵塞。如用浓硫酸干燥，酸

的用量要适当，并控制好通入气体的速度；为了防止发生倒吸，在洗气瓶与反应瓶之间应连接安全瓶。

用干燥塔进行干燥时，为了防止干燥剂在干燥过程中结块，应将不能保持其固有形态的干燥剂（如五氧化二磷）与载体（如石棉绳、玻璃纤维、浮石等）混合使用。

低沸点的气体可通过冷阱将其中的水或其他可凝性杂质冷冻而除去，从而获得干燥的气体，固体二氧化碳与甲醇组成的体系或液态空气都可用作冷阱的冷冻液。

为了防止大气中的水汽侵入，有特殊干燥要求的开口反应装置可加干燥管，进行空气的干燥。

二、液体化合物折射率的测定

1. 原理

光在不同介质中的传播速度是不相同的。光线从一个介质进入另一个介质，当它的传播

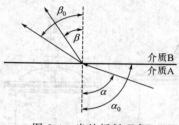

图 2-4　光的折射现象

方向与两个介质的界面不垂直时，在界面处的传播方向发生改变，称为光的折射。波长一定的单色光，在确定的外界条件（如温度、压力）下，从一个介质 A 进入另一个介质 B 时，入射角 α 和折射角 β（见图 2-4）的正弦之比与这两个介质的折射率 N（介质 A 的折射率）与 n（介质 B 的折射率）成反比，即

$$\frac{\sin\alpha}{\sin\beta}=\frac{n}{N}$$

若介质 A 是真空，则 $N=1$，于是

$$n=\frac{\sin\alpha}{\sin\beta}$$

若介质 A 是空气，则 $N=1.00027$，通常以空气为标准。

n 与物质结构、光线的波长、温度及压力等因素有关。通常大气压的变化影响不明显，只是在精密工作时才考虑。使用单色光要比使用白光时测得的 n 值更为精确，因此，常用钠光（D，$\lambda=589.3$ nm）作光源。温度可用仪器维持恒定值，如可在恒温水浴槽与折射仪间循环恒温水来维持恒定温度。一般温度升高（或降低）1℃时，液体有机化合物的折射率就减少（或增加）$3.5\times10^{-4}\sim5.5\times10^{-4}$。为了简化计算，常采用 4×10^{-4} 为温度变化常数。折射率表示为 n_D^t，即以钠光为光源，温度为 t 时所测定的 n 值。不同温度下纯水与乙醇的折射率见表 2-4。

表 2-4　不同温度下纯水与乙醇的折射率

温度/℃	纯水的折射率 n_D^t	乙醇（99.8%）的折射率 n_D^t
14	1.33346	—
16	1.33331	1.36210
18	1.33317	1.36129
20	1.33299	1.36048
22	1.33281	1.35967
24	1.33263	1.35885

续表

温度/℃	纯水的折射率 n_D^t	乙醇(99.8%)的折射率 n_D^t
26	1.33242	1.35803
28	1.33219	1.35721
30	1.33192	1.35639
32	1.33164	1.35557
34	1.33136	1.35474

2. 阿贝（Abbe）折射仪

测定液体折射率的原理见图 2-4，当光由介质 A 进入介质 B，如果介质 A 对于介质 B 是疏物质，即 $n_A < n_B$ 时，则折射角 β 必小于入射角 α，当入射角 α 为 90° 时，$\sin\alpha = 1$，这时折射角达到最大值，称为临界角，用 β_0 表示。很明显，在一定波长与一定条件下，β_0 也是一个常数，它与折射率的关系是

$$n = 1/\sin\beta_0$$

可见，通过测定临界角 β_0，就可以得到折射率，这就是通常所用阿贝折射仪的基本光学原理。

阿贝折射仪的结构见图 2-5。

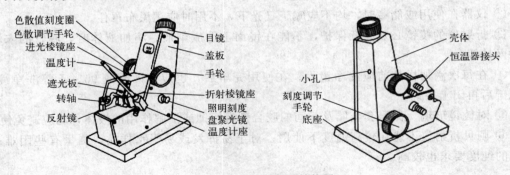

图 2-5　阿贝折射仪的结构图

为了测定 β_0 值，阿贝折射仪采用了"半明半暗"的方法，就是让单色光由 0°～90° 的所有角度从介质 A 射入介质 B，这时介质 B 中临界角以内的整个区域均有光线通过，因而是明亮的，而临界角以外的全部区域没有光线通过，因而是暗的，明暗两区域的界线十分清楚。如果在介质 B 上方用一目镜观测，就可看见一个界线十分清晰的半明半暗的像。

介质不同，临界角也就不同，目镜中明暗两区的界线位置也不一样。如果在目镜中刻上"十"字交叉线，改变介质 B 与目镜的相对位置，使每次明暗两区的界线总是与"十"字交叉线的交点重合，通过测定其相对位置（角度），并经换算，便可得到折射率。而阿贝折射仪的标尺上所刻的读数即是换算后的折射率，故可直接读出。同时阿贝折射仪有消色散装置，故可直接使用日光，其测得的数字与钠光所测得的一样。这些都是阿贝折射仪的优点。

3. 操作方法

先使折射仪与恒温槽相连接，恒温后，分开进光和折射棱镜座，用擦镜纸蘸少量乙醇或丙酮轻轻擦洗上下镜面。待乙醇或丙酮挥发后，加一滴蒸馏水于下面镜面上，关闭棱镜，调

节反光镜使镜内视场明亮，转动手轮直到镜内观察到有界线或出现彩色光带；若出现彩色光带，则调节色散调节手轮，使明暗界线清晰，再转动手轮使界线恰巧通过"十"字的交点。记录读数与温度，重复两次测得纯水的平均折射率与纯水的标准值（$n_D^t = 1.33299$，$t = 20℃$）比较，可求得折射仪的校正值，然后以同样方法测定待测液体样品的折射率。校正值一般很小，若数值太大，必须重新校正。

在测定折射率时常见情况如图 2-6 所示，其中（d）是读取数据时的图案。当遇到（a），即出现色散光带时，则需要调节色散调节手轮直至彩色光带消失呈（b）图案，然后再调节手轮直至呈（d）图案。若遇到（c），则是由于样品量不足，需再添加样品，重新测定。

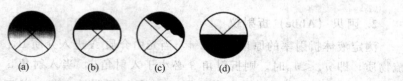

图 2-6　测定折射率时目镜中常见的图案

4. 注意事项

使用折射仪应注意下列几点：

① 阿贝折射仪的量程从 1.3000～1.7000，精密度为 ±0.0001；测量时应注意保温套温度是否正确，温度应控制在 ±0.1℃ 的范围内。

② 仪器在使用或储藏时，均不应曝于日光下，不用时应用黑布罩住。

③ 折射仪的棱镜必须注意保护，不能在镜面上造成刻痕。滴加液体时，滴管的末端切勿触及棱镜。

④ 在每次滴加样品前应洗净镜面；在使用完毕后，也应用丙酮或 95% 乙醇洗净镜面，待晾干后再闭上棱镜。

⑤ 对棱镜玻璃、保温套金属及其间的胶合剂有腐蚀或溶解作用的液体，均应避免使用。

⑥ 阿贝折射仪不能在较高温度下使用；对于易挥发或易吸水样品，测量有些困难；对样品的纯度要求也较高。

三、熔点的测定

1. 原理

每一个纯粹的固体有机物在一定压力下，都具有一定的熔点。熔点是鉴定固体有机物的一个重要物理常数。

一个纯化合物从开始熔化（始熔）至完全熔化（全熔）的温度范围称为熔程，也称为熔点范围，一般不超过 0.5℃。

下面是化合物的三种状态：

① 固体 $\xrightarrow{熔化}$ 液体；

② 液体 $\xrightarrow{凝固}$ 固体；

③ 固液共存。

若 M 点固液共存，T_M 即为熔点。

$T > T_M$，固 $\longrightarrow$ 液；$T < T_M$，液 $\longrightarrow$ 固；$T = T_M$，$p_固 = p_液$。

在接近熔点时，加热速度要慢，每分钟温度升高不能超过 2℃，这样才能使熔化过程尽可能接近于两相平衡，所测得的熔点也越精确。

当含有杂质时（假定两者不形成固熔体），在一定 T、p 下，液态物质的蒸气压（$p_{蒸}$）下降，会使其熔点下降，且熔程也较宽。

由于大多数有机物的熔点都在 300℃ 以下，较易测定，故利用测定熔点可以估计出有机物的纯度：将熔点相近的两种物质按 1：9 和 9：1 混合，若熔点下降，熔程拉长，则为不同的化合物；若熔点仍不变，可认为两者为同一种化合物。

有机物的熔点通常用毛细管法来测定（图 2-7）。现在也有用显微熔点测定仪测定熔点，其优点是样品用量少（0.1 mg），能精确观测物质熔化过程，但其价格较贵。

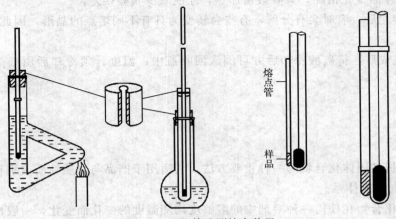

图 2-7　毛细管法测熔点装置

测定熔点时所用温度计需校正，可用标准温度计法或纯有机化合物熔点校正法。

2. 仪器与试剂

b 形管；温度计；毛细管；铁夹；铁架台；橡胶塞；胶圈；长玻璃管；表面皿；玻璃棒；酒精灯；熔点管；研钵；等等。

尿素（分析纯）；浓硫酸；肉桂酸（分析纯）；肉桂酸/尿素（1：1）。

3. 操作方法

① 准备熔点管。

② 装填样品。样品要烘干研细，装填紧密。样品高度 2～3 mm。

③ 安装测定装置。浴液（通常用浓硫酸）高出上侧管即可。橡胶塞要开一条槽，不能密闭。样品部分紧靠在水银球的中部（熔点管外面若黏有有机物，要擦干净）。温度计的刻度应面向塞子的缺口。火焰与 b 形管的倾斜部分接触。

④ 测定熔点。注意升温速度，开始时升温可快一些，升温速度为 5℃·min^{-1}。距熔点 10～15℃ 时，升温速度为 1～2℃·min^{-1}。

注意观察样品熔化现象，记录始熔及全熔温度，不可仅记录这两个温度的平均值。每根熔点管只能使用一次，待温度下降至熔点以下 15℃ 时，进行第二次熔点测定。每个样品至少重复测量两次。

实验关键：控制升温速度，接近熔点时愈慢愈好。

观测三个温度（萎缩、塌陷温度 T_1，液滴出现温度 T_2，全部液化时温度 T_3），并列表记录。

4. 注意事项

① 封闭毛细管时，将毛细管的一端伸入酒精灯焰心，不断转动毛细管使其不歪斜、不留孔。

② 熔点管外面须擦干净，否则会影响观察。

③ 升温速度不可太快，特别是接近熔点时加热要慢，需控制每分钟升温 1～2℃。一方面，保证有充足的时间让热量由熔点管外传至内，使固体熔化；另一方面，实验者不能同时观察温度计和样品变化情况，只有缓慢加热，才能减少实验误差。

④ 样品熔化后，有时会有分解，有些会转变为具有不同熔点的晶形，因此每次测定后，须换样品测定。

⑤ 测定完成后，待硫酸冷却后方可倒入回收瓶中；温度计须冷却后用纸擦去硫酸才可用水冲洗。

四、重结晶

1. 原理

重结晶是提纯固体化合物的一种重要方法，它适用于产品与杂质性质差别较大、产品中杂质含量小于 5% 的体系。

固体有机化合物在任何一种溶剂中的溶解度均随温度的变化而变化，一般情况下，当温度升高时，溶解度增加；当温度降低时，溶解度减小。可利用这一性质，使化合物在较高温度下溶解，在低温下结晶析出。由于产品与杂质在溶剂中的溶解度不同，可以通过过滤将杂质去除，从而达到分离提纯的目的。由此可见，选择合适的溶剂是重结晶操作中的关键。

2. 溶剂的选择

（1）单一溶剂的选择

根据"相似相溶"原理，通常极性化合物易溶于极性溶剂中，非极性化合物易溶于非极性溶剂中。借助于文献可以查出常用化合物在溶剂中的溶解度。在选择时应注意以下几个方面的问题：

① 所选择的溶剂应不与产物（即被提纯物）发生化学反应。

② 产物在溶剂中的溶解度随温度变化越大越好，即在温度高时溶解度越大越好，在温度低时溶解度越小越好，这样才能保证有较高的回收率。

③ 杂质在溶剂中，或者溶解度很大，冷却时不会随晶体析出，仍然留在母液（溶剂）中，过滤时与母液一起去除；或者溶解度很小，在加热时不被溶解，热过滤时将其去除。

④ 所用溶剂沸点不宜太高，应易挥发、易与晶体分离。一般溶剂的沸点应低于产物的熔点。

⑤ 所选溶剂还应具有毒性小、操作比较安全、价格低廉等优点。

如果在文献中找不出合适的溶剂，应通过实验选择溶剂。方法是：

取 0.1 g 的产物放入一支试管中，滴入 1 mL 溶剂，振荡下观察产物是否溶解，若不加热很快溶解，说明产物在溶剂中的溶解度太大，此溶剂不适合作为产物重结晶的溶剂；若加热至沸腾还不溶解，可补加溶剂，若溶剂用量超过 4 mL，产物仍不溶解，则说明此溶剂也不适宜。如所选择的溶剂能在 1～4 mL，且溶剂沸腾的情况下，使产物全部溶解，并在冷却后能析出较多的晶体，则说明此溶剂适合作为产物重结晶的溶剂。实验中应同时选用几种溶剂进行比较。表 2-5 给出了一些重结晶常用的溶剂。有时很难选择到一种较为理想的单一溶剂，这时应考虑选用混合溶剂。

表 2-5　常用重结晶溶剂的性质

溶剂名称	沸点/℃	密度/(g·cm⁻³)	溶剂名称	沸点/℃	密度/(g·cm⁻³)
水	100.0	1.00	乙酸乙酯	77.1	0.90
甲醇	64.7	0.79	二氧六环	101.3	1.03
乙醇	78.3	0.79	二氯甲烷	40.8	1.34
丙酮	56.1	0.79	二氯乙烷	83.8	1.24
乙醚	34.6	0.71	三氯甲烷	61.2	1.49
石油醚	30～60 60～90	0.68～0.72	四氯化碳	76.8	1.58
环己烷	80.8	0.78	硝基甲烷	120.0	1.14
苯	80.1	0.88	甲乙酮	79.6	0.81
甲苯	110.6	0.87	乙腈	81.6	0.78

（2）混合溶剂的选择

混合溶剂一般由两种能以任何比例混溶的溶剂组成，其中一种溶剂对产物的溶解度较大，称为良溶剂；另一种溶剂则对产物溶解度很小，称为不良溶剂。操作时先将产物溶于沸腾或接近沸腾的良溶剂中，滤掉不溶杂质以及经脱色后的活性炭，趁热在滤液中滴加不良溶剂，至滤液变浑浊为止，再加热或滴加良溶剂，使滤液转变为清亮，放置冷却，使结晶全部析出。如果冷却后析出油状物，需要调整两溶剂的比例，再进行实验，或另换一对溶剂。有时也可以将两种溶剂按比例预先混合好，再进行重结晶。

重结晶常用的混合溶剂：水-乙醇、水-丙醇、水-乙酸、乙醚-丙酮、乙醇-乙醚-乙酸乙酯、甲醇-水、甲醇-乙醚、甲醇-二氯乙烷、氯仿-醇、石油醚-苯、石油醚-丙酮、氯仿-醚、苯-乙醇❶。

3. 仪器与试剂

循环水真空泵；电热板；布氏漏斗；吸滤瓶；烧杯；玻璃棒；等等。

对氨基苯甲酸粗品；水；活性炭。

4. 操作方法

重结晶操作过程为：饱和溶液的制备→脱色→热过滤→冷却结晶→抽滤→晶体的干燥。

（1）饱和溶液的制备

这是重结晶操作过程的关键步骤，其目的是用溶剂充分分散产品和杂质，以利于分离提纯。一般用锥形瓶或圆底烧瓶来溶解固体。若溶剂易燃或有毒，应装回流冷凝器。加入沸石

---

❶ 是指苯-无水乙醇，因为苯与含水乙醇不能任意混溶，在冷却时会引起溶剂分层。

和已称量好的粗产品后，先加少量溶剂，然后加热使溶液沸腾或接近沸腾，继续滴加溶剂，边滴加边观察固体溶解情况。当固体刚好全部溶解时，停止滴加溶剂，记录溶剂用量。再加入 20%～30% 的过量溶剂，主要是为了避免溶剂挥发和热过滤时因温度降低，使晶体过早地在滤纸上析出而造成产品损失。若溶剂用量太多，造成结晶析出太少或根本不析出，应将多余的溶剂蒸发掉，再冷却结晶。此外，当总有少量固体不能溶解时，应将热溶液倒出或过滤，在剩余固体中再加入溶剂，观察是否能溶解，如加热后慢慢溶解，说明此产品需要加热较长时间才能全部溶解；如仍不溶解，则视为杂质去除。

（2）脱色

粗产品中常有一些有色杂质不能被溶剂去除，因此，需要用脱色剂来脱色。最常用的脱色剂是活性炭，它是一种多孔物质，可以吸附色素和树脂状杂质，但同时也可以吸附产品，因此加入量不宜太多，一般为粗产品质量的 1%～5%。具体方法：待上述热的饱和溶液稍冷却后，加入适量的活性炭摇动，使其均匀分布在溶液中，加热煮沸 5～10 min 即可。注意千万不能在沸腾的溶液中加入活性炭，否则会引起暴沸，使溶液冲出容器造成产品损失。

（3）热过滤

热过滤的目的是去除不溶性杂质。为了尽量减少过滤过程中晶体的损失，操作时应做到：仪器热、溶液热、动作快。为了做到"仪器热"，应事先将所用仪器用烘箱或气流烘干器烘热待用。热过滤有两种方法，即常压热过滤和减压热过滤。常压热过滤的装置如图 2-8 所示。

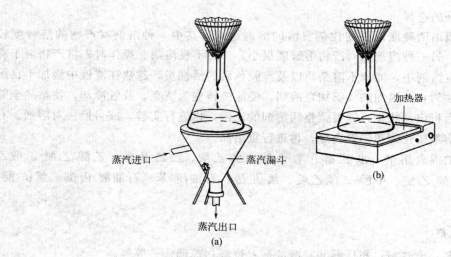

图 2-8　常压热过滤的装置

也可以将普通漏斗用铁圈架在铁架台上，下面用电热套保温进行常压热过滤。为了加快过滤，经常采用折叠滤纸，滤纸的折叠方法如图 2-9 所示。

将滤纸对折，然后再对折成四份；将 2 与 3 对折成 4，1 与 3 对折成 5，如图中（a）；2 与 5 对折成 6，1 与 4 对折成 7，如图中（b）；2 与 4 对折成 8，1 与 5 对折成 9，如图中（c）。这时，折好的滤纸边全部向外，角全部向里，如图中（d）；再将滤纸反方向折叠，相邻的两条边对折，即可得到图中（e）的形状；然后将图（f）中的 1 和 2 向相反的方向折叠一次，可以得到一个完好的折叠滤纸，如图中（g）。在折叠过程中应注意：所有折叠方向要一致，滤纸中央圆心部位不要用力折，以免破裂。

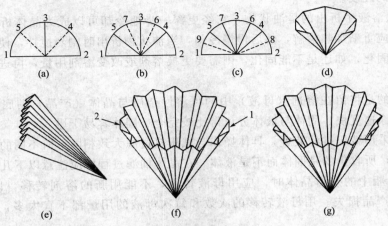

图 2-9　滤纸的折叠方法

　　热过滤时动作要快，以免液体或仪器冷却后，晶体过早地在漏斗中析出，如发生此现象，应用少量热溶剂洗涤，使晶体溶解进入到滤液中。如果晶体在漏斗中析出太多，应重新加热溶解再进行热过滤。

　　减压热过滤的优点是过滤快，缺点是当用沸点低的溶剂时，因减压会使热溶剂蒸发或沸腾，导致溶液浓度变大，晶体过早析出。减压热过滤装置如图 2-10 所示。

　　减压热过滤时，滤纸的大小应略小于布氏漏斗底部（滤纸边不卷起），先用热溶剂将滤纸润湿，抽真空使滤纸与漏斗底部贴紧。然后迅速将热溶液倒入布氏漏斗中，在液体抽干之前漏斗应始终保持有液体存在，此时，真空度不宜太低。

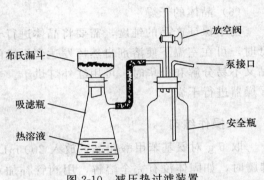

图 2-10　减压热过滤装置

　　（4）冷却结晶

　　冷却结晶是使产物重新形成晶体的过程，其目的是进一步与溶解在溶剂中的杂质分离。将上述热的饱和溶液冷却后，晶体可以析出，当冷却条件不同时，晶体析出的情况也不同。为了得到形状好、纯度高的晶体，在结晶析出的过程中应注意以下几点：

　　① 应在室温下慢慢冷却至有固体出现时，再用冷水或冰进行冷却，这样可以保证晶体形状好、颗粒大小均匀、晶体内不含杂质和溶剂。否则，当冷却太快时，会使晶体颗粒太小，晶体表面易从液体中吸附更多的杂质，加大洗涤的困难。当冷却太慢时，晶体颗粒有时太大（超过 2 mm），会将溶液夹带在里边，给干燥带来一定的困难。因此，控制好冷却速度是晶体析出的关键。

　　② 在冷却结晶过程中，不宜剧烈摇动或搅拌，这样会造成晶体颗粒太小。当晶体颗粒超过 2 mm 时，可稍微摇动或搅拌几下，使晶体颗粒大小趋于平均。

　　③ 有时滤液已冷却，但晶体还未出现，可用玻璃棒摩擦瓶壁促使晶体形成；或取少量溶液，使溶剂挥发得到晶体，将该晶体作为晶种加入到原溶液中，液体中一旦有了晶种或晶核，晶体将会逐渐析出。晶种的加入量不宜过多，而且加入后不要搅动，以免晶体析出太

快，影响产品的纯度。

④ 有时从溶液中析出的是油状物，它经更深一步地冷却可以成为晶体析出，但含杂质较多。此时，应重新加热溶解，然后慢慢冷却，当油状物析出时剧烈搅拌，使油状物在均匀分散的条件下固化，如还是不能固化，则需要更换溶剂或改变溶剂用量，再进行结晶。

（5）抽滤

抽滤的目的是将留在溶剂（母液）中的可溶性杂质与晶体（产品）彻底分离，其优点是：过滤和洗涤速度快、固体与液体分离得比较完全、固体容易干燥。

抽滤装置采用减压过滤装置，具体操作与减压热过滤大致相同，所不同的是仪器和液体都应该是冷的，所收集的是固体而不是液体。在晶体抽滤过程中应注意以下几点：

① 在转移瓶中的残留晶体时，应用母液转移，不能用新的溶剂转移，以防溶剂将晶体溶解，造成产品损失。用母液转移的次数和每次母液的用量都不宜太多，一般 2～3 次即可。

② 晶体全部转移至漏斗中后，为了将固体中的母液尽量抽干，用玻璃棒挤压晶体。当母液抽干后，将安全瓶上的放空阀打开，用玻璃棒或不锈钢小勺将晶体松动，滴入几滴冷的溶剂进行洗涤，然后将放空阀关闭，将溶剂抽干的同时进行挤压。这样反复 2～3 次，将晶体吸附的杂质洗干净。晶体抽滤洗涤后，将其倒入表面皿或培养皿中进行干燥。

（6）晶体的干燥

为了保证产品的纯度，需要将晶体进行干燥，把溶剂彻底去除。当使用的溶剂沸点比较低时，可在室温下使溶剂自然挥发达到干燥的目的。当使用的溶剂沸点比较高（如水）而产品又不易分解和升华时，可用红外灯烘干。当产品易吸水或吸水后易发生分解时，应用真空干燥器进行干燥。

5. 操作练习

取 5 g 对氨基苯甲酸粗品，放入 200 mL 的烧杯中，先加 50 mL 水，进行加热。当接近沸腾时，如固体没有完全溶解，用滴管补加水，直至固体全部溶解，再加入 20%～30%的过量水。待稍冷却后加入适量的活性炭，加热 5～10 min 进行脱色。然后进行热过滤，将活性炭和不溶性杂质去除，滤液冷却结晶。待晶体全部析出后，进行抽滤并干燥晶体。纯品熔点为 189℃。

6. 思考题

① 简述重结晶过程及各步骤的目的。
② 加活性炭脱色应注意哪些问题？
③ 母液浓缩后所得到的晶体为什么比第一次得到的晶体纯度要差？
④ 使用有毒或易燃溶剂重结晶时应注意哪些问题？

五、简单分馏

1. 原理

（1）定义

分馏是利用分馏柱将"多次重复"的蒸馏过程一次完成的操作，可以将沸点相近的混合物进行分离。

（2）二元理想溶液的分馏

理想溶液遵守拉乌尔定律，溶液中每一组分的蒸气压等于此纯物质的蒸气压和它在溶液中的摩尔分数的乘积。

$$p_A = p_A^* x_A$$

$$p_B = p_B^* x_B$$

$$p = p_A + p_B$$

根据道尔顿分压定律，气相中每一组分的蒸气压和它的摩尔分数成正比。

$$y_A = \frac{p_A}{p_A + p_B}$$

$$y_B = \frac{p_B}{p_A + p_B}$$

$$\frac{y_B}{x_B} = \frac{p_B}{p_A + p_B} \times \frac{p_B^*}{p_B} = \frac{1}{x_B + \frac{p_A^*}{p_B^*} x_A}$$

$x_A + x_B = 1$，若 $p_A^* = p_B^*$，则

$$y_B / x_B = 1$$

表明这时液相的组成和气相的组成完全相同，不能用蒸馏（或分馏）来分离组分 A 和组分 B。如果 $p_B^* > p_A^*$，则 $y_B / x_B > 1$，表明沸点较低的组分 B 在气相中的浓度比在液相中的浓度大。对溶液进行汽化、冷凝，多次重复操作，最终能将这两个组分分开。

（3）非理想溶液的分离

由于分子间的相互作用，非理想溶液的各组分发生对拉乌尔定律的偏离，组成最低恒沸混合物或最高恒沸混合物。这种恒沸混合物有固定的组分和沸点，不能用分馏的方法来分离，需用其他方法破坏恒沸组分后，再蒸馏得到纯粹的组分。

（4）分馏柱的类型

① 简单分馏柱：长度 10～60 cm，可作 2～3 次简单蒸馏。

② 精密分馏柱：理论塔板数大于 100。

（5）分馏过程

蒸气在分馏柱中上升时，因为沸点较高的组分易被冷凝，所以冷凝液中就含有较多高沸点的物质，而蒸气中低沸点的成分就相对地增多。冷凝液向下流动时又与上升的蒸气接触，两者之间进行热量交换，亦即上升的蒸气中高沸点的物质被冷凝下来，低沸点的物质仍呈蒸气上升；而在冷凝液中低沸点的物质则受热汽化，高沸点的物质仍呈液态。如此经多次的液相与气相的热交换，使得低沸点的物质不断上升，最后被蒸出来，高沸点的物质则不断流回加热的容器中，从而将沸点不同的物质分离。

（6）影响分馏效率的因素

① 理论塔板数：理论塔板数 n 表示该分馏柱具有进行 n 次简单蒸馏的能力。

② 理论塔板高度（HETP）：表示与一个理论塔板数所相当的分馏柱的高度。

③ 回流比：从分馏柱顶冷却返回至分馏柱中的流量和馏出液的流量之比。

④ 蒸发速度：单位时间内物料到达分馏柱顶的量，与柱的大小和种类有关。

⑤ 压力降差：分馏柱两端的蒸气压之差。

⑥ 附液量：分馏时留在柱中液体的量。附液量应愈少愈好，最多不超过被分离组分的1/10。附液量大、组分量少时难以分离。

⑦ 液泛：蒸馏速度增至某一程度，上升的蒸气将下降的液体顶上去，破坏了回流，达不到分馏的目的，这种现象称为液泛。

2. 仪器与试剂

蒸馏装置（1 套）；刺形分馏柱；沸石；等等。
甲醇 25 mL。

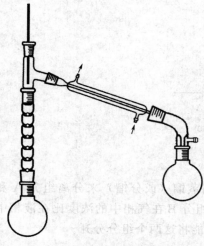
图 2-11　简单分馏装置

3. 操作方法

在 100 mL 圆底烧瓶中，加入 25 mL 甲醇和 25 mL 水的混合物，加入几粒沸石，装好分馏装置（图 2-11）。水浴加热。当冷凝管中有馏出液流出时，记录温度计读数，收集 65℃（A）、65～70℃（B）、70～80℃（C）、80～90℃（D）、90～95℃（E）的馏分。以馏出液体积为横坐标，温度为纵坐标，绘出分馏曲线。

4. 注意事项

① 选择合适的分馏柱。由于各种因素影响，实际塔板数为理论塔板数的 1.5～2 倍才能达到分离目的。

② 分馏要缓慢，要控制好恒定的蒸馏速度，每 2～3 s 蒸出 1 滴。选择好合适的热源，一般以油浴为好。

③ 选择好合适的回流比，使有相当数量的液体流回烧瓶中。

④ 尽量减少分馏柱的热量损失和波动，通常可在分馏柱外裹以石棉绳等保温材料。

⑤ 开始加热后，当液体一沸腾时，就及时调节水浴温度，使蒸气在分馏柱内慢慢上升。当温度计水银球上出现液滴时，调小火焰，全回流约 5 min，使柱内完全被润湿，然后开始正常工作。

⑥ 按不同的温度区间收集馏分。

5. 思考题

① 分馏和蒸馏在原理及装置上有哪些异同？如果是两种沸点很接近的液体组成的混合液，能否用分馏来提纯？

② 影响分馏效率的因素有哪些？

③ 什么是恒沸混合物？为什么不能用分馏法分离恒沸混合物？

六、萃取

1. 原理

（1）定义

萃取是利用物质在两种不互溶（或微溶）的溶剂中溶解度的不同而达到分离和纯化的目的的一种操作。

（2）分配定律

在一定温度下，有机物在两溶剂 A 和 B 中的浓度之比 K 为一常数，称为分配系数。它可以近似地看作此物质在两溶剂中溶解度之比。

有机物在有机溶剂中的溶解度较在水中大，可以将有机物从水溶液中萃取出来。除非分配系数极大，否则不可能一次萃取就将全部物质移入新的有机相中。可在水溶液中先加入一定量的电解质，利用"盐析效应"以降低有机物和萃取溶剂在水溶液中的溶解度，提高萃取效率。

把溶剂分成几份作多次萃取比用全部量的溶剂作一次萃取更好，此法也适用于从溶液中萃取（或洗涤）出溶解的杂质。

萃取时，特别是当溶液呈碱性时，常常会产生乳化现象，破坏乳化的方法有以下几种。

① 较长时间静置。

② 若因两种溶剂（水与有机溶剂）能部分互溶而发生乳化，可以加入少量电解质，利用"盐析效应"加以破坏。当两相相对密度相差很小时，也可加入食盐，以增加水相的相对密度。

③ 若因溶液呈碱性而产生乳化，常可利用加入少量稀硫酸或采用过滤等方法加以破坏。

2. 仪器与试剂

分液漏斗；铁圈；烧杯；铁架台；量筒；等等。

萘；对甲苯胺；β-萘酚；盐酸；10％氢氧化钠；乙醚；无水氯化钙。

3. 操作方法

将 3 mL 浓盐酸溶于 24 mL 水中，将溶液分为两份，备用。

取 1.5 g 由萘、对甲苯胺、β-萘酚三组分组成的混合物样品，溶于 12 mL 乙醚中，将溶液转入 25 mL 分液漏斗中。加入第一份盐酸溶液，并充分摇荡，静置分层后，放出下层液体（水溶液）于锥形瓶中；再用第二份盐酸溶液萃取一次；最后用 6 mL 水萃取，以除去可能溶于乙醚层过量的盐酸。合并三次酸性萃取液。在搅拌下向酸性萃取液中滴加 10％ NaOH 溶液至其对石蕊试纸呈碱性。用 12 mL 乙醚萃取酸性萃取液两次，合并醚萃取液，用粒状氢氧化钠干燥 15 min。然后将醚溶液滤入一已称量的圆底烧瓶中，用水浴蒸馏回收乙醚，析出的对苯甲胺干燥后称重，并测定其熔点。

上面的醚萃取液用 5 mL 10％ NaOH 溶液萃取两次，再用 6 mL 水萃取一次，合并碱性萃取液。在搅拌下向碱性萃取液中缓缓滴加浓盐酸，直到溶液呈酸性为止（石蕊试纸变红）。在中和过程中外部用冷水浴冷却，至终点时有白色沉淀析出，真空抽滤，回收 β-萘酚，干燥后称量并测定熔点。

剩下的醚萃取液从分液漏斗上部倒入一锥形瓶中，加适量无水氯化钙干燥 15 min，其间不时振荡。然后将乙醚溶液滤入一已知质量的圆底烧瓶中，用水浴蒸馏并回收乙醚；析出的萘干燥后称量，同时测定其熔点。

必要时，每种组分可进一步重结晶，以获得熔点敏锐的纯品。

4. 注意事项

① 确认哪一层液体是所需的。

② 萃取低沸点、易燃溶剂时，附近应无火源。

5. 思考题

① 使用分液漏斗的目的是什么？

② 使用分液漏斗要注意哪些事项？

③ 分液漏斗中如出现两相，如何判断哪一层是有机相？

④ 影响萃取效率的因素有哪些？

附：分液漏斗的使用

（1）分液漏斗的作用

① 分离。

② 洗涤。

③ 萃取。

④ 替代滴液漏斗。

（2）分液漏斗的种类

① 球形。

② 梨形。

③ 筒形。

（3）分液漏斗的装配

① 检查玻璃塞、活塞是否配套，用橡皮筋捆好。

② 活塞芯涂凡士林，凡士林不能进入活塞孔，以免污染萃取液。玻璃塞不涂。

③ 检漏。

④ 用铁圈固定在铁架上。

（4）具体操作

① 装配仪器，检查活塞是否关闭。

② 加入溶剂或萃取剂（液体体积不超过漏斗容量的 3/4）。

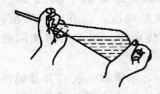

③ 盖上玻璃塞，注意侧槽与小孔错开。

④ 右手手掌顶住漏斗顶塞并握住漏斗，左手握住漏斗活塞处，大拇指压紧活塞，把漏斗放平前后振摇，且经常放气（图 2-12）。

⑤ 放回铁圈，将玻璃塞小孔与侧槽对准，静置分层。

⑥ 分层后开启活塞放出下层液体到一小口容器中。

⑦ 开玻璃塞，从上口倒出上层液体到另一容器中。

⑧ 洗净漏斗，在玻璃塞及活塞处插入纸条，收好。

图 2-12 分液漏斗振摇手法

（5）不分层的处理

① 形成乳浊液：有一相为水时，可加酸、碱、饱和食盐水等，但加入的物质不至于改变分配系数，造成不利影响。

② 在界面上出现未知组分的泡沫状固态物质：用脱脂棉过滤。

七、减压蒸馏

1. 原理

减压蒸馏是分离和提纯有机物的常用方法之一。它特别适用于那些在常压蒸馏时，未达沸点即已受热分解、氧化或聚合的物质。液体的沸点是指它的蒸气压等于外界压力时的温度，因此液体的沸点是随外界压力的变化而变化的（图 2-13）。如果借助于真空泵降低系统内压力，就可以降低液体的沸点，这便是减压蒸馏操作的理论依据。

沸点与压力的关系可近似地用下式求出：

$$\lg p = A + \frac{B}{T}$$

式中，p 为蒸气压；T 为沸点（热力学温度）；A、B 为常数。

如以 $\lg p$ 为纵坐标，$\frac{1}{T}$ 为横坐标，可以近似地得到一直线。

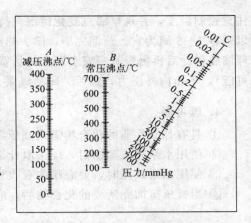

图 2-13 液体在常压和减压下的
沸点近似关系图

注：1 mmHg≈133 Pa。

2. 仪器装置

减压蒸馏装置主要由蒸馏、抽气（减压）、安全保护和测压四部分组成（图 2-14）。蒸馏部分由蒸馏瓶、克氏蒸馏头、毛细管、温度计及冷凝管、接收器等组成。抽气部分实验室通常用水泵或油泵进行减压。

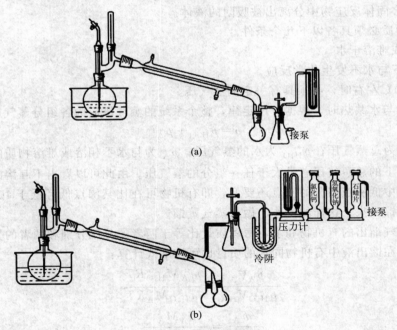

图 2-14 减压蒸馏装置

3. 操作方法

仪器安装好后，先检查系统是否漏气，方法是：关闭毛细管，减压至压力稳定后，夹住连接系统的橡胶管，观察压力计水银柱有无变化，无变化说明不漏气，有变化即表示漏气。为使系统密闭性好，磨口仪器的所有接口部分都必须用真空脂润涂好。检查仪器不漏气后，加入待蒸馏的液体，量不要超过蒸馏瓶的一半，关好安全瓶上的活塞，开动油泵，调节毛细管导入的空气量，以能冒出一连串小气泡为宜。当压力稳定后，开始加热。液体沸腾后，应注意控制温度，并观察沸点变化情况。待沸点稳定后，转动多尾接液管接收馏分，蒸馏速度以每秒 1～2 滴为宜。蒸馏完毕，除去热源，慢慢旋开夹在毛细管上的橡胶管的螺旋夹，待蒸馏瓶稍冷后再慢慢开启安全瓶上的活塞（若开得太快，水银柱很快上升，有冲破压力计的可能），平衡内外压力，然后关闭抽气泵。

4. 思考题

① 具有什么性质的化合物需用减压蒸馏进行提纯？

② 使用水泵减压蒸馏时，应采取什么预防措施？

③ 使用油泵减压时，要有哪些吸收和保护装置？其作用是什么？

④ 当减压蒸馏完所要的化合物后，应如何停止减压蒸馏？为什么？

八、水蒸气蒸馏

1. 原理

水蒸气蒸馏是用来分离和提纯液态或固态有机物的一种方法。常用在下列几种情况。

① 某些沸点高的有机物，在常压蒸馏时虽可与副产品分离，但易被破坏。

② 混合物中含有大量树脂状杂质或不挥发性杂质，采用蒸馏、萃取等方法都难以分离。

③ 从较多固体反应物中分离出被吸附的液体。

被提纯物质必须具备以下几个条件。

① 不溶或难溶于水。

② 共沸下与水不发生化学反应。

③ 在 100℃ 左右时，必须具有一定的蒸气压。

当有机物与水共热时，根据分压定律，整个系统的蒸气压应为各组分蒸气压之和，即

$$p = p_{H_2O} + p_A$$

式中，p 为总蒸气压；p_{H_2O} 为水的蒸气压；p_A 为与水不相溶或难溶物质的蒸气压。

任何温度下的总蒸气压总是大于任一组分的蒸气压。由此可以看出不互溶的混合物的沸点要比混合物中低沸点组分的沸点还要低，即有机物可在比其沸点低且低于 100℃ 的温度下随蒸气一起蒸馏出来。这样的操作叫做水蒸气蒸馏。

伴随水蒸气馏出的有机物和水，两者质量比等于两者的分压分别和两者的分子量的乘积之比，因此，在馏出液中有机物同水的质量比可按下式计算：

$$\frac{p_A V_A}{p_{H_2O} V_{H_2O}} = \frac{m_A M_{H_2O} RT}{m_{H_2O} M_A RT}$$

$$\frac{m_A}{m_{H_2O}} = \frac{p_A M_A}{p_{H_2O} M_{H_2O}}$$

通常有机物的分子量要比水大得多，所以即使有机物在 100℃ 时蒸气压只有 5 mmHg，用水蒸气蒸馏亦可获得良好的效果。

2. 仪器装置

水蒸气蒸馏装置见图 1-10。

3. 操作方法

水蒸气蒸馏的装置一般由水蒸气发生器和蒸馏装置两部分组成。这两部分的连接部分要

尽可能紧凑，以防蒸气在通过较长的管道后部分冷凝成水，而影响水蒸气蒸馏的效率。水蒸气发生器为连有侧管和出气口的圆底烧瓶，如图 1-10 所示。通常盛水量以其容积 3/4 为宜，如果太满，沸腾时水将冲至烧瓶。安全玻璃管插到接近发生器的底部。当容器内气压太大时，水可沿着玻璃管上升，以调节内压。如果系统发生阻塞，水便会从安全管的上口喷出。此时应检查导管是否被阻塞。在蒸气管道与蒸馏瓶之间装上一个带螺旋夹的 T 形管，以除去其中的冷凝水。当操作不正常或结束蒸馏时，可使体系与大气相通。

进行水蒸气蒸馏时，先将混合物置于圆底烧瓶中，加热水蒸气发生器，直至接近沸腾后再将 T 形管的螺旋夹拧紧，使水蒸气均匀地进入圆底烧瓶。必须控制加热速度，使蒸气能全部在冷凝管中冷凝下来。在蒸馏需要中断或蒸馏完毕后，一定要先打开 T 形管的螺旋夹通大气，然后方可停止加热。

4. 注意事项

① 注意观察安全管液面的高低，保证整个系统的畅通。若安全管液面上升很高，则说明有某一部分阻塞了，这时应立即旋开螺旋夹，移去热源，拆下装置进行检查和处理。

② 当馏出液无明显油珠时，便可停止蒸馏，这时必须先旋开螺旋夹，然后移开热源，以免发生倒吸现象。

③ 如果少量水蒸气就可以把所有的有机物蒸出，就可以省去水蒸气发生器，而直接将有机物与水一起放在蒸馏瓶内进行蒸馏，此时宜采用大一些的烧瓶。

九、柱色谱

1. 原理

柱色谱一般有吸附色谱和分配色谱两种。实验室中最常用的是吸附色谱，其原理是利用混合物中各组分在不互溶的两相（即流动相和固定相）中吸附和解吸的能力不同，也可以说在两相中的分配不同，使混合物随流动相流过固定相时，发生反复多次的吸附和解吸过程，从而使混合物分离成两种或多种单一的纯组分。

常用的吸附剂有氧化铝、硅胶等。将已溶解的样品加入到已装好的色谱柱中，然后用洗脱剂（流动相）进行淋洗。样品中各组分在吸附剂（固定相）上的吸附能力不同，一般来说，极性大的吸附能力强，极性小的吸附能力弱。当用洗脱剂淋洗时，各组分在洗脱剂中的溶解度也不一样，因此，被解吸的能力也就不同。根据"相似相溶"原理，极性组分易溶于极性洗脱剂中，非极性组分易溶于非极性洗脱剂中。一般先用非极性洗脱剂进行淋洗。

当样品加入后，无论是极性组分还是非极性组分均被固定相吸附（其作用力为范德华力），当加入非极性洗脱剂后，非极性组分由于在固定相中吸附能力弱，而在流动相中溶解度大，首先被解吸出来。被解吸出来的非极性组分随着流动相向下移动与新的吸附剂接触再次被固定相吸附。随着洗脱剂向下流动，被吸附的非极性组分再次与新的洗脱剂接触，并再次被解吸出来随着流动相向下流动。而极性组分由于吸附能力强，且在洗脱剂中溶解度又小，因此不易被解吸出来，随流动相移动的速度比非极性组分要慢得多（或根本不移动）。这样经过一定次数的吸附和解吸后，各组分在色谱柱中形成了一段一段的色带，随着洗脱过程的进行从柱底端流出。每一段色带代表一个组分，分别收集不同的色带，再将洗脱剂蒸发，就可以获得单一的纯净物质。图 2-15 给出了色谱分离过程。

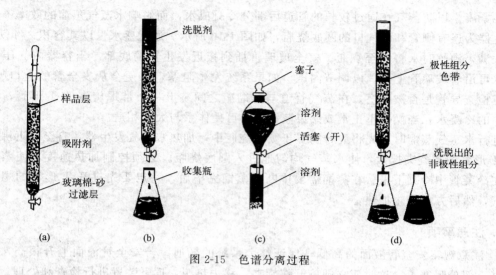

图 2-15　色谱分离过程

（1）吸附剂

选择合适的吸附剂作为固定相对于柱色谱来说是非常重要的。常用的吸附剂有硅胶、氧化铝、氧化镁、碳酸钙和活性炭等。实验室一般使用氧化铝或硅胶，其中氧化铝的极性更大一些，它是一种高活性和强吸附的极性物质。通常市售的氧化铝分为中性、酸性和碱性三种。酸性氧化铝适用于分离酸性有机物；碱性氧化铝适用于分离碱性有机物如生物碱和烃类化合物；中性氧化铝应用最为广泛，适用于中性物质的分离，如醛、酮、酯、醌等类有机物。市售的硅胶略带酸性。由于样品被吸附到吸附剂表面上，因此使用颗粒大小均匀、比表面积大的吸附剂分离效率最佳。比表面积越大，组分在流动相和固定相之间达到平衡就越快，色带就越窄。通常使用的吸附剂颗粒大小以 50 目至 200 目为宜。

吸附剂的活性取决于吸附剂的含水量，含水量越高，活性越低，吸附剂的吸附能力越弱；反之则吸附能力强。

（2）洗脱剂

在柱色谱分离中，洗脱剂的选择也是一个重要的因素。一般洗脱剂的选择是通过薄层色谱实验来确定的。具体方法：

先用少量溶解好（或提取出来）的样品，在已制备好的薄层板上点样（具体方法见薄层色谱），用少量展开剂展开，观察各组分点在薄层板上的位置，并计算 R_f 值。哪种展开剂能将样品中各组分完全分开，即可作为柱色谱的洗脱剂。有时，单一展开剂达不到所要求的分离效果，可考虑选用混合展开剂。

选择洗脱剂的另一个原则是：洗脱剂的极性不能大于样品中各组分的极性。若违背此原则，则会由于洗脱剂在固定相上被吸附，迫使样品一直保留在流动相中。在这种情况下，组分在柱中移动得非常快，很少有机会建立起分离所要达到的化学平衡，影响分离效果。

另外，所选择的洗脱剂必须能够将样品中各组分溶解，但不能同组分竞争与固定相的吸附。如果被分离的样品不溶于洗脱剂，那么各组分可能会牢固地吸附在固定相上，而不随流动相移动或移动很慢。

不同的洗脱剂使给定的样品沿着固定相的相对移动能力，称为洗脱能力。一般洗脱能力与溶剂的极性成正比。常用的洗脱剂（按洗脱能力从小到大）：石油醚（己烷：戊烷）、环己烷、甲苯、二氯甲烷、氯仿、环己烷-乙酸乙酯（80：20）、二氯甲烷-乙醚（80：20）、二氯甲烷-乙醚（60∶40）、环己烷-乙酸乙酯（20∶80）、乙醚、乙醚-甲醇（99∶1）、乙酸乙酯、丙酮、正丙醇、乙醇、甲醇、水、乙酸。

2. 仪器装置

色谱柱是一根带有下旋活塞的玻璃管，如图 2-16 所示。一般来说，吸附剂的质量应是待分离物质质量的 20～30 倍，所用柱的高度和直径比应为 8∶1。表 2-6 给出了样品质量、吸附剂质量、柱高和柱直径之间的关系，实验时可根据实际情况参照选择。

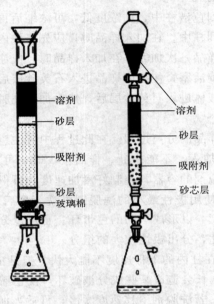

图 2-16　柱色谱装置

表 2-6　样品质量、吸附剂质量、柱高和直径之间的关系

样品质量/g	吸附剂质量/g	色谱柱直径/cm	色谱柱高度/cm
0.01	0.3	3.5	30
0.10	3.0	7.5	60
1.00	30.0	16.0	130
10.00	300.0	35.0	280

3. 操作方法

（1）装柱

装柱前应先将色谱柱洗干净，进行干燥。在柱底铺一小块玻璃棉，再铺约 0.5 cm 厚的石英砂，然后进行装柱。装柱分为湿法装柱和干法装柱两种，下面分别加以介绍。

① 湿法装柱。将吸附剂（氧化铝或硅胶）用洗脱剂中极性最低的洗脱剂调成糊状，在柱内先加入约 3/4 柱高的洗脱剂，再将调好的吸附剂边敲打边倒入柱中，同时，打开下旋活塞，在色谱柱下面放一个干净并且干燥的锥形瓶或烧杯，接收洗脱剂。当装入的吸附剂有一定高度时，洗脱剂下流速度变慢，待所用吸附剂全部装完后，用流下来的洗脱剂转移残留的吸附剂，并将柱内壁残留的吸附剂淋洗下来。在此过程中，应不断敲打色谱柱，以使色谱柱填充均匀且没有气泡。柱子填充完后，在吸附剂上端覆盖一层约 0.5 cm 厚的石英砂。覆

盖石英砂的目的是：使样品均匀地流过吸附剂表面；当加入洗脱剂时，它可以防止吸附剂表面被破坏。在整个装柱过程中，柱内洗脱剂的高度始终不能低于吸附剂最上端，否则柱内会出现裂痕和气泡。

② 干法装柱。在色谱柱上端放一个干燥的漏斗，将吸附剂倒入漏斗中，使其成一细流连续不断地装入柱中，并轻轻敲打色谱柱柱身，使其填充均匀，再加入洗脱剂湿润。也可以先加入 3/4 的洗脱剂，再倒入干的吸附剂。

（2）样品的加入及色带的展开

液体样品可以直接加入到色谱柱中，如浓度低，可浓缩后再进行分离。固体样品应先用最少量的溶剂溶解后再加入到柱中。在加入样品时，应先将柱内洗脱剂排至稍低于石英砂表面，然后用滴管沿柱内壁把样品一次加完。在加入样品时，应注意滴管尽量向下靠近石英砂表面。样品加完后，打开下旋活塞，使液体样品进入石英砂层后，再加入少量的洗脱剂将壁上的样品洗下来，待这部分液体进入石英砂层后，然后加入洗脱剂进行淋洗，直至所有色带被展开。

色带的展开过程也就是样品的分离过程。在此过程中应注意：

① 洗脱剂应连续平稳地加入，不能中断。样品量少时，可用滴管加入洗脱剂。样品量大时，用滴液漏斗作储存洗脱剂的容器，控制好滴加速度，可得到更好的效果。

② 在洗脱过程中，应先使用极性最小的洗脱剂淋洗，然后逐渐加大洗脱剂的极性，使洗脱剂的极性在柱中形成梯度，以形成不同的色带环。也可以分步进行淋洗，即将极性小的组分分离出来后，再改变极性，分出极性较大的组分。

③ 在洗脱过程中，样品在柱内的下移速度不能太快，但是也不能太慢（甚至过夜），因为吸附表面活性较大，时间太长会造成某些成分被破坏，使色谱扩散，影响分离效果。通常流出速度为每分钟 5～10 滴，若洗脱剂下移速度太慢，可适当加压。

④ 当色带出现拖尾时，可适当提高洗脱剂极性。

（3）样品中各组分的收集

当样品中各组分带有颜色时，可根据色带的不同，用锥形瓶分别进行收集，然后分别将洗脱剂蒸除得到纯组分。但是大多数有机物质是无色的，可采用等分收集的方法，即将收集瓶编好号，根据使用吸附剂的量和样品分离情况来进行收集，若用 50 g 吸附剂，一般每份洗脱剂的收集体积约为 50 mL。如果洗脱剂的极性增加或样品中组分的结构相近时，每份收集量应适当减小。将每份收集液浓缩后，以残留在烧瓶中物质的质量为纵坐标，收集瓶的编号为横坐标绘制曲线图，来确定样品中的组分。还可以在吸附剂中加入磷光体指示剂，用紫外线照射来确定。一般用薄层色谱进行监控是最为有效的方法。

4. 思考题

① 吸附色谱法的基本原理是什么？

② 样品在柱内的下移速度为什么不能太快？如果太快会有什么后果？

十、薄层色谱

1. 原理

薄层色谱（thin layer chromatography，TLC）是一种固-液吸附色谱的形式，与柱色谱原理和分离过程相似，在柱色谱中适用的吸附剂与洗脱剂同样适用于 TLC。与柱色谱不同的是，TLC 中的流动相沿着薄板上的吸附剂向上移动，而柱色谱中的流动相则沿着吸附剂向下移动。另外，薄层色谱最大的优点是：需要的样品量少、展开速度快、分离效率高。TLC 常用于有机化合物的鉴定与分离，如通过与已知结构的化合物相比较，可鉴定有机混合物的组成。在有机合成反应中可以利用薄层色谱对反应进行监控。在柱色谱分离中，经常利用薄层色谱来确定其分离条件和监控分离的进程。薄层色谱不仅可以分离少量样品（几微克），而且可以分离较大量的样品（可达 500 mg），特别适用于挥发性较低，或在高温下易发生变化而不能用气相色谱进行分离的化合物。

2. 仪器装置

在 TLC 中所用的吸附剂颗粒一般为 200 目为宜。当颗粒太大时，表面积小，吸附量少，样品随展开剂移动速度快，斑点扩散较大，分离效果差；当颗粒太小时，样品随展开剂移动速度慢，斑点易出现拖尾、不集中，效果也不好。

薄层色谱所用的硅胶情况是：硅胶 H 不含黏合剂；硅胶 G（Gypsum 的缩写）含黏合剂（煅石膏）；硅胶 GF254 含有黏合剂和荧光剂，可在波长 254 nm 紫外光下发出荧光；硅胶 HF254 只含荧光剂，可在波长 254 nm 紫外光下发出荧光。同样，氧化铝也分为氧化铝 G、氧化铝 GF254 及氧化铝 HF254。氧化铝的极性比硅胶大，易用于分离极性小的化合物。

黏合剂除煅石膏外，还可用淀粉、聚乙烯醇和羧甲基纤维素钠（CMC），使用时一般配成百分之几的水溶液。如羧甲基纤维素钠的质量分数一般为 0.5%～1%，最好是 0.7%；淀粉的质量分数为 5%。加黏合剂的薄层板称为硬板，不加黏合剂的薄层板称为软板。

3. 操作方法

（1）薄层板的制备

薄层板的制备方法有两种，一种是干法制板，另一种是湿法制板。

干法制板常用氧化铝作吸附剂。将氧化铝倒在玻璃上，取直径均匀的一根玻璃棒，将两端用胶布缠好，在玻璃板上滚压，把吸附剂均匀地铺在玻璃板上。这种方法操作简便，展开快，但是样品展开点易扩散，制成的薄层板不易保存。

实验室最常用的是湿法制板。取 2 g 硅胶 G，加入 5～7 mL 0.7% 的羧甲基纤维素钠水溶液，调成糊状。将糊状硅胶均匀地倒在 3 块玻璃板上，先用玻璃棒铺平，然后用手轻轻震动至平。大量铺板或铺较大板时，也可使用涂布器。

薄层板制备的好与坏直接影响色谱分离的效果，在制备过程中应注意：

① 铺板时，尽可能将吸附剂铺均匀，不能有气泡或颗粒等。

② 铺板时，吸附剂的厚度不能太厚也不能太薄，太厚，展开时会出现拖尾；太薄，样品分不开。一般厚度为 0.5～1 mm。

③ 湿板铺好后，应放在比较平的地方晾干，然后转移至试管架上慢慢地自然干燥，千万不要快速干燥，否则薄层板会出现裂痕。

（2）薄层板的活化

薄层板经过自然干燥后，再放入烘箱中活化，进一步除去水分。不同的吸附剂及配方，需要不同的活化条件。例如：硅胶一般在烘箱中逐渐升温，在 105～110℃下，加热 30 min；氧化铝在 200～220℃下烘干 4 h 可得到活性为Ⅱ级的薄层板，在 150～160℃下烘干 4 h 可得到活性为Ⅲ～Ⅳ级的薄层板。含水量与活性的关系见表 2-7。当分离某些易吸附的化合物时，可不用活化。

表 2-7　吸附剂的含水量和活性等级关系

项目	Ⅰ	Ⅱ	Ⅲ	Ⅳ	Ⅴ
氧化铝含水量	0	3%	6%	10%	15%
硅胶含水量	0	5%	15%	25%	38%

一般常用的是Ⅱ和Ⅲ级吸附剂，Ⅰ级吸附性太强，而且易吸水，Ⅴ级吸附性太弱。

（3）点样

将样品用易挥发溶剂配成 1%～5% 的溶液。在距薄层板的一端 10 mm 处，用铅笔轻轻地画一条横线作为点样时的起点线；在距薄层板的另一端 5 mm 处，再画一条横线作为展开剂向上爬行的终点线（划线时不能将薄层板表面破坏），如图 2-17 所示。

图 2-17　薄层板及薄层板的点样方法

用内径小于 1 mm、干净并且干燥的毛细管吸取少量的样品，轻轻触及薄层板的起点线（即点样），然后立即抬起，待溶剂挥发后，再触及第二次。这样点 3～5 次即可，如果样品浓度低可多点几次。在点样时应做到"少量多次"，即每次点的样品量要少一些，点的次数可以多一些，这样可以保证样品点既有足够的浓度，点又小。点好样品的薄层板待溶剂挥发后再放入展开缸中进行展开。

（4）展开

在此过程中，选择合适的展开剂是至关重要的。一般展开剂的选择与柱色谱中洗脱剂的选择类似，即极性化合物选择极性展开剂，非极性化合物选择非极性展开剂。当单一展开剂不能将样品分离时，可选用混合展开剂。一般展开能力与溶剂的极性成正比。常用的展开剂（按展开剂在硅胶板上的展开能力由小到大排序）：烷烃（己烷、环己烷、石油醚）、甲苯、二氯甲烷、乙醚、氯仿、乙酸乙酯、异丙醇、丙酮、乙醇、甲醇、乙腈、水。混合展开剂的选择请参考柱色谱中洗脱剂的选择。

展开时，在展开缸中注入配好的展开剂，将薄层板点有样品的一端放入展开剂中（注意展开剂液面的高度应低于样品斑点），如图 2-18 所示。在展开过程中，样品斑点随着展开剂向上迁移，当展开剂前沿至薄层板上边的终点线时，立刻取出薄层板。将薄层板上分开的样品点用铅笔圈好，计算比移值。

（5）显色

样品展开后，如果本身带有颜色，可直接看到斑点的位置。但是大多数有机化合物是无色的，因此，就存在显色的问题。常用的显色方法有以下几种。

① 显色剂法。常用的显色剂有碘和三氯化铁水溶液等。许多有机化合物能与碘生成棕色或黄色的配合物。利用这一性质，在一密闭容器中（一般用展开缸即可）放几粒碘，将展开并干燥的薄层板放入其中，稍稍加热，让碘升华。当样品与碘蒸气反应后，薄层板上的样品点处即可显示出黄色或棕色斑点，取出薄层板用铅笔将点圈好即可。除饱和烃和卤代烃外均可采用此方法。三氯化铁溶液可用于酚羟基化合物的显色。

展开缸

滤纸

展开剂

图 2-18　TLC 色谱展开装置

② 紫外光显色法。用硅胶 GF254 制成的薄层板，由于加入了荧光剂，在 254 nm 波长的紫外灯下，可观察到暗色斑点，此斑点就是样品点。

以上这些显色方法在柱色谱中同样适用。

（6）比移值 R_f 的计算

样品主斑点到原样点的距离与展开剂上升高度的比值称为该化合物的比移值，常用 R_f 来表示：

$$R_f = \frac{溶质的最高浓度中心至原样点中心的距离}{展开剂前沿至原样点中心的距离}$$

图 2-19 给出了某化合物的展开过程及 R_f 值。对于一种化合物，当展开条件相同时，R_f 值是一个常数。因此，可用 R_f 作为定性分析的依据。但是由于影响 R_f 值的因素较多，如展开剂和吸附剂的选择、薄层板的厚度、温度等，因此同一化合物的 R_f 值与文献值会相差很大。在实验中常采用的方法是，在一块板上同时点一个已知物和一个未知物，进行展开，通过计算 R_f 值来确定是否为同一化合物。

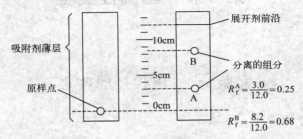

图 2-19　某化合物的展开过程及 R_f 值的计算

4. 思考题

① 为什么展开剂的液面要低于样品斑点？如果液面高于斑点会出现什么后果？

② 制备薄层板时，厚度对样品展开有什么影响？

读一读

练一练

第三章　大学化学基本实验（Ⅳ）（有机化学）

第一节　基础性实验

实验一 ｜ 卤代烃的鉴定

【实验目的】

（1）通过实验进一步认识不同烃基结构、不同卤原子对卤代烃反应速率的影响。

（2）运用所学知识对未知物进行鉴定。

【实验原理】

卤代烃与 $AgNO_3$ 发生 S_N1 反应：

$$RX + AgNO_3 \longrightarrow AgX\downarrow + RONO_2$$

卤原子相同时，卤代烃的活性顺序与碳正离子一致：

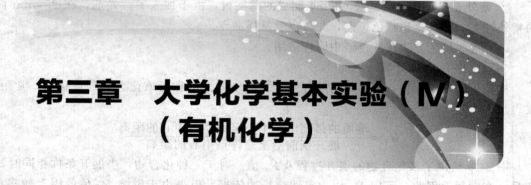

<table>
<tr><td colspan="2" align="center">立即</td><td align="center">加热反应</td><td align="center">加热也不反应</td></tr>
</table>

烃基结构相同时，卤代烃的活性顺序：

$$RI > RBr > RCl$$

NaI 和 KI 可溶于丙酮，但相应的氯化物与溴化物则不溶：

$$RCl + NaI \xrightarrow{\text{丙酮}} RI + NaCl\downarrow$$

$$RBr + NaI \xrightarrow{\text{丙酮}} RI + NaBr\downarrow$$

【实验仪器及试剂】

试管；酒精灯；等等。

$AgNO_3$ 乙醇溶液（5%）；HNO_3（5%）；NaI 丙酮溶液（15%）；等等。

【实验步骤】

1. 硝酸银试验

取 1 mL 5% $AgNO_3$ 乙醇溶液盛于试管中，加 2～3 滴试样，振荡后静置 5 min，若无沉淀可煮沸片刻。若煮沸后生成白色或黄色沉淀，且加入 1 滴 5% HNO_3 沉淀不溶，则视为正反应；若煮沸后只稍微出现浑浊而无沉淀，或加 5% HNO_3 又发生溶解，则视为负反应。具体试验现象见表 3-1-1。

表 3-1-1　硝酸银试验现象

样品	正氯丁烷	仲氯丁烷	叔氯丁烷	正溴丁烷	溴苯	氯化苄	三氯甲烷
现象	加热沉淀	加热沉淀	立即沉淀	加热沉淀	—	立即沉淀	—

2. NaI(KI) 丙酮溶液试验

在清洁干燥的试管中加入 2 mL 15% NaI 丙酮溶液，加入 4～5 滴试样，记下加入试样的时间，振荡后观察并记录生成沉淀所需的时间。若 5 min 内仍无沉淀生成，可将试管于 50℃ 水浴中温热（注意：勿超过 50℃），在 6 min 末，将试管冷至室温，观察是否发生反应。具体试验现象见表 3-1-2。

表 3-1-2　NaI 丙酮溶液试验现象

样品	正氯丁烷	仲氯丁烷	仲溴丁烷	叔氯丁烷	溴苯
现象	温热沉淀	温热沉淀	温热沉淀	3 min 内沉淀	—

3. 未知物的鉴定

现有 4 瓶无标签试剂，试设计一个表格，列出可能的未知物、选用的鉴定反应和预期出现的现象，根据表格对 4 瓶试剂进行鉴定。

【思考题】

列出卤代烃对 S_N1 和 S_N2 反应活性顺序递减的顺序并简要加以解释。

实验二　　糖的鉴定

【实验目的】

（1）验证和巩固糖类物质的主要化学性质。

（2）熟悉糖类物质的鉴定方法。

（3）掌握成脎反应，学习根据糖脎的结晶形状初步判断糖的种类。

【实验原理】

1. Molish 反应

糖与 α-萘酚在浓硫酸存在下，生成紫色环。

2. 还原性

还原糖：含有半缩醛（酮）的结构，能使 Fehling、Benedict 和 Tollens 试剂还原。

非还原糖：不与 Fehling、Benedict 和 Tollens 试剂作用。

3. 糖脎

单糖与过量苯肼形成糖脎，根据糖脎的晶形、生成时间区别单糖。

二糖中，麦芽糖、乳糖等还原糖能成脎，蔗糖等非还原糖不能成脎。

4. 淀粉水解

淀粉水解后生成水溶性还原糖，可与 Fehling 试剂作用，生成砖红色氧化亚铜沉淀。

【实验仪器及试剂】

试管；酒精灯；等等。

系列糖溶液（5%）；α-萘酚乙醇溶液（10%）；浓、稀硫酸；含四结晶水酒石酸钠钾；五水合硫酸铜；氢氧化钠固体；柠檬酸钠；Tollens 试剂；苯肼盐酸盐（10%）；醋酸钠（15%）；淀粉溶液；氢氧化钠溶液（10%）；无水碳酸钠。

【实验步骤】

1. α-萘酚试验（Molish 试验）

在试管中加入 0.5 mL 5% 糖溶液，滴入 2 滴 10% α-萘酚的乙醇溶液，混合均匀后把试管倾斜 45°，沿管壁慢慢加入 1 mL 浓硫酸（勿摇动），硫酸在下层，试液在上层，若两层交界处出现紫色环，表示溶液含有糖类化合物（表 3-1-3）。

表 3-1-3　Molish 试验现象

样品	葡萄糖	蔗糖	淀粉	滤纸浆
现象	+	+	+	−

2. Fehling 试验

（1）Fehling 溶液的配制

因酒石酸钾钠和 $Cu(OH)_2$ 混合后生成的配合物不稳定，故需分别配制，试验时将两溶液混合。

Fehling Ⅰ：将 3.5 g $CuSO_4 \cdot 5H_2O$ 溶于 100 mL 水中，得淡蓝色液体。

Fehling Ⅱ：将 17 g 含四结晶水酒石酸钾钠溶于 20 mL 热水中，然后加入 20 mL 含 5 g NaOH 的水溶液，稀释至 100 mL 即得无色清亮液体。

（2）试验

取 Fehling Ⅰ 和 Fehling Ⅱ 溶液各 0.5 mL，混合均匀，并于水浴中微热后，加入 5% 糖溶液 5 滴，振荡，再加热，注意颜色变化及有无沉淀析出（表 3-1-4）。

表 3-1-4　Fehling 试验现象

样品	葡萄糖	果糖	蔗糖	麦芽糖
现象	+	+	−	+

3. Benedict 试验

Benedict 试剂的配制：取 173 g 柠檬酸钠和 100 g 无水 Na_2CO_3 溶解于 800 mL 水中，再取 17.3 g $CuSO_4 \cdot 5H_2O$ 溶解在 100 mL 水中，慢慢将此溶液加入上述溶液中，最后用水稀释至 1 L，如溶液不澄清，可过滤。

Benedict 试剂为 Fehling 试剂的改进，试剂稳定，不必临时配制，同时它还原糖类时很灵敏。

用 Benedict 试剂代替 Fehling 试剂做以上试验，试验现象如表 3-1-5 所示。

表 3-1-5　Benedict 试验现象

样品	葡萄糖	果糖	蔗糖	麦芽糖
现象	＋	＋	－	＋

4. Tollens 试验

在洗净的试管中加入 1 mL Tollens 试剂，再加入 0.5 mL 5％糖溶液，在 50℃水浴中温热，观察有无银镜反应（表 3-1-6）。

表 3-1-6　Tollens 试验现象

样品	葡萄糖	果糖	蔗糖	麦芽糖
现象	＋	＋	－	＋

5. 成脎反应

在试管中加入 1 mL 5％糖溶液，再加入 0.5 mL 10％苯肼盐酸盐溶液和 0.5 mL 15％醋酸钠溶液，在沸水浴中加热并不断振摇，比较产生脎结晶的速度，记录成脎的时间，并在低倍显微镜下观察脎的结晶形状（表 3-1-7）。

表 3-1-7　成脎反应现象

样品	葡萄糖	果糖	蔗糖	麦芽糖
现象	＋	＋	－	＋

6. 淀粉水解

在试管中加入 3 mL 淀粉溶液，再加入 0.5 mL 稀硫酸，在沸水浴中加热 5 min，冷却后用 10％NaOH 溶液中和至中性。取 2 滴与 Fehling 试剂作用，观察现象。

【实验注意事项】

（1）醋酸钠与苯肼盐酸盐作用生成苯肼醋酸盐，其易水解生成苯肼。

$$C_6H_5NHNH_2 \cdot HCl + CH_3COONa \longrightarrow C_6H_5NHNH_2 \cdot CH_3COOH + NaCl$$
$$C_6H_5NHNH_2 \cdot CH_3COOH \Longrightarrow C_6H_5NHNH_2 + CH_3COOH$$

苯肼毒性较大，实验过程中应小心，防止溢出或沾到皮肤上。如触及皮肤，应先用稀醋酸洗，然后水洗。

（2）蔗糖不与苯肼作用生成脎，但长时间加热后蔗糖可能水解成葡萄糖和果糖，而有少量脎结晶出现。

【思考题】

如何用简单的化学方法鉴别下列化合物？

A. 葡萄糖　　　B. 果糖　　　C. 蔗糖　　　D. 淀粉

实验三 ┃ 工业酒精的蒸馏

【实验目的】

（1）掌握蒸馏的基本原理和意义。

（2）掌握蒸馏的基本操作。

【实验原理】

蒸馏是分离和提纯液态有机物最常用的重要方法之一。

液体分子由于分子运动有从表面逸出的倾向。在密闭容器中，当分子从液体中逸出的速度与分子从蒸气中回到液体中的速度相等时，液面上的蒸气保持一定的压力，即达到饱和，称为饱和蒸气压。实验证明，液体的蒸气压只与温度有关，与液体和蒸气的绝对量无关。

当液态物质受热时，它的蒸气压随温度升高而增大。待蒸气压大到和大气压或所给压力相等时，液体沸腾，此时的温度称为液体的沸点。每种纯液态有机物在一定压力下具有固定的沸点。

所谓蒸馏就是将液态物质加热到沸腾变为蒸气，然后使蒸气冷凝为液体的联合操作过程。利用蒸馏可将易挥发和不易挥发的物质分离开，将沸点相差较大（如相差 30℃）的液态混合物分开。纯液态有机物在蒸馏过程中沸程很小（0.5～1℃），所以蒸馏也可用来测定沸点。如果在蒸馏过程中，沸点发生变动，说明物质不纯，可用来检验物质的纯度。但沸点一定的物质不一定都是纯物质，某些有机物往往能和其他组分形成二元或三元恒沸混合物。

【实验仪器及试剂】

蒸馏瓶（50 mL）；蒸馏头；温度计；温度计套管；直形冷凝管；接收器；锥形瓶；量筒；漏斗；十字夹；铁架台；冷凝管夹；等等。

工业酒精（30 mL）；沸石。

【实验步骤】

1. 蒸馏装置的安装

蒸馏装置主要包括蒸馏瓶、冷凝器和接收器三部分，见图 3-1-1。

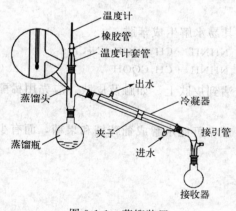

图 3-1-1　蒸馏装置

安装装置时应注意以下几点：

① 安装仪器顺序一般都是自下而上，从左到右。仪器摆放要准确端正，横平竖直。

② 所蒸馏的原料体积应占蒸馏瓶容量的 1/3～2/3。

③ 温度计水银球的位置：温度计水银球的上限应和蒸馏头侧管的下限在同一水平线上。

④ 冷凝管进出水的方向：从下口流入，从上口流出，以保证冷凝管中始终充满水。

⑤ 同一实验桌上的两套装置应蒸馏瓶对蒸馏瓶或接收器对接收器，以防止火灾。

⑥ 蒸馏易燃液体，接收器上应连接一长橡胶管通入水槽或室外。

⑦ 蒸馏的物质易受潮时，接收器上可连接一干燥管。

⑧ 当蒸馏的液体沸点高于 140℃时，应该换用空气冷凝管。

2. 工业酒精的蒸馏

将 30 mL 工业酒精通过长颈玻璃漏斗倒入蒸馏瓶中，要注意不使液体从支管中流出。加入沸石，塞好带温度计的塞子。选用合适的热浴，先通水后加热（如何控制火的大小？）。

注意蒸馏速度，通常以每秒 1～2 滴为宜。如实记录收集液体的沸程（$\Delta T \leqslant 2℃$）。

进行蒸馏前，至少要准备两个接收瓶。在达到沸点前先蒸出的馏出液称为前馏分。正式接收馏出液的接收瓶应事先称重并做记录。

液体物质的纯度，可通过测定它的折射率来确定。

蒸馏完毕，应先灭火，然后停止通水。先取下接收器，然后取下尾接管、冷凝管、蒸馏头和蒸馏瓶。

【实验注意事项】

（1）不要忘记加沸石，每次重蒸前都要重新添加沸石。若忘记加沸石，则需待液体冷却一段时间后，再行补加，防止暴沸。

（2）系统不能封闭，尤其在装配有干燥管或气体吸收装置时更要注意。

（3）若用油浴加热，切不可将水弄进油中。

（4）蒸馏过程中欲向烧瓶中加液体，必须停火后进行，不得中断冷凝水。

（5）蒸馏过程须密切注意温度计读数。液体在接近沸点时蒸气增多并上升，当蒸气到达温度计水银球后，温度计读数会快速上升直达沸点；而蒸馏完毕后，温度计读数会下降，这也是某一组分液体蒸馏完成的标志。

（6）在蒸馏前应检查是否有对热敏感物质，如乙醚中是否有过氧化物，若有，须除去后方可蒸馏。在蒸馏过程中，不得离人。如遇停水，应立即关闭火源。

（7）不管蒸馏什么物质，即使杂质含量很少，也不能蒸干，防止爆炸。

【思考题】

（1）蒸馏时加入沸石的作用是什么？当重新进行蒸馏时，用过的沸石能否继续使用？

（2）具有固定沸点的液体能否认为它是纯粹的化合物？

（3）温度计水银球的位置高了或低了对沸点的测定有何影响？

实验四 环己烯的制备

【实验目的】

（1）学习以浓硫酸催化环己醇脱水制备环己烯的原理与方法。

（2）掌握分馏和水浴蒸馏的基本操作技能。

【实验原理】

实验室中通常可以用浓磷酸或浓硫酸作催化剂，脱水制备环己烯。本实验以浓硫酸作脱水剂来制备环己烯。

主反应为

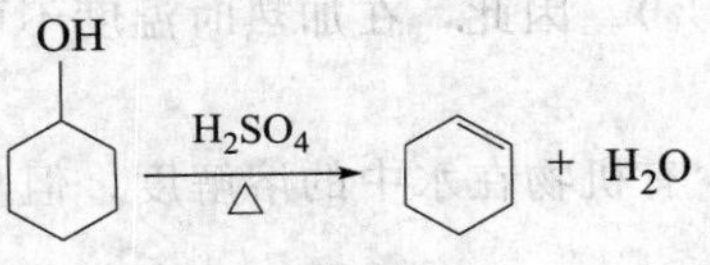

副反应为

$$2 \begin{array}{c} OH \\ \bigcirc \end{array} \xrightarrow[\triangle]{H_2SO_4} \bigcirc\!-\!O\!-\!\bigcirc + H_2O$$

【实验仪器及试剂】

圆底烧瓶（50 mL）；分馏柱；直形冷凝管；石棉网；锥形瓶（50 mL）；烧杯；分液漏斗；等等。

环己醇（10.4 mL，10 g，0.1 mol）；浓硫酸（0.8 mL）；食盐；碳酸钠水溶液（5%）；无水氯化钙。

【实验步骤】

1. 环己烯粗产品的制备

将 10 g 环己醇、0.8 mL 浓硫酸和几粒沸石依次加入 50 mL 干燥的圆底烧瓶中，充分振摇使之混合均匀，安装分馏装置，如图 3-1-2 所示，接上冷凝管，接收瓶浸在冷水浴中。将烧瓶里的混合物加热至沸腾，控制分馏柱馏出温度不超过 90℃。慢慢蒸出环己烯和水的浑浊液体。当烧瓶中只剩下很少量的残渣并出现阵阵白雾时，即可停止加热，全部蒸馏时间为 1 h 左右。

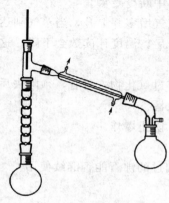

图 3-1-2 简单分馏装置

2. 粗产品的后处理

馏出液先用食盐（约 1 g）饱和，然后加 5% 的碳酸钠溶液 2～3 mL 中和微量的酸。将液体转入分液漏斗中，振摇后静置分层，分出有机相（上层），上层粗产品转入干燥的小锥形瓶中，加入约 1 g 无水氯化钙干燥。

3. 粗产品的提纯

将干燥后清亮透明的溶液滤入蒸馏瓶中，加入沸石，水浴蒸馏。用一干燥的小锥形瓶收集 80～85℃ 的馏分。称重，计算产率。

纯环己烯为无色液体，沸点为 82.95℃，折射率为 1.4465。

【实验注意事项】

（1）本实验也可用浓磷酸代替浓硫酸作脱水剂，其用量必须是浓硫酸的一倍以上。它与浓硫酸相比有明显的优点：①不生成炭渣；②不产生难闻气体（二氧化硫）。

（2）环己醇在常温下是黏稠状液体（熔点为 24℃），若用量筒量取时应注意转移造成的损失。

（3）最好使用空气浴，即将烧瓶底稍微离开石棉网进行加热，使蒸馏瓶受热均匀，防止局部过热。

（4）本实验关键在于控制反应温度。反应中环己烯与水形成恒沸物（沸点 70.8℃，含水 10%），环己醇与环己烯形成恒沸物（沸点 64.9℃，含环己醇 30.5%），环己醇与水形成恒沸物（沸点 97.8℃，含水 80%）。因此，在加热时温度不可过高，蒸馏速度不可太快，以减少未反应的环己醇的蒸出。

（5）加入食盐的目的是减少有机物在水中的溶解度，但食盐也不可加得过多，以免堵塞活塞孔。

（6）水层应尽可能分离完全，否则将增加无水氯化钙的用量，使产物更多地被干燥剂吸附而损失。无水氯化钙还可除去少量环己醇。

（7）蒸馏装置必须充分干燥，否则产品有可能出现浑浊（含水），需重新干燥后蒸馏。

【思考题】

（1）在制备过程中为什么要控制分馏柱顶部的温度？

（2）在粗制的环己烯中，加入食盐使水层饱和的目的是什么？

（3）在蒸馏产物时，若在 80℃ 以下有较多液体蒸出，这是什么原因？如何避免？

第二节　综合性实验

实验五　正溴丁烷的制备

【实验目的】

（1）学习以溴化钠、浓硫酸和正丁醇制备正溴丁烷的原理和方法。

（2）练习带有气体吸收装置的回流加热操作及分液漏斗的使用。

（3）掌握蒸馏和干燥操作。

【实验原理】

正丁醇与溴化钠、浓硫酸共热制得正溴丁烷。

主反应：

$$NaBr + H_2SO_4 \longrightarrow HBr + NaHSO_4$$

$$n\text{-}C_4H_9OH + HBr \Longrightarrow n\text{-}C_4H_9Br + H_2O$$

副反应：

$$CH_3CH_2CH_2CH_2OH \xrightarrow[\triangle]{\text{浓 } H_2SO_4} CH_3CH_2CH=CH_2 + H_2O$$

$$2n\text{-}C_4H_9OH \xrightarrow[\triangle]{\text{浓 } H_2SO_4} n\text{-}C_4H_9OC_4H_9 + H_2O$$

$$2HBr + H_2SO_4 \xrightarrow{\triangle} Br_2 + SO_2\uparrow + H_2O$$

【实验仪器及试剂】

圆底烧瓶（100 mL，25 mL）；球形冷凝管；石棉网；锥形瓶；烧杯；分液漏斗；普通漏斗；等等。

正丁醇（9.2 mL，7.4 g，0.1 mol）；无水溴化钠（13 g，0.13 mol，研细）；浓硫酸；饱和碳酸氢钠溶液；无水氯化钙；氢氧化钠溶液（5%，作吸收剂）；饱和亚硫酸氢钠溶液（洗溴）。

主要试剂及产物的物理常数如表 3-2-1 所示。

表 3-2-1　主要试剂及产物的物理常数

名称	分子量	性状	折射率	相对密度	熔点/℃	沸点/℃	溶解度/(g·100mL⁻¹)		
							水	醇	醚
正丁醇	74.12	无色透明液体	1.3993	0.80978	−89.9	117.71	7.920	∞	∞
正溴丁烷	137.03	无色透明液体	1.4398	1.299	−112.4	101.6	不溶	∞	∞

【实验步骤】

1. 正溴丁烷粗产品的制备

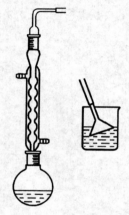

图 3-2-1　气体吸收回流反应装置

如图 3-2-1 所示，安装带有气体吸收的回流反应装置。选择 100 mL 干燥的圆底烧瓶作反应瓶，用 5％氢氧化钠溶液作吸收剂。在圆底烧瓶中先加入 10 mL 水，然后慢慢加入 14 mL 浓硫酸，充分混匀并冷至室温，再依次加入 9.2 mL 正丁醇、13 g 溴化钠，充分振摇后加几粒沸石，连上气体吸收装置。小火加热至沸，回流 0.5 h，在此过程中，经常摇动烧瓶使反应完全。待反应液冷却后，移去冷凝管，加上蒸馏头，改为蒸馏装置，蒸出粗产物正溴丁烷。

2. 粗产品的后处理

馏出液转入分液漏斗，加入等体积的水洗涤。静置分层后，产物转入另一干燥的分液漏斗中，用等体积的浓硫酸洗涤，分去硫酸层，留取有机相，再依次用等体积的水、饱和碳酸氢钠洗涤，再次水洗后转入干燥的锥形瓶中，加无水氯化钙干燥。间歇摇动锥形瓶，直至液体清亮为止。

3. 粗产品的提纯

将干燥后的产物滤入 25 mL 蒸馏瓶中，加入几粒沸石，蒸馏，用干燥的小锥形瓶收集 99～103℃的馏分。称重，计算产率。

纯正溴丁烷为无色透明液体，沸点为 101.6℃，折射率为 1.4398。

【实验注意事项】

（1）注意加料顺序，不可以先使溴化钠与浓硫酸混合，然后再加入正丁醇和水。同时应将浓硫酸慢慢加入水中，而不是把水加入浓硫酸中。

（2）加料过程中和反应回流时，须不断摇动反应瓶，使充分混合，否则影响产率。

（3）吸收装置应使漏斗口恰好接触水面，切勿浸入水中，以免倒吸。

（4）正溴丁烷是否蒸馏完，可以从三方面判断：①馏出液是否由浑浊转为澄清；②蒸馏烧瓶中上层油层是否蒸完；③取一支试管收集几滴馏出液，加少许水摇动，如无油珠出现，则表示有机物已被蒸完。

（5）馏出液水洗后如有红棕色，是因为溴化钠被浓硫酸氧化，生成了溴，可加入 10～15 mL 饱和亚硫酸氢钠溶液洗涤除去。

（6）浓硫酸能洗去粗品中少量未反应的正丁醇和副产物正丁醚等杂质，否则正丁醇和正溴丁烷形成恒沸物（沸点 98.6℃，含正丁醇 13％）而难以除去。

（7）加料时不要让溴化钠黏附在液面以上的烧瓶壁上，也不要一开始加热过猛，否则回流时反应混合物的颜色很快变深，甚至会产生少量炭渣。

（8）粗蒸馏时油层的黄色褪去，馏出液无色。若油层蒸完后继续蒸馏，蒸馏瓶中的液体又渐变黄色，是 HBr 被浓硫酸氧化所致。

（9）判断粗蒸馏时是否完成，可观察冷凝管中有无油滴，或当蒸气温度持续上升至 105℃以上而馏出液增加甚慢时即可停止。

（10）用浓硫酸洗涤粗产物时，一定要先将油层与水层彻底分开，否则影响洗涤效果。

【思考题】

（1）加料时，是否可以先使溴化钠与浓硫酸混合，然后再加正丁醇及水？为什么？

（2）回流加热后反应瓶中的内容物呈红棕色是什么缘故？蒸馏完正溴丁烷后，残余物应趁热倒入烧杯中，为什么？

（3）各步洗涤的目的是什么？

（4）在洗涤中如何判断哪层为有机层？

实验六　正丁醚的制备

【实验目的】

（1）学习醇分子间脱水制醚的反应原理和实验方法。

（2）学习分水器的原理及操作。

【实验原理】

主反应：

$$2CH_3CH_2CH_2CH_2OH \xrightarrow{H_2SO_4,135℃} CH_3CH_2CH_2CH_2OCH_2CH_2CH_2CH_3 + H_2O$$

副反应：

$$CH_3CH_2CH_2CH_2OH \xrightarrow[>135℃]{H_2SO_4} CH_3CH_2CH=CH_2 + H_2O$$

使用分水器将反应中产生的水从系统中移出，从而使主反应朝着正反应方向进行，提高产率。

【实验仪器及试剂】

两口烧瓶或三口烧瓶（100 mL）；球形冷凝管；石棉网；锥形瓶（50 mL）；分水器；温度计；分液漏斗；蒸馏头；等等。

正丁醇（15.5 mL，12.5 g；0.17 mol）；浓硫酸；无水氯化钙；氢氧化钠溶液（5%）；饱和氯化钙溶液。

【实验步骤】

1. 反应

于 100 mL 两口烧瓶中加入 15.5 mL 正丁醇及 2.5 mL 浓硫酸，充分混合均匀，加入沸石，如图 3-2-2 所示安装带分水器的回流装置。正丁醇、浓硫酸混合应充分，否则在加热过程中发生炭化。温度计的水银球插在液面下。先在分水器内预先加水至支管处，小心开启旋塞放出 1.8～2 mL 水。

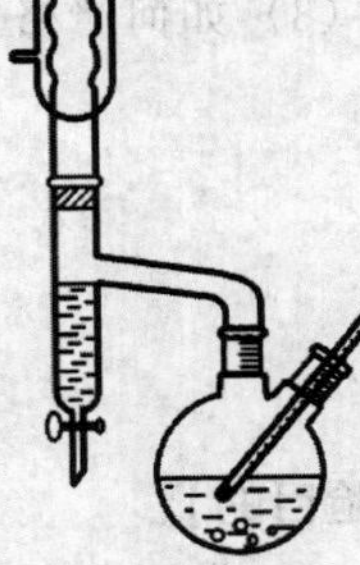

图 3-2-2　带分水器的回流装置

用小火在石棉网上加热回流，保持微沸，回流分水。随着反应的进行，回流液经冷凝管收集于分水器内，分液后水层沉于下层，上层有机相积至分水器支管时，即可返回烧瓶。当烧瓶内温度上升至 135℃ 左右，分水器全部被水充满时，即可停止反应，大约需要 1.5 h。若继续加热，则反应液变黑并有较多的副产物生成。

2. 纯化

冷却后，将反应液连同分水器中的水一起倒入有 25 mL 水的分液漏斗中，充分振摇，静置分层后弃去下层。粗产物依次用 12.5 mL 水、8 mL 5% 氢氧化钠溶液（洗去酸）、8 mL 水（洗去碱）、8 mL 饱和氯化钙溶液（洗去醇）洗涤，然后用 1 g 无水氯化钙干燥。将干燥后的粗产物滤入 25 mL 蒸馏瓶中，加沸石，安装蒸馏装置。蒸馏收集 140～144℃ 馏分，产物称重，测折射率。

纯正丁醚沸点为 142.4℃，折射率为 1.3992。

【实验注意事项】

（1）温度计水银球应浸入液面以下，但不能碰到烧瓶瓶底。

（2）分水器的旋塞不能漏水。本实验根据理论计算失水体积为 1.5 mL，实际分出水的体积略大于计算量，所以分水器加满水后先放掉 1.8～2 mL 水。计算过程如下：

$$2C_4H_9OH \longrightarrow H_2O + (C_4H_9)_2O$$
$$2 \times 74 \qquad\quad 18 \qquad\quad 130$$

本实验用 12.5 g 正丁醇脱水制正丁醚，那么应该脱去的水量为：

$$\frac{12.5 \text{ g}}{74 \text{ g} \cdot \text{mol}^{-1} \times 2} \times 18 \text{ g} \cdot \text{mol}^{-1} = 1.5 \text{ g}$$

反应前预先放掉 1.8～2 mL 水，反应后生成的水正好充满分水器，使汽化冷凝后的醇溢流返回反应瓶中，从而达到自动分离的目的。

（3）制备正丁醚的适宜温度是 130～146℃，但这一温度在开始回流时很难达到，因为形成了正丁醚-水恒沸物（沸点 94.1℃，含水 33.4%）、正丁醚-水-正丁醇三元恒沸物（沸点 90.6℃，含水 29.9%，含正丁醇 34.6%）、正丁醇-水恒沸物（沸点 93.0℃，含水 44.5%）。故应控制温度在 90～100℃ 之间较合适，而实际操作是在 100～115℃ 之间。

（4）碱洗过程中，不要太剧烈摇动分液漏斗，否则生成的乳浊液很难破坏而影响分离。

【思考题】

（1）实验中为什么要使用分水器？

（2）反应结束后为什么要将混合物倒入 25 mL 水中？各步洗涤的目的是什么？

（3）如何严格掌控反应温度？怎样得知反应是否比较完全？

实验七 | 己二酸的制备

【实验目的】

（1）学习用环己醇氧化制备己二酸的原理及方法。

（2）掌握浓缩、过滤、重结晶的操作技能。

【实验原理】

己二酸是合成尼龙-66 的主要原料之一，实验室可用高锰酸钾氧化环己醇制得。

反应为：

$$3 \begin{array}{c} OH \\ \bigcirc \end{array} +8KMnO_4+H_2O \longrightarrow 3HOOC(CH_2)_4COOH+8MnO_2+8KOH$$

常用氧化剂有 H_2CrO_4、$KMnO_4$、HNO_3、CH_3CO_3H 等。

据报道，H_2CrO_4 及其盐有致癌作用，且价格较贵。

$KMnO_4$ 反应温和，可在酸、碱、中性条件下进行，适用性广泛。

HNO_3 具有价格低、反应快、时间短、易分离等优点。

【实验仪器及试剂】

电磁搅拌器；温度计；漏斗；烧杯；布氏漏斗；玻璃棒；滤纸；刚果红试纸；等等。

环己醇（2.1 mL，2 g，0.02 mol）；高锰酸钾（6 g，0.038 mol）；氢氧化钠溶液（10%）；亚硫酸氢钠；浓盐酸；活性炭。

主要试剂及产物的物理常数如表 3-2-2 所示。

表 3-2-2　主要试剂及产物的物理常数

化合物	分子量	性状	折射率	相对密度	熔点/℃	沸点/℃	溶解度/(g·100mL^{-1})		
							水	醇	醚
环己醇	100.16	无色晶体或液体	1.4641	0.9624	25.15	161.1	3.6	可溶	可溶
己二酸	146.14	单斜晶棱柱体	1.4880	1.360	153	265^{100}	1.4^{15}	易溶	0.6

【实验步骤】

在 250 mL 烧杯中进行电磁搅拌。烧杯中加入 5 mL 10% 的氢氧化钠溶液和 50 mL 水，搅拌下加入 6 g 高锰酸钾。待高锰酸钾溶解后，用滴管慢慢滴加 2.1 mL 环己醇，控制滴加速度，维持反应温度在 45℃ 左右。滴加完毕后，当反应温度开始下降时，在沸水浴中将混合物加热 5 min，使氧化反应完全并使二氧化锰沉淀凝结。用玻璃棒蘸一滴反应混合物点到滤纸上做点滴试验。如有高锰酸盐存在，则在二氧化锰点的周围出现紫色的环，可加少量固体亚硫酸氢钠直到点滴试验呈负性为止。

趁热抽滤混合物，滤渣二氧化锰用少量热水洗涤 3 次，合并滤液与洗涤液，用约 4 mL 浓盐酸酸化，使溶液呈酸性（刚果红试纸变蓝）。滤液加热浓缩，使溶液体积减小至 10 mL 左右，加少量活性炭脱色后，趁热过滤，放置结晶，抽滤，用冰水洗涤滤饼，得白色己二酸结晶，产量 1.5～2 g。

纯己二酸为白色棱状晶体，熔点为 153℃。

【实验注意事项】

（1）此反应为剧烈放热反应，环己醇的滴加速度不宜过快，以免反应过剧，引起爆炸。

（2）环己醇的熔点为 25.15℃，熔融时为黏稠液体，为减少转移时的损失，可用少量水冲洗量筒，并加入反应液中。

（3）不同温度下己二酸在水中的溶解度如表 3-2-3 所示。浓缩母液可回收少量产物。

表 3-2-3　不同温度下己二酸在水中的溶解度

温度/℃	15	34	50	70	87	100
溶解度/(g·100 g^{-1})	1.44	3.08	8.46	34.1	94.8	160

【思考题】

（1）本实验中为什么必须控制反应温度和环己醇的滴加速度？

（2）为什么一些反应剧烈的实验，开始时的加料速度放得较慢，等反应开始后可以适当加快加料速度？

实验八　环己酮的制备

【实验目的】

（1）学习将仲醇氧化制备酮的原理和方法。

（2）掌握水蒸气蒸馏、蒸馏、萃取、干燥等操作。

【实验原理】

利用铬酸氧化仲醇是制备脂肪酮常采用的方法，酮对氧化剂比较稳定，不易进一步被氧化。氧化是放热反应，必须严格控制反应温度，以免反应过于剧烈。对不溶于水的化合物，可用铬酸在丙酮或冰醋酸中进行反应。铬酸在丙酮中的氧化反应速率较快，并且选择性地氧化羟基，而分子中的双键通常不受影响。

20 世纪 80 年代发展的次氯酸钠-冰醋酸体系是氧化仲醇的有效试剂，它价格低廉，较铬酸对环境污染小，且产率较高。

Ⅰ　用重铬酸钠氧化

反应方程式：

$$3 \text{ 环己醇} + Na_2Cr_2O_7 + 4H_2SO_4 \longrightarrow 3 \text{ 环己酮} + Cr_2(SO_4)_3 + Na_2SO_4 + 7H_2O$$

【实验仪器及试剂】

圆底烧瓶；蒸馏头；直形冷凝管；空气冷凝管；分液漏斗；烧杯；等等。

环己醇（8 mL，7.5 g，0.075 mol）；重铬酸钠（Na$_2$Cr$_2$O$_7$·2H$_2$O）（7.9 g，0.026 mol）；浓硫酸；乙醚；无水硫酸镁；食盐。

【实验步骤】

在 250 mL 烧杯中，加入 45 mL 水和 7.9 g 重铬酸钠，搅拌溶解后，在搅拌下慢慢加入 7 mL 浓硫酸，得橙红色溶液，冷却至室温备用。

在 250 mL 圆底烧瓶中，加入 8 mL 环己醇，将上述铬酸溶液分三批加入圆底烧瓶，每加一次应摇振混匀。放入一温度计，测量初始温度，并观察温度变化情况。当温度上升至 55℃时，立即用水浴冷却，控制反应液温度在 55～60℃。约 0.5 h 后，温度开始下降，移去水浴，放置 0.5 h，其间要不时摇振几次，直到使反应液呈墨绿色为止。

在反应瓶中加入 45 mL 水，放入几粒沸石改为蒸馏装置，进行简易水蒸气蒸馏。收集约 38 mL 馏出液。用食盐饱和后（约需 9 g）转入分液漏斗中，分出有机相，水相用 9 mL 乙醚萃取一次，将乙醚萃取液与有机相合并，用无水硫酸镁干燥后，转入 25 mL 圆底烧瓶，在水浴上蒸出乙醚后，改用空气冷凝管蒸馏，收集 151～155℃馏分。

纯环己酮的沸点 155.6℃，折射率为 1.4520。

【实验注意事项】

（1）重铬酸钠是强氧化剂且有毒，应避免与皮肤接触，反应残余物不得随意乱倒，应放入指定处，以免污染环境。

（2）温度低于 55℃，反应进行太慢，温度过高，可能导致酮的断链氧化。

（3）水的馏出量不宜过多，否则，即使盐析，仍不可避免有少量环己酮溶于水中而损失。环己酮在水中的溶解度为 31℃时 2.4 g·100 mL^{-1}。

Ⅱ　用次氯酸钠氧化

反应方程式：

$$\text{（环己醇）} -OH + NaClO \xrightarrow{CH_3COOH} \text{（环己酮）} =O + H_2O + NaCl$$

【实验仪器及试剂】

电磁搅拌器；三口烧瓶；滴液漏斗；蒸馏头；球形冷凝管；空气冷凝管；分液漏斗；烧杯；温度计；淀粉-碘化钾试纸；等等。

环己醇（8.4 mL，8 g，0.08 mol）；1.8 mol·L^{-1}次氯酸钠水溶液（60 mL）；冰醋酸；乙醚；碳酸钠；饱和亚硫酸氢钠溶液；无水硫酸镁；食盐。

【实验步骤】

在装有球形冷凝管、滴液漏斗、温度计和搅拌磁子的 250 mL 三口烧瓶中，加入 8.4 mL 环己醇和 20 mL 冰醋酸。在滴液漏斗中加入 60 mL 浓度为 1.8 mol·L^{-1}的次氯酸钠水溶液。开动搅拌，逐渐滴加次氯酸钠水溶液，并使瓶内温度保持在 30～35℃。必要时可用冰水浴冷却，但温度不得低于 30℃。当次氯酸钠溶液加完后，反应液呈黄绿色。取一滴反应液用淀粉-碘化钾试纸检验，如试纸变蓝，表明氧化剂过量。在室温下继续搅拌 15 min，然后加入饱和的亚硫酸氢钠溶液（1～5 mL），直至反应液变为无色，并对淀粉-碘化钾试纸呈负性试验。

向反应混合物中加入 50 mL 水，进行水蒸气蒸馏，收集 35～40 mL 馏出液。在搅拌下向馏出液中分批加入无水碳酸钠（约需 6 g），至反应液呈中性。中和后的溶液加入食盐（约需 6.5 g）使之饱和。混合物转入分液漏斗，分出有机相。水层每次用 10 mL 乙醚萃取 2 次，合并有机相和醚萃取液，用无水硫酸镁干燥后过滤，先用水浴蒸馏回收乙醚，再蒸馏收集 150～155℃馏分，产量 5～6 g。

【实验注意事项】

（1）用间接碘量法测定次氯酸钠的浓度。用移液管吸取 10 mL 次氯酸钠溶液于 500 mL 容量瓶中，用蒸馏水稀释至刻度，摇匀后用移液管量取 25 mL 溶液，加入 50 mL 0.1 mol·L^{-1}

盐酸和 2 g 碘化钾，用 0.1 mol·L⁻¹硫代硫酸钠标准溶液滴定析出碘，在滴定到近终点时加入 5 mL 0.2%淀粉溶液，以防止较多碘被淀粉胶粒包住，经换算后次氯酸钠的浓度为：

$$c = \{[(0.1 \text{ mol} \cdot \text{L}^{-1}/2) \times V] \times 500 \text{ mL}/25 \text{ mL}\}/10 \text{ mL}$$

式中，V 为耗去的硫代硫酸钠溶液的体积。

（2）假如混合物用淀粉-碘化钾试验未显色，可再加入 4 mL 次氯酸钠溶液，以保证有过量的次氯酸钠存在，使氧化反应完全。

（3）因有微量氯气逸出，操作最好在通风橱中进行。

（4）环己酮和水形成恒沸混合物，沸点 95℃，含环己酮 38.4%，馏出液中还有乙酸，沸程 94～100℃。

（5）加入食盐是为了降低环己酮的溶解度并有利于环己酮的分层。

【思考题】

（1）重铬酸钠-浓硫酸混合液为什么要冷至室温后使用？

（2）与重铬酸钠氧化法比较，次氯酸钠-冰醋酸氧化有何优点？

实验九　乙酸乙酯的制备

【实验目的】

（1）了解从有机酸合成酯的一般原理及方法。

（2）掌握蒸馏、分液漏斗的使用等操作。

【实验原理】

乙酸和乙醇在浓硫酸催化下生成乙酸乙酯：

$$\text{CH}_3\text{COOH} + \text{CH}_3\text{CH}_2\text{OH} \xrightleftharpoons[110\sim120℃]{\text{H}_2\text{SO}_4} \text{CH}_3\text{COOC}_2\text{H}_5 + \text{H}_2\text{O}$$

酯化反应进行很慢，需要酸催化。反应是可逆的，当反应进行到一定程度时，即达到极限，生成的酯产率为 66.6%。在实验中，可以采用以下两种方法促使酯化反应尽量向正反应方向进行：①增加反应物的浓度；②除去反应生成的水（在酯化过程中采用共沸蒸馏等方法，随时把水蒸出）。为了提高酯的产量，本实验采用加入过量的乙醇以及把反应中生成的酯和水蒸出的方法。在工业生产中，一般采用加入过量的乙酸，以便使乙醇转化完全，避免由于乙醇、水及乙酸乙酯形成二元或三元恒沸物给分离带来困难。

【实验仪器及试剂】

圆底烧瓶（100 mL）；球形冷凝管；石棉网；锥形瓶（50 mL）；温度计；沸石；pH 试纸；分液漏斗；蒸馏头；蒸馏瓶（25 mL）；等等。

冰醋酸（7.2 mL，7.5 g，0.125 mol）；95%乙醇（11.5 mL，9.2 g，0.19 mol）；浓硫酸；无水硫酸镁；饱和碳酸钠溶液；饱和食盐水；饱和氯化钙溶液。

【实验步骤】

1. 乙酸乙酯粗产品的制备

将 7.2 mL 冰醋酸和 11.5 mL 乙醇加入 100 mL 干燥的圆底烧瓶中，边摇动边缓缓加入 4 mL 浓硫酸，然后加几粒沸石，摇匀后装上球形冷凝管。水浴加热回流 0.5 h，稍冷后，改为蒸馏装置，接收瓶用冷水冷却。水浴加热蒸馏直至不再有馏出物，得粗乙酸乙酯。

2. 粗制乙酸乙酯的后处理

在摇动下慢慢向粗产物中加入饱和碳酸钠溶液，直至不再有二氧化碳气体逸出，且有机相对 pH 试纸呈中性为止。将混合液转入分液漏斗，振摇后静置，分去水相，有机相用 15 mL 饱和食盐水洗涤后，再每次用 5 mL 饱和氯化钙溶液洗涤两次。弃去下层液体，酯层转入干燥的锥形瓶中，用无水硫酸镁干燥 20～30 min。

3. 乙酸乙酯的提纯

将干燥后的粗制乙酸乙酯滤入 25 mL 蒸馏瓶中，加入几粒沸石，水浴加热蒸馏，收集 73～78℃的馏分。称重，计算产率。

纯乙酸乙酯沸点为 77.15℃，折射率为 1.3727。

【实验注意事项】

（1）在馏出液中除了酯和水外，还有未反应的少量的乙酸和乙醇，因此用饱和氯化钙溶液除去未反应的醇，饱和碳酸钠除去产物中的酸。

（2）当酯层用碳酸钠洗过后，若紧接着就用氯化钙溶液洗涤，可能产生絮状的碳酸钙沉淀，使进一步分离变得困难，因此这两步操作之间必须水洗一下。由于乙酸乙酯在水中有一定的溶解度（每 17 份水溶解 1 份乙酸乙酯），为了尽可能减少损失，所以用饱和食盐水洗涤。

（3）酯层中的乙醇不除尽或干燥不够时，乙酸乙酯、乙醇、水可形成低沸点的恒沸物，从而影响酯的产率，故需干燥。

（4）由于乙酸乙酯、乙醇、水可形成低沸点的恒沸物，所以在未干燥前产品已经清亮透明，因此，不能以产品是否透明作为是否干燥好的标准，应以干燥剂加入后吸水情况而定（放置 30 min，其间要不时摇动）。

【思考题】

（1）在酯化反应中，用作催化剂的硫酸的量，一般只需醇的质量的 3% 就够了，本实验为何用了 4 mL？

（2）如果冰醋酸过量是否可以？为什么？

实验十 | 苯甲酸乙酯的制备

【实验目的】

（1）学习酸催化的酯化反应的原理。

（2）掌握分水器的使用原理和方法，掌握不同沸点的有机物的蒸馏方法，掌握萃取、干燥等操作。

【实验原理】

酸催化的直接酯化是工业和实验室制备羧酸酯最重要的方法，常用的催化剂有硫酸、氯化氢和对甲苯磺酸等。

$$RCOOH + HOR' \overset{H^+}{\rightleftharpoons} RCOOR' + H_2O$$

整个反应是可逆的，为了使反应向有利于生成酯的方向移动，通常采用过量的羧酸或醇，或者除去反应中生成的酯或水，或者二者同时采用。

在实践中，提高反应产率常用的方法是除去反应中形成的水，特别是大规模的工业制备中。在某些酯化反应中，醇、酯和水之间可以形成二元或三元最低恒沸物，也可以在反应体系中加入能与水、醇形成恒沸物的第三组分，如甲苯、环己烷、三氯乙烯等，以除去反应中不断生成的水，达到提高酯产量的目的。这种酯化方法一般称为共沸酯化。

在制备苯甲酸乙酯时，因为酯的沸点较高（213℃），很难蒸出，所以采用加入环己烷的方法，使环己烷、乙醇和水组成一个三元恒沸物（沸点 62.6℃），以除去反应中生成的水。

反应方程式：

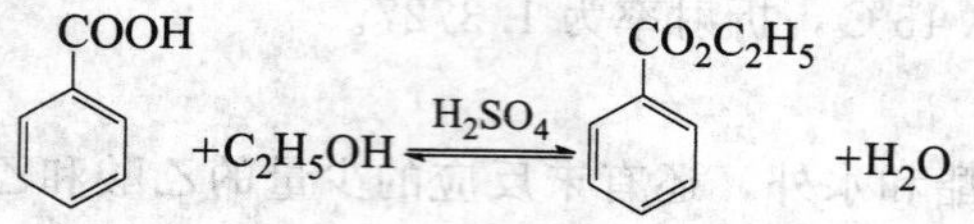

【实验仪器及试剂】

圆底烧瓶；球形冷凝管；直形冷凝管；空气冷凝管；分水器；量筒；烧杯；分液漏斗；锥形瓶；沸石；pH 试纸；等等。

苯甲酸（6 g，0.049 mol）；99.5% 无水乙醇（15 mL，11.9 g，0.25 mol）；环己烷；浓硫酸；碳酸钠；乙醚；无水氯化钙。

【实验步骤】

在 50 mL 圆底烧瓶中，加入 6 g 苯甲酸、15 mL 无水乙醇、15 mL 环己烷和 2.5 mL 浓硫酸，摇匀后加入几粒沸石，再装上分水器，从分水器上端小心加水，使水面与支管口距离 1 cm，分水器上端接一回流冷凝管。

将烧瓶加热回流，开始时回流速度要慢，随着回流的进行，蒸出环己烷-乙醇-水三元恒沸混合物。分水器中出现了上、下两层液体，且下层越来越多。当上层液面接近分水器支管口时，开启旋塞，让下层液体流入量筒中（维持分水器原水层液面的高度）。随着反应进行，烧瓶中的反应物出现分层。当分水器中的上层液体变得十分澄清，不再有水珠落入下层时，停止反应。回流时间需 2～2.5 h。收集到的下层液体为 12～14 mL。继续用水浴加热，使多余的乙醇和环己烷蒸至分水器中（当充满时可由旋塞放出，注意放时应移去热源）。

将瓶中残液倒入盛有 45 mL 冷水的烧杯中，在搅拌下加入碳酸钠粉末至无二氧化碳气体产生（pH 试纸检验至呈中性）。

用分液漏斗分出粗产物，水层用 15 mL 乙醚萃取，合并粗产物和醚萃取液，用无水氯化钙干燥。水层倒入公用的回收瓶，回收未反应的苯甲酸。干燥后的醚溶液置于 25 mL 蒸馏瓶，先用水浴蒸去乙醚，再加热蒸馏，收集 210～213℃馏分，产量约 5 g。

纯苯甲酸乙酯的沸点为 213℃，折射率为 1.5001。

【实验注意事项】

（1）在旋摇下滴加浓硫酸为妥。若浓硫酸与苯甲酸直接接触，则溶液立即呈现黄棕色，影响产率。

（2）安装冷凝管时，将其下端尖头远对分水器侧管，使滴下的液体离侧管最远，使水在分水器中有效分离，若滴在侧管附近，则在分层前，会溢流到反应瓶中，影响分水效率。

（3）实验中三元恒沸物的沸点和组成如表 3-2-4 所示。

表 3-2-4　水-乙醇-环己烷三元恒沸物的沸点和组成

沸点/℃（101.325 kPa）				质量分数/%		
水	乙醇	环己烷	恒沸物	水	乙醇	环己烷
100	78.3	80.75	62.60	4.8	19.7	75.5

（4）加碳酸钠的目的是除去硫酸及未作用的苯甲酸，要研细后分批加入，否则会产生大量泡沫而使液体溢出。

（5）若粗产物中含有絮状物难以分层，则可直接用 12.5 mL 乙醚萃取。

（6）可用盐酸小心酸化用碳酸钠中和后分出的水溶液，至溶液对 pH 试纸呈酸性，抽滤析出的苯甲酸沉淀，并用少量冷水洗涤后干燥。

【思考题】

本实验应用什么原理和措施来提高产率？

实验十一　呋喃甲醇和呋喃甲酸的制备

【实验目的】

学习由呋喃甲醛制备呋喃甲醇与呋喃甲酸的原理和方法，从而加深对 Cannizzaro 反应的认识。

【实验原理】

反应方程式：

$$2 \langle \text{O} \rangle\text{CHO} + NaOH \longrightarrow \langle \text{O} \rangle\text{CH}_2\text{OH} + \langle \text{O} \rangle\text{CO}_2\text{Na} \xrightarrow{H^+} \langle \text{O} \rangle\text{COOH}$$

Cannizzaro 反应的实质是羰基的亲核加成。反应涉及羟基负离子对一分子芳香醛的亲核加成、加成物的负氢向另一分子芳香醛的转移和酸碱交换反应。在 Cannizzaro 反应中，通常使用浓碱，其中碱的物质的量比醛的物质的量多一倍以上，否则反应不完全，未反应的醛与生成的醇混在一起，通过一般蒸馏很难分离。但此反应碱的用量与醛的用量相当。

【实验仪器及试剂】

圆底烧瓶；直形冷凝管；空气冷凝管；量筒；烧杯；分液漏斗；锥形瓶；等等。

呋喃甲醛（新蒸）（9.5 g，8.2 mL，0.1 mol）；氢氧化钠（4 g，0.1 mol）；乙醚；浓盐酸；无水碳酸钾。

主要试剂及产物的物理常数如表 3-2-5 所示。

表 3-2-5 主要试剂及产物的物理常数

化合物	分子量	性状	相对密度	熔点/℃	沸点/℃	折射率	溶解度/(g·100mL⁻¹)		
							水	醇	醚
呋喃甲醛	96.09	无色透明液体	1.1594	−38.7	161.7	1.5261	8.3	易溶	混溶
呋喃甲醇	98.10	无色透明液体	1.1296	−31	171	1.4868	混溶	易溶	易溶
呋喃甲酸	112.09	白色针状固体	—	133~134	230~232	—	可溶	易溶	易溶

【实验步骤】

1. Cannizzaro 反应

将 4 g 氢氧化钠溶于 6 mL 水中，冷却，即得氢氧化钠溶液。另取 8.2 mL 新蒸过的呋喃甲醛于烧杯中，将烧杯浸入冰水中冷却。冷却后，边搅拌边用滴管将氢氧化钠溶液滴加到呋喃甲醛中，滴加过程必须保持反应温度在 8~12℃ 之间。加完后，仍保持此温度继续搅拌 1 h，反应即可完成，得米黄色浆状物。

2. 呋喃甲醇的制备

在搅拌下向反应混合物中加入适量的水，使沉淀恰好完全溶解，此时溶液呈透明的暗红色。将溶液转入分液漏斗中，用乙醚萃取 4 次，每次用 7 mL。合并乙醚萃取液，用无水碳酸钾干燥后，滤入 100 mL 干燥的圆底烧瓶中，先在水浴上蒸去乙醚，然后将剩余液体转入 25 mL 的干燥圆底烧瓶，加热蒸馏呋喃甲醇，选择空气冷凝管，收集 169~172℃ 的馏分。

纯呋喃甲醇为无色透明液体，沸点为 171℃，折射率为 1.4868。

3. 呋喃甲酸的制备

乙醚提取后的水溶液在搅拌下慢慢加入浓盐酸（约需 2.5 mL），至刚果红试纸变蓝。冷却、结晶，抽滤，产物用少量冷水洗涤，抽干后收集产品，粗产物用水重结晶，加活性炭脱色，得白色针状呋喃甲酸。

纯呋喃甲酸熔点为 133~134℃。

【实验注意事项】

（1）呋喃甲醛使用前必须蒸馏提纯，收集 155~162℃ 馏分。

（2）若反应温度高于 12℃，则反应物温度极易升高而难以控制，致使反应物变成深红色；若低于 8℃，则反应过慢，可能积累一些氢氧化钠，反应一旦发生，则过于剧烈，使温度升高，导致副反应发生，影响产量及纯度。

（3）自氧化还原反应是在两相间进行的，因此必须充分搅拌，这是反应成功的关键。

（4）在反应过程中会有许多呋喃甲酸钠析出，加水溶解，可使米黄色的浆状物转为酒红色透明状的溶液。但若加水过多会导致损失一部分产品。

（5）酸量一定要加足，保证 pH=3，使呋喃甲酸充分游离出来，这一步是影响呋喃甲酸产率的关键。

（6）重结晶呋喃甲酸粗品时，不要长时间加热回流，否则部分呋喃甲酸会被分解，出现油状物。

【思考题】

（1）试比较 Cannizzaro 反应与羟醛缩合反应中醛的结构上有何不同。

（2）本实验是根据什么原理来分离和提纯呋喃甲醇和呋喃甲酸这两种产物的？

实验十二 | 2-甲基-2-己醇的制备

【实验目的】

（1）了解 Grignard 试剂的制备、应用和进行 Grignard 反应的条件。

（2）学习用 Grignard 试剂与酮制备叔醇的原理及方法。

（3）掌握并巩固电磁搅拌、回流、萃取、蒸馏（包括低沸物蒸馏）等操作。

【实验原理】

实验室制备醇，除了羰基（醛、酮、羧酸和羧酸酯）还原和烯烃的硼氢化-氧化等方法外，利用 Grignard 反应也是合成各种结构复杂的醇的主要方法。卤代烷和卤代芳烃与金属镁在无水乙醚中反应生成烃基卤化镁，又称 Grignard 试剂。

$$RX + Mg \xrightarrow{\text{无水乙醚}} RMgX$$

乙醚在 Grignard 试剂的制备中有重要作用，醚分子中氧上的非键电子可以和试剂中带部分正电荷的镁作用，生成如下配合物：

$$\begin{array}{c} \overset{C_2H_5}{\underset{C_2H_5}{}}O \cdots \overset{\overset{R}{|}}{\underset{\underset{X}{|}}{Mg}} \leftarrow O\overset{C_2H_5}{\underset{C_2H_5}{}} \end{array}$$

Grignard 试剂的制备必须在无水的条件下进行，所用仪器和试剂均需要干燥，因为微量水分的存在抑制反应的引发，而且会分解形成的 Grignard 试剂而影响产率：

$$RMgX + H_2O \longrightarrow RH + Mg(OH)X$$

此外，Grignard 试剂还能与氧、二氧化碳作用及发生偶联反应：

$$2RMgX + O_2 \longrightarrow 2ROMgX$$

$$RMgX + RX \longrightarrow R\!-\!R + MgX_2$$

$$RMgX + CO_2 \longrightarrow RCOOMgX$$

故 Grignard 试剂不宜长时间保存。

Grignard 反应是一个放热反应，所以卤代烃的滴加速度不宜过快，必要时可用冷水冷却。当反应开始后，应调节滴加速度，使反应物保持微沸为宜。对活性较差的卤代物或反应不易发生时，可采用加入少许碘粒或事先已制好的 Grignard 试剂引发反应。

本实验的反应方程式：

$$n\text{-}C_4H_9Br + Mg \xrightarrow{\text{无水乙醚}} n\text{-}C_4H_9MgBr$$

$$n\text{-}C_4H_9MgBr + \underset{\underset{O}{\|}}{H_3CCCH_3} \xrightarrow{\text{无水乙醚}} n\text{-}C_4H_9\underset{OMgBr}{\overset{}{C}}(CH_3)_2$$

$$n\text{-}C_4H_9\underset{OMgBr}{\overset{}{C}}(CH_3)_2 + H_2O \xrightarrow{H^+} n\text{-}C_4H_9\underset{OH}{\overset{}{C}}(CH_3)_2$$

【实验仪器及试剂】

电磁搅拌器；三口烧瓶（100 mL）；冷凝管；恒压滴液漏斗；干燥管；分液漏斗；蒸馏装置。

镁屑（1.5 g，0.06 mol）；正溴丁烷（6.4 mL，8.1 g，约 0.06 mol）；丙酮（5 mL，4 g，0.069 mol）；无水乙醚；乙醚；硫酸溶液（10%）；碳酸钠溶液（5%）；无水碳酸钾；无水氯化钙。

【实验步骤】

1. 正丁基溴化镁的制备

在 100 mL 三口烧瓶上分别装置搅拌磁子、恒压滴液漏斗、冷凝管，冷凝管的上口与装有氯化钙的干燥管相连。向三口烧瓶中加入 1.5 g 镁屑、10 mL 无水乙醚及一小粒碘。在恒压滴液漏斗中混合 6.4 mL 正溴丁烷和 15 mL 无水乙醚。先向瓶中滴入约 3 mL 正溴丁烷-乙醚混合液，数分钟后即见溶液呈微沸状态，碘的颜色消失，反应开始。若不发生反应，可用温水浴加热。反应开始比较剧烈，必要时可用冷水浴冷却。待反应缓和后，自冷凝管上端加入 15 mL 无水乙醚。慢慢开动搅拌，并开始滴加其余的正溴丁烷-乙醚混合液，注意滴加速度不宜太快，控制滴加速度维持反应液呈微沸状态。滴加完毕再水浴回流 20 min，使镁屑几乎作用完全。

2. 2-甲基-2-己醇的制备

在冰水浴冷却下，边搅拌边自恒压滴液漏斗中滴入 5 mL 丙酮与 10 mL 无水乙醚的混合液，控制滴加速度，保持微沸。加完后，在室温下继续搅拌 15 min。此时可能有白色黏稠状固体析出。

在冰水浴冷却及搅拌条件下，自恒压滴液漏斗分批加入 45 mL 10%硫酸溶液（开始滴加宜慢，以后可逐渐加快），分解产物。加完后，将液体转入分液漏斗中，分出醚层。水层用乙醚萃取 2 次，每次用 12 mL，合并醚层，并用 14 mL 5%的碳酸钠溶液洗涤一次，用无水碳酸钾干燥有机相。

将干燥后的粗产物醚溶液滤入 25 mL 蒸馏瓶，用温水浴蒸出乙醚，再升温蒸出产品，收集 137～143℃的馏分。

纯 2-甲基-2-己醇的沸点为 143℃，折射率为 1.4175。

【实验注意事项】

（1）本实验所用仪器及试剂必须充分干燥，正溴丁烷用无水氯化钙干燥并蒸馏纯化，丙酮用无水碳酸钾干燥，并经蒸馏纯化。所用仪器，在烘箱中烘干后，取出稍冷即放入干燥器中冷却。或将仪器取出后，在开口处用塞子塞紧，以防止在冷却过程中玻璃壁吸附空气中的水分。

（2）镁屑不宜采用长期放置的。如长期放置，镁屑表面常有一层氧化膜，可采用下法除去：用 5%盐酸溶液作用数分钟，抽滤除去酸液后，依次用水、乙醇、乙醚洗涤。抽干后置于干燥器内备用。

也可用镁条代替镁屑，使用前用细砂纸将其表面擦亮，剪成小段。

（3）为了使开始时正溴丁烷局部浓度较大，易于发生反应，搅拌应在反应开始后进行。若 5 min 后反应仍不开始，可用温水浴温热，或在加热前加入一小粒碘促使反应开始。

（4）2-甲基-2-己醇与水能形成恒沸物，因此必须很好地干燥，否则前馏分将显著增多。

（5）由于醚溶液体积较大，可采取分批过滤蒸去乙醚。

【思考题】

（1）本实验在将 Grignard 试剂加成物水解前的各步中，为什么使用的药品、仪器均须绝对干燥？为此可采取什么措施？

（2）反应未开始前，加入大量正溴丁烷有什么影响？

（3）本实验有哪些可能的副反应？如何避免？

（4）为什么本实验得到的粗产物不能用无水氯化钙干燥？

实验十三　三苯甲醇的制备

【实验目的】

（1）掌握 Grignard 试剂的制备、应用和进行 Grignard 反应的条件。

（2）进一步学习用格式试剂与酯制备叔醇的原理及方法。

（3）掌握电动搅拌、回流、萃取、蒸馏（包括低沸物蒸馏）等操作。

【实验原理】

本实验的反应方程式：

$$PhBr + Mg \xrightarrow{\text{无水乙醚}} PhMgBr$$

$$Ph\!-\!\underset{\underset{OC_2H_5}{|}}{C}\!\!=\!\!O + 2PhMgBr \xrightarrow{\text{无水乙醚}} Ph\!-\!\underset{\underset{Ph}{|}}{\overset{\overset{Ph}{|}}{C}}\!\!-\!OMgBr$$

$$Ph\!-\!\underset{\underset{Ph}{|}}{\overset{\overset{Ph}{|}}{C}}\!\!-\!OMgBr \xrightarrow{NH_4Cl, H_2O} Ph\!-\!\underset{\underset{Ph}{|}}{\overset{\overset{Ph}{|}}{C}}\!\!-\!OH$$

副反应：

$$Ph\!-\!MgBr + Ph\!-\!Br \longrightarrow Ph\!-\!Ph$$

【实验仪器及试剂】

电磁搅拌器；三口烧瓶（100 mL）；冷凝管；恒压滴液漏斗；干燥管；蒸馏装置。

镁屑（0.75 g，0.031 mol）；溴苯（3.5 mL，5 g，0.032 mol）；苯甲酸乙酯（1.9 mL，2 g，0.013 mol）；无水乙醚；氯化铵；乙醇（80%）。

【实验步骤】

1. 苯基溴化镁的制备

图 3-2-3(a) 是可同时进行搅拌、回流和自滴液漏斗加入液体的实验装置；图 3-2-3(b) 的装置还可同时测量反应的温度；图 3-2-3(c) 是带干燥管的搅拌装置；图 3-2-3(d) 是磁力搅拌回流装置。

按图 3-2-3(c) 所示在 100 mL 三口烧瓶上分别装上电动搅拌器、冷凝管及恒压滴液漏斗，在冷凝管上装置氯化钙干燥管。三口烧瓶内放置 0.75 g 镁屑及一小粒碘，在恒压滴液漏斗中混合 3.5 mL 溴苯及 16 mL 无水乙醚。

先将三分之一的混合液滴入烧瓶中，数分钟后即见镁屑表面有气泡产生，溶液轻度浑浊，碘的颜色开始消失。若不发生反应，可适当加热。反应开始后开动搅拌，缓缓地加入其余的溴苯-醚溶液（注意：若太快则得到 R—R），滴加速度保持溶液呈微沸状态。加毕，在温水浴继续回流 0.5 h，使镁屑作用完全。

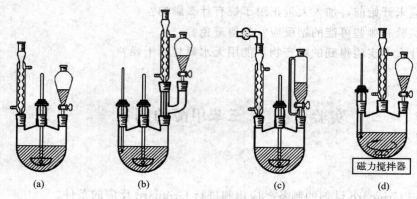

图 3-2-3　搅拌回流装置

2. 粗三苯甲醇的制备

将已制好的苯基溴化镁试剂置于冷水浴中，在搅拌下由恒压滴液漏斗滴加 1.9 mL 苯甲酸乙酯和 7 mL 无水乙醚的混合溶液，控制滴加速度保持反应平稳进行。滴加完毕，温水回流 0.5 h，使反应进行完全，这时可以观察到反应液明显地分为两层。将反应物改为冰水浴冷却，在搅拌下由恒压滴液漏斗慢慢滴加由 4 g 氯化铵配成的饱和水溶液（约需 15 mL），分解加成产物。

将反应装置改为蒸馏装置，水浴蒸去乙醚（乙醚要回收），然后进行水蒸气蒸馏除去未反应的溴苯及联苯等副产物，瓶中剩余物冷却后凝为固体，抽滤收集粗产物。

3. 粗产品的纯化

用 80％的乙醇重结晶，得到纯净的三苯甲醇晶体。

纯三苯甲醇为无色棱状晶体，熔点为 162.5℃。

【实验注意事项】

（1）本实验所有仪器及试剂必须充分干燥。

（2）滴加饱和氯化铵溶液是使加成物水解成三苯甲醇，与此同时，生成的氢氧化镁可以转变为可溶性的氯化镁。如仍见有絮状的氢氧化镁未全溶时，可加入几毫升稀盐酸促使其全部溶解。

（3）副产物易溶于石油醚而被除去。

【思考题】

本实验中若溴苯加入得太快或一次性加入，有什么影响？

实验十四　苯乙酮的制备

【实验目的】

（1）学习 Friedel-Crafts 酰基化反应制备芳香酮的原理和方法。

（2）掌握减压蒸馏的操作。

（3）巩固萃取、无水操作、带气体吸收装置的回流操作。

【实验原理】

芳香族化合物在 Lewis 酸催化下，与卤代烷或酰卤、酸酐等反应生成烷基苯和酰基苯，前者称为 Friedel-Crafts 烷基化反应，后者称为 Friedel-Crafts 酰基化反应。常用催化剂为无水 $AlCl_3$，其他如 $ZnCl_2$、$FeCl_3$、BF_3 以及质子酸 HF、H_2SO_4 等针对不同的反应对象也有类似的催化活性。

常用的酰化剂是酰氯和酸酐。本实验使用乙酸酐为酰化剂，虽然乙酸酐的酰化能力较弱，但是较便宜。在无水 $AlCl_3$ 存在下，乙酸酐使苯发生乙酰化生成苯乙酮。

反应方程式：

$$\text{苯} + (CH_3CO)_2O \xrightarrow{AlCl_3} \text{苯乙酮(COCH}_3\text{)} + CH_3COOH$$

反应历程：

$$(RCO)_2O + 2AlCl_3 \Longleftrightarrow [RCO]^+[AlCl_4]^- + RCO_2AlCl_2$$

$$[RCO]^+[AlCl_4]^- \Longleftrightarrow R\overset{+}{C}O + [AlCl_4]^-$$

$$\text{苯} + R\overset{+}{C}O \longrightarrow \text{中间体} \longrightarrow \text{苯(COR)} + H^+$$

$$[AlCl_4]^- + H^+ \longrightarrow AlCl_3 + HCl$$

无水 $AlCl_3$ 的作用是促使乙酸酐产生亲电试剂 R^+ 或酰基正离子 $R-\overset{+}{C}=O$。烷基化反应只需催化量的 $AlCl_3$。而酰基化反应中，当用酰氯制备芳香酮时，因 $AlCl_3$ 与反应中生成的芳香酮形成配合物，1 mol 反应物需 1.1 mol 的 $AlCl_3$；当使用酸酐时，由于生成的羧酸也能与 $AlCl_3$ 生成配合物，故 1 mol 反应物需 2.1 mol 的 $AlCl_3$。由于 $AlCl_3$ 遇水或潮气会分解失效，故反应时所用的仪器和试剂都应是干燥无水的。注意，$AlCl_3$ 的研细、称量、投料都要迅速。苯要经过处理，需无水、无噻吩，因噻吩易产生树脂状物质。乙酸酐使用前需重新蒸馏，因久置后易吸收空气中的水分而分解。

由于反应放热，常将酰化试剂与溶剂混合，慢慢滴入盛有芳香烃的反应瓶中。反应有一个诱导期，注意温度的变化。反应放出 HCl 气体，需装一气体吸收装置。

【实验仪器及试剂】

三口烧瓶（100 mL）；恒压滴液漏斗；球形冷凝管；干燥管；分液漏斗；克氏蒸馏瓶；克氏蒸馏头；等等。

无水苯（16 mL，14 g，0.18 mol）；乙酸酐（4 mL，4.3 g，0.04 mol）；无水 $AlCl_3$（13 g，0.098 mol）；浓盐酸；苯；氢氧化钠溶液（5%）；无水硫酸镁；碎冰。

【实验步骤】

1. 安装装置

在 100 mL 三口烧瓶中分别装冷凝管和恒压滴液漏斗，冷凝管上端装一氯化钙干燥管

［参照实验十三的图 3-2-3(c)］，干燥管再与氯化氢吸收装置相连。

2. 投料

迅速称取 13 g 研细的无水 $AlCl_3$，加入三口烧瓶中，再加入 16 mL 无水苯，塞住另一瓶口。

3. 反应

在恒压滴液漏斗中加入 4 mL 乙酸酐，控制滴加速度，勿使反应过于剧烈，以三口烧瓶稍热为宜。边滴加边摇荡三口烧瓶，10～15 min 滴加完毕。加完后，在沸水浴上回流 15～20 min，直至不再有氯化氢气体逸出为止。

将反应物冷至室温，在搅拌下倒入盛有 25 mL 浓盐酸和 35 g 碎冰的烧杯中进行分解（在通风橱进行）。若分解后仍有固体不溶物 $Al(OH)_3$，可加入少量 HCl 使之溶解。

4. 纯化

将混合物转入分液漏斗中，分出有机层，水层每次用 10 mL 苯萃取，萃取两次，合并有机层和苯萃取液，依次用等体积的 5％氢氧化钠溶液和水洗涤一次，用无水硫酸镁干燥。将干燥后的粗产物滤入克氏蒸馏瓶，减压蒸馏，先在水浴上蒸去苯，再加热，收集馏分，产量 3～4 g。

纯苯乙酮为无色油状液体，沸点为 202℃，折射率为 1.5372。

苯乙酮在不同压力下的沸点如表 3-2-6 所示。

表 3-2-6　苯乙酮在不同压力下的沸点

压力/mmHg①	4	5	6	7	8	9	10	25
沸点/℃	60	64	68	71	73	76	78	98
压力/mmHg	30	40	50	60	100	150	200	
沸点/℃	102	109.4	115.5	120	133.6	146	155	

① 1 mmHg＝133.32 Pa。

【实验注意事项】

（1）反应所用仪器及试剂都经干燥处理，要注意保证每一个环节都要干燥无水。先安装好装置，再去取试剂。

（2）加入无水 $AlCl_3$ 时，最好用纸做一个漏斗。因 $AlCl_3$ 沾在瓶口上会使烧瓶密封不严，导致反应中漏气。

（3）反应有一个诱导期，要防止加入的乙酸酐没有反应而积累过多，致使一旦发生反应，就会失去控制。

（4）控制乙酸酐的滴加速度。若反应过于剧烈，可用冷水浴冷却。

（5）由于最终产物不多，宜选用较小的蒸馏瓶；苯溶液可用分液漏斗分批加入；使用克氏蒸馏头。

（6）本实验使用的无水 $AlCl_3$ 应该是呈小颗粒或粗粉状，暴露于空气中立刻冒烟，滴少许水于其上则嘶嘶作响。称取和加入无水 $AlCl_3$ 时，均应迅速操作。取用 $AlCl_3$ 后，应立即将原试剂瓶塞好。

（7）化学纯苯经无水氯化钙干燥过夜后才能使用。

（8）所用乙酸酐必须在临用前重新蒸馏，取 137～140℃ 的馏分使用。

（9）加酸使苯乙酮析出，其反应式为

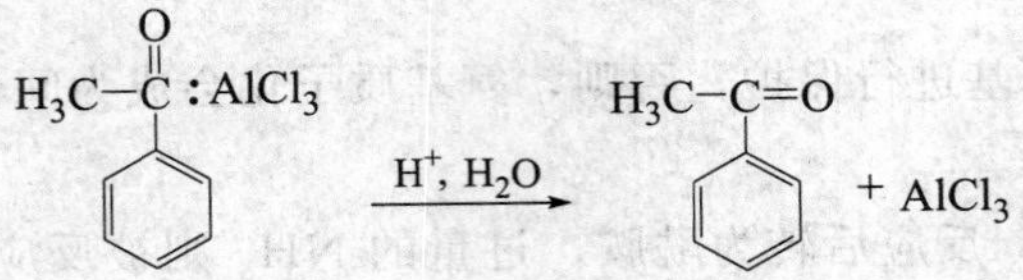

$$
\underset{\substack{|\\\text{(苯环)}}}{H_3C-\overset{\displaystyle O}{\overset{\|}{C}}:AlCl_3} \xrightarrow{H^+, H_2O} \underset{\substack{|\\\text{(苯环)}}}{H_3C-C=O} + AlCl_3
$$

【思考题】

（1）水和潮气对本实验有何影响？

（2）在烷基化和酰基化反应中，无水 AlCl₃ 的用量有何不同？

实验十五　对氨基苯磺酰胺的制备

【实验目的】

（1）学习多步有机合成，从简单易得的原料合成有用的药物或中间体，培养学生良好的实验技能。

（2）通过对氨基苯磺酰胺的制备，掌握酰氯的氨解和乙酰基衍生物的水解。

（3）巩固回流、脱色、重结晶等基本操作。

【实验原理】

磺胺药物的一般结构为

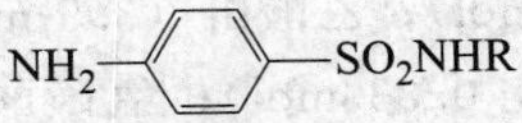

$$
NH_2-\text{(苯环)}-SO_2NHR
$$

磺胺药物是含磺胺基团合成药物的总称，能抑制多种细菌和少数病毒的生长和繁殖，用于防治多种病菌感染。由于磺胺基上氮原子的取代基不同而形成不同的磺胺药物。

在多步有机合成中，有的中间体必须分离提纯，有的也可以不经提纯，直接用于下一步合成，这要根据对每步反应的深入理解和实际需要，适当地做出选择。

对氨基苯磺酰胺的制备包括以下几步：

（1）乙酰化反应

乙酰化的目的是：①保护芳环上的氨基，使其不被反应试剂破坏；②维持定位效应不变，降低芳环活性；③由于空间效应，可减少多元取代而只生成一元取代产物。

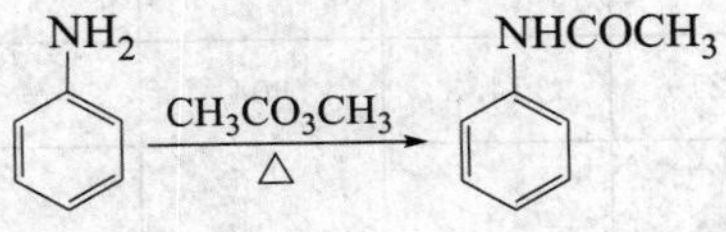

$$
\underset{\text{(苯环)}}{NH_2} \xrightarrow[\triangle]{CH_3CO_3CH_3} \underset{\text{(苯环)}}{NHCOCH_3}
$$

（2）氯磺化反应

$$
\underset{\text{(苯环)}}{NHCOCH_3} \xrightarrow{ClSO_3H} \underset{\substack{\text{(苯环)}\\SO_2Cl}}{NHCOCH_3}
$$

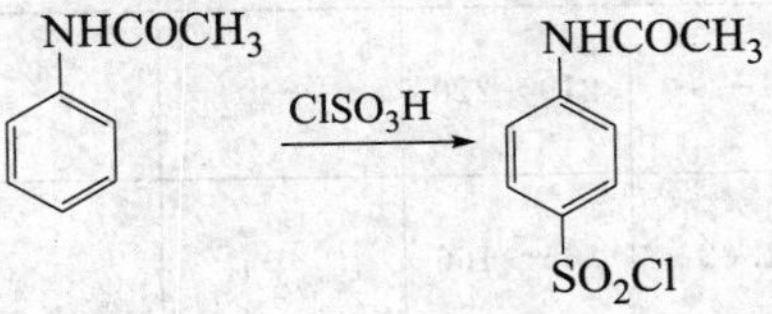

此反应需控制温度（不超过65℃），且产物不稳定，遇水缓慢分解。在酸、碱和较高温度时，均可加速水解。

在氯磺化之前应对氨基进行保护，否则，氨基质子化会成为间位定位基。

（3）磺胺的生成

中间体磺酰氯与 NH_3 反应后转为酰胺，过量的 NH_3 则被反应中生成的 HCl 中和。唯一的副反应是磺酰氯在水存在下水解生成磺酸。接下来的一步是乙酰保护基的酸催化水解，产生质子化的氨基。注意分子中存在的两个酰胺键中，只有乙酰胺键断裂，磺酸酰胺（磺酰胺）键不断裂，由此生成的磺胺盐在加入碱时变成磺胺。

【实验仪器及试剂】

石棉网；导气管；塞子；烧杯；圆底烧瓶；锥形瓶；布氏漏斗。

苯胺（2.7 mL，2.8 g，0.03 mol）；乙酸酐（3.5 mL，3.8 g，0.037 mol）；结晶醋酸钠（$CH_3COONa \cdot 3H_2O$）（4.5 g，0.33 mol）；氯磺酸（$\rho=1.753$）（6.4 mL，11.3 g，0.097 mol）；浓氨水（28%，$\rho=0.9$）；浓盐酸；碳酸钠；冰；活性炭。

主要试剂及产物的物理常数如表3-2-7所示。

表 3-2-7　主要试剂及产物的物理常数

化合物	分子量	性状	相对密度	熔点/℃	沸点/℃	折射率	溶解度/(g·100mL^{-1})		
							水	醇	醚
苯胺	93.13	无色液体	1.02173	−6.3	184.13	1.5863	3.6^{18}	∞	∞
乙酸酐	102.09	无色液体	1.087	−73.1	140.0	1.39006	12(冷水)，分解	可溶，分解	∞
乙酰苯胺	135.17	斜方晶	1.219	114.3	304	—	0.53^0	21^0	7^{25}
对乙酰胺基苯磺酰氯	233.69	颗粒状灰白色固体	—	149	—	—	分解	易溶	易溶
对乙酰胺基苯磺酰胺	214.25	针状物	—	219～220	—	—	溶于热水	溶于热醇	溶于热醚
对氨基苯磺酰胺	172.22	无色叶片状晶体	1.08	165～166	—	—	0.8(冷)，可溶于热水	3(冷)	可溶

【实验步骤】

1. 乙酰苯胺的制备

在 250 mL 烧杯中，将 2.5 mL 浓盐酸于 60 mL 水中稀释，在搅拌下加入 2.7 mL 苯胺，待苯胺溶解后，再加入少量活性炭（约 0.5 g），将溶液煮沸 5 min，趁热滤去活性炭及其他不溶性杂质。将滤液转移到锥形瓶中，冷却至 50℃，加入 3.5 mL 乙酸酐，振摇使其溶解后，立即加入事先配制好的 4.5 g 结晶醋酸钠溶于 10 mL 水的溶液，充分摇振混合。然后将混合物置于冰浴中冷却，使其析出结晶。抽滤，用少量冷水洗涤，干燥后称重，产量 2～3 g，熔点 113～114℃。用此法制备的乙酰苯胺已足够纯净，可直接用于下一步合成，如需进一步提纯，可用水进行重结晶。

注意：实验关键是控制温度在 50℃，温度升高，苯胺易氧化；在加入乙酸酐的同时加入醋酸钠（调节酸度，使生成的苯胺盐酸盐中的苯胺游离出来），并充分搅拌。

2. 对乙酰胺基苯磺酰氯的制备

在 50 mL 干燥的锥形瓶中，加入 2.5 g（0.0185 mol）干燥的乙酰苯胺，在石棉网上用小火加热熔化。瓶壁上若有少量水汽凝结，应用干净的滤纸吸去。冷却使熔化物凝结成块，将锥形瓶置于冰浴中冷却后，迅速倒入 6.4 mL 氯磺酸，立即塞上带有氯化氢导气管的塞子。反应若过于剧烈，可用冰水浴冷却，待反应缓和后，旋摇锥形瓶使固体全溶，然后再在温水浴（60～70℃）中加热 10 min 使反应完全（至无氯化氢气体产生为止）。将反应瓶在冰水浴中充分冷却后，于通风橱中在充分搅拌下，将反应液慢慢倒入盛有 40 g 碎冰的烧杯中，用少量冷水洗涤反应瓶。洗涤液倒入烧杯中，搅拌数分钟，并尽量将大块固体粉碎，使成为颗粒小而均匀的灰白色固体。抽滤收集，用少量冷水洗涤，压干，立即进行下一步反应。

3. 对乙酰胺基苯磺酰胺的制备

将上述粗产物移入烧杯中，在不断搅拌下慢慢加入 8.8 mL 浓氨水（在通风橱内进行），立即发生放热反应并产生白色糊状物。加完后，继续搅拌 15 min，使反应完全，然后加入 5 mL 水在石棉网上用小火加热 10 min，并不断搅拌，以除去多余的氨，得到的混合物可直接用于下一步反应。

4. 对氨基苯磺酰胺的制备

将上述粗产物放入圆底烧瓶中，加入 1.8 mL 浓盐酸，在石棉网上用小火加热回流 0.5 h。冷却后，得几乎澄清的溶液，若有固体析出，应继续加热，使反应完全。如溶液呈黄色，并有极少量固体存在时，需加入少量活性炭煮沸 10 min，过滤，将滤液转入大烧杯中。在搅拌下小心加入粉状碳酸钠（约 2 g）至溶液恰呈碱性。在冷水浴中冷却，抽滤收集固体，用少量冰水洗涤，压干。粗产物用水（每克产物约需 12 mL 水）重结晶，产量约 1.5 g。

纯对氨基苯磺酰胺为无色或白色针状结晶，熔点 165～166℃。

【实验注意事项】

（1）氯磺酸对皮肤和衣服有强烈的腐蚀性，暴露在空气中会冒出大量氯化氢气体，遇水会发生剧烈的放热反应，甚至爆炸，故取用时需小心。反应中所有仪器及试剂需完全干燥，含有氯磺酸的废液不可倒入水槽，而应倒入废液缸中。工业氯磺酸常呈棕黑色，使用前宜用磨口仪器蒸馏纯化，收集 148～150℃的馏分。

（2）氯磺酸与乙酰苯胺的反应相当剧烈，将乙酰苯胺凝结成块状，可使反应缓和进行。当反应过于剧烈时，应适当冷却。

（3）在氯磺化过程中，将有大量氯化氢气体放出。为避免室内空气污染，装置应严密，导气管的末端与接收器内的水面接近，但不能插入水中，否则可能倒吸而引起严重事故。

（4）将氯磺化后的混合物倒入碎冰中时，加入速度必须缓慢，并需充分搅拌，以免局部过热而使对乙酰胺基苯磺酰氯水解。这是实验成功的关键。

（5）尽量洗去固体所夹杂和吸附的盐酸，否则产物在酸性介质中放置过久，会很快水解，因此在洗涤后，应尽量压干，且在 1～2 h 内将它转变为磺胺类化合物。

（6）为了节省时间，对乙酰胺基苯磺酰胺的粗产物可不必分出。若要得到产品，可在冰水浴中冷却，抽滤，用冰水洗涤，干燥即得。粗品用水重结晶，纯品熔点为 219～220℃。

（7）对乙酰胺基苯磺酰胺在稀酸中水解成磺胺，后者又与过量的盐酸形成水溶性的盐酸盐，所以水解完成后，反应液冷却时应无晶体析出。由于水解前溶液中氨的含量不同，加 1.8 mL 盐酸有时不够，因此，在回流至固体全部消失前，应测一下溶液的酸碱性，若酸性不够，应补加盐酸继续回流一段时间。

（8）用碳酸钠中和滤液中的盐酸时，有二氧化碳伴随产生，故应控制加入速度并不断搅拌使其逸出。

（9）磺胺是两性化合物，在过量的碱溶液中也易变成盐类而溶解，故中和操作必须仔细进行，以免降低产量。

（10）氯磺化反应初期应控制温度在 15℃以下，否则发生副反应，生成二取代产物或生成的产物进一步与氯磺酸反应。加冰水的目的是除去未反应的氯磺酸及生成的 H_2SO_4 等物。

（11）对乙酰胺基苯磺酰胺粗品中含游离酸根，所以氨水要过量。对乙酰胺基苯磺酰胺可溶于过量的浓氨水中，若冷却后结晶析出不多，可加入稀 H_2SO_4 至刚果红试纸变色，则对乙酰胺基苯磺酰胺几乎全部沉淀。

【思考题】

（1）使用氯磺酸时应注意什么？

（2）为什么苯胺要乙酰化之后再氯磺化？可以直接磺化吗？

实验十六 ｜ 8-羟基喹啉的制备

【实验目的】

（1）学习应用 Skraup 反应合成 8-羟基喹啉的原理和方法。

（2）巩固加热回流和水蒸气蒸馏等基本操作。

【实验原理】

喹啉及其衍生物可通过 Skraup 反应由苯胺或其衍生物与无水甘油、浓硫酸及弱氧化剂如硝基苯（或与苯胺衍生物相对应的硝基化合物）等一起加热而制得。为避免氧化反应过于剧烈，常加入少量的硫酸亚铁或硼酸。

本实验以邻氨基苯酚、无水甘油和浓硫酸为原料合成 8-羟基喹啉。浓硫酸的作用是使甘油脱水生成丙烯醛，并使邻氨基苯酚与丙烯醛的加成物脱水成环。邻硝基苯酚为弱氧化剂，能将成环产物 8-羟基-1,2-二氢喹啉氧化成 8-羟基喹啉，邻硝基苯酚本身还原成邻氨基苯酚，也可参与缩合反应。

反应的可能过程为

【实验仪器及试剂】

圆底烧瓶（100 mL）；球形冷凝管；直形冷凝管；布氏漏斗；抽滤瓶；等等。

无水甘油（4.75 g，0.05 mol）；邻氨基苯酚（1.4 g，0.0128 mol）；邻硝基苯酚（0.9 g，0.0065 mol）；浓硫酸；氢氧化钠固体；乙醇；饱和碳酸钠溶液。

主要试剂及产物的物理常数如表 3-2-8 所示。

表 3-2-8　主要试剂及产物的物理常数

化合物	分子量	性状	相对密度	熔点/℃	沸点/℃	折射率	水	醇	醚
甘油	92.11	无色黏稠液体	1.2613	20	290	1.4746	混溶	混溶	微溶
邻氨基苯酚	109.13	无色或白色针状物	1.328	174	153[11]	—	1.7[0]	4.3	可溶
邻硝基苯酚	139.11	淡黄色单斜晶	1.2942	45.3～45.7	216	1.5723	0.21[20]	易溶（热）	易溶
8-羟基喹啉	145.16	白色针状结晶	1.034	75～76	266.6	—	不溶	易溶	不溶

【实验步骤】

在干燥的 100 mL 圆底烧瓶中称取 4.75 g 无水甘油，并加入 0.9 g 邻硝基苯酚和 1.4 g 邻氨基苯酚，混合均匀。然后缓缓加入 2.3 mL 浓硫酸，摇匀，装上球形冷凝管，在石棉网上用小火加热。当溶液微沸时，立即移去火源。反应大量放热，待作用缓和后，继续加热，保持反应物微沸 1.5～2 h。

稍冷后，进行水蒸气蒸馏，除去未作用的邻硝基苯酚。瓶内液体冷却后，加入 3 mL 1 g·mL⁻¹ 氢氧化钠溶液（3 g 氢氧化钠溶于 3 mL 水），再小心滴入饱和碳酸钠溶液，使之呈中性。再进行水蒸气蒸馏，蒸出 8-羟基喹啉（收集馏出液 100～120 mL）。馏出液充分冷却后，抽滤收集析出物，洗涤干燥后得粗产物 2 g 左右。

粗产物用体积比 4∶1 乙醇-水混合溶剂重结晶，得 8-羟基喹啉约 1.5 g。

取 0.5 g 上述产物进行升华，可得美丽的针状结晶。

纯 8-羟基喹啉为白色针状结晶，熔点为 75～76℃。

【实验注意事项】

（1）所用甘油的含水量不应超过 0.5%（相对密度为 1.26），如果甘油中含水量较大，则 8-羟基喹啉的产量不高。

（2）甘油在常温下是黏稠状液体，若用量筒量取时，应注意转移中的损失，可称质量。

（3）混合物未加浓硫酸前，十分黏稠，难以摇动，加入浓硫酸后，黏度大为减小。

（4）此反应为放热反应，溶液呈微沸时，表明反应已经开始，如继续加热，则反应过于剧烈，会使溶液冲出容器。

（5）8-羟基喹啉既溶于酸又溶于碱而成盐，成盐后不被水蒸气蒸出，故必须小心中和，控制 pH 值在 7～8 之间。中和恰当时，瓶内析出沉淀最多。

（6）为确保产物蒸出，在水蒸气蒸馏后，对残液 pH 值再进行一次检查，必要时再进行水蒸气蒸馏。

（7）产率以邻氨基苯酚计算，不考虑邻硝基苯酚部分转化后参与反应的量。

【思考题】

（1）为什么第一次水蒸气蒸馏在酸性下进行，而第二次又要在中性下进行？

（2）具有什么条件的固体有机物才能用升华法提纯？

实验十七 | 甲基橙的制备

I 低温制备甲基橙

【实验目的】

（1）学习重氮化反应及偶联反应的原理及反应条件。

（2）初步掌握低温操作，巩固重结晶操作。

【实验原理】

芳香族伯胺在强酸性介质中与亚硝酸作用，生成重氮盐的反应称为重氮化反应。重氮盐的产率差不多是定量的。由于大多数重氮盐很不稳定，室温即会分解放出氮气，故必须严格控制反应温度，且不宜长期存放。大多数干燥的重氮盐固体受热或震动能发生爆炸，所以通常不需从溶液中分离，而是将得到的水溶液直接用于下一步合成。

酸的用量一般为 2.5～3 mol，1 mol 酸与亚硝酸盐反应产生亚硝酸，1 mol 酸生成重氮盐，余下的酸维持溶液一定的酸度，防止重氮盐与未起反应的芳香胺发生偶联。

偶联反应速率受溶液 pH 值影响颇大，重氮盐与芳香胺偶联时，在高 pH 值介质中，重氮盐易变成重氮酸盐；而在低 pH 值介质中，游离芳香胺则容易转变为铵盐，两者都会降低反应物浓度。只有当溶液的 pH 值能使两种反应物都有足够的浓度时，才能有效地发生偶联反应。胺的偶联通常在中性或弱酸性介质（pH＝5～7）中进行，通过加入缓冲剂乙酸钠来加以调节，芳香胺在此酸度下不会变成铵盐。酚的偶联与胺相似，为了使酚成为更活泼的酚氧负离子与重氮盐发生偶联，反应需在中性或弱碱性介质（pH＝8～10）中进行。

其反应方程式可表示为

$$NH_2-\!\!\left\langle\bigcirc\right\rangle\!\!-SO_3H + NaOH \longrightarrow NH_2-\!\!\left\langle\bigcirc\right\rangle\!\!-SO_3Na + H_2O$$

$$NH_2-\!\!\left\langle\bigcirc\right\rangle\!\!-SO_3Na \xrightarrow[HCl]{NaNO_2} \left[HO_3S-\!\!\left\langle\bigcirc\right\rangle\!\!-\overset{+}{N}\!=\!N\right]Cl^- \xrightarrow[HAc]{C_6H_5N(CH_3)_2}$$

$$\left[HO_3S-\!\!\left\langle\bigcirc\right\rangle\!\!-N\!=\!N-\!\!\left\langle\bigcirc\right\rangle\!\!-\underset{H}{\overset{+}{N}}(CH_3)_2\right]Ac^- \xrightarrow{NaOH}$$

$$NaO_3S-\!\!\left\langle\bigcirc\right\rangle\!\!-N\!=\!N-\!\!\left\langle\bigcirc\right\rangle\!\!-N(CH_3)_2 + NaAc + H_2O$$

【实验仪器与试剂】

烧杯；玻璃棒；温度计；布氏漏斗；淀粉-碘化钾试纸；吸滤瓶；等等。

对氨基苯磺酸晶体（1.05 g，0.0060 mol）；亚硝酸钠（0.4 g，0.0058 mol）；N,N-二甲基苯胺（0.6 g，0.0050 mol）；氢氧化钠固体；浓盐酸；氢氧化钠溶液（5%）；乙醇；乙醚；冰醋酸。

主要试剂及产物的物理常数如表 3-2-9 所示。

表 3-2-9 主要试剂及产物的物理常数

化合物	分子量	性状	熔点/℃	沸点/℃	相对密度	折射率	水	醇	醚
对氨基苯磺酸	173.19	无色或白色晶体	288	—	1.485	—	0.8	微溶	微溶
N,N-二甲基苯胺	121.18	淡黄色液体	2.45	194.15	0.9557	1.5582	微溶	可溶	可溶
甲基橙	327.34	橙色叶片状晶体	>300 分解				0.2	微溶	不溶

【实验步骤】

1. 重氮盐的制备

在烧杯中放置 5 mL 5%氢氧化钠溶液及 1.05 g 对氨基苯磺酸晶体，温热使其溶解。另溶 0.4 g 亚硝酸钠于 3 mL 水中，加入上述烧杯内，用冰盐浴冷至 0～5℃。在不断搅拌下，将 1.5 mL 浓盐酸与 5 mL 水配成的溶液缓缓滴加到上述溶液中，并控制温度在 5℃ 以下。滴加完后用淀粉-碘化钾试纸检验，然后在冰盐浴中放置 15 min 以保证反应完全。

2. 偶联反应

在试管内混合 0.6 g N,N-二甲基苯胺和 0.5 mL 冰醋酸，在不断搅拌下，将此溶液慢慢加到上述冷却的重氮盐溶液中。加完后，继续搅拌 10 min，然后慢慢加入 12.5 mL 5%氢氧化钠溶液，直至反应物变为橙色，这时反应液呈碱性，粗制的甲基橙呈细粒状沉淀析出。将反应物在沸水浴上加热 5 min，冷至室温后，再在冰水浴中冷却，使甲基橙晶体析出完全。抽滤收集结晶，依次用少量水、乙醇、乙醚洗涤、压干。

若要得到较纯的产品，可用溶有少量氢氧化钠（0.1 g）的沸水（每克粗产物约需 15 mL）进行重结晶，待结晶析出完全后，抽滤收集，沉淀依次用少量乙醇、乙醚洗涤。得到橙色的小叶片状甲基橙结晶，产量约 1 g。

溶解少许甲基橙于水中，加几滴稀盐酸溶液，接着用稀的氢氧化钠溶液中和，观察颜色变化。

【实验注意事项】

（1）重氮盐的制备要严格控制反应温度并不能长期存放。重氮盐易分解，干燥时易爆炸。

（2）此反应的关键是控制温度及反应的酸度，且反应过程中要不断搅拌。

（3）N,N-二甲基苯胺有毒，不要吸入其蒸气或接触皮肤。

（4）若淀粉-碘化钾试纸不显蓝色，则需补充亚硝酸钠；若亚硝酸钠过量，则多余的亚硝酸会使重氮盐氧化，两者都使产率降低。

（5）对氨基苯磺酸是两性化合物，酸性比碱性强，以酸性内盐存在，所以它只能与碱作用成盐而溶于水。重氮化反应需在强酸性介质中进行，在加酸时，对氨基苯磺酸以细小的颗粒沉淀出来，表面积较大，与亚硝酸充分反应生成重氮盐。

（6）重结晶时，如果没有不溶性杂质，可以不进行热过滤。冷却时，要让其自然冷却至室温，再用冰水冷却。

【思考题】

（1）什么叫偶联反应？试讨论偶联反应的条件。

（2）制备重氮盐时为什么要把对氨基苯磺酸变成钠盐？本实验如改成先将对氨基苯磺酸与盐酸混合，再滴加亚硝酸钠溶液进行重氮化反应，可以吗？为什么？

（3）重氮化反应为什么要在低温下进行？

Ⅱ 常温制备甲基橙

【实验目的】

（1）通过甲基橙的制备掌握重氮化反应和偶联反应的实验操作。

（2）巩固盐析和重结晶提纯固体物质的原理和操作。

【实验原理】

甲基橙是酸碱指示剂，其化学名称是 4-{[4-(二甲氨基)苯基]偶氮基}苯磺酸钠。它是由对氨基苯磺酸重氮盐与 N,N-二甲基苯胺的醋酸盐在弱酸性介质中偶合得到。首先得到的是亮红色的酸式甲基橙，称为酸性黄，在碱中酸性黄转变为橙色的钠盐，即甲基橙。

甲基橙的传统制备是分两步完成的。首先在低温下，对氨基苯磺酸在强酸性介质中与亚硝酸反应得重氮盐（重氮化反应），然后是重氮盐与 N,N-二甲基苯胺偶合得到产物（偶联反应）。此法操作复杂，反应条件不易控制；强酸性环境不利于偶联反应的进行，使偶联反应很慢；粗产品易变质。

本实验对传统的合成甲基橙的方法进行了改进，在常温中性溶液中，一步合成了甲基橙，反应条件温和，操作简单，效果好，产量高。

其反应方程式可表示为

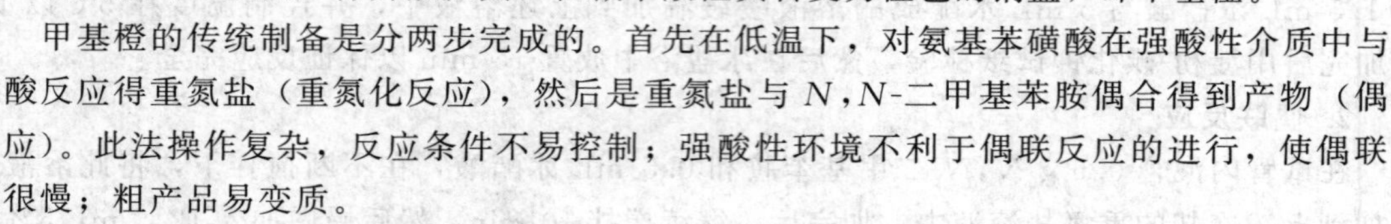

【实验仪器及试剂】

电磁搅拌器；恒压滴液漏斗；烧杯；锥形瓶；等等。

亚硝酸钠（0.75 g，0.011 mol）；无水乙醇（15 mL）；N,N-二甲基苯胺（1.2 g，0.010 mol）；对氨基苯磺酸（1.73 g，0.010 mol）；氢氧化钠溶液（10%）；氯化钠固体；饱和食盐水；淀粉-碘化钾试纸；尿素；无水乙醇；乙醚。

【实验步骤】

1. 亚硝酸钠和 N,N-二甲基苯胺的混合溶液的配制

称取 0.75 g 亚硝酸钠，于 100 mL 烧杯中用 5 mL 水使之溶解，再加 15 mL 无水乙醇，搅拌均匀。取 1.2 g N,N-二甲基苯胺溶于上述溶液中，搅匀后，把混合物转移到恒压滴液漏斗中。

2. 甲基橙粗产品的制备

在 150 mL 的烧杯中加入 1.73 g 对氨基苯磺酸，再加 80 mL 水，加热使对氨基苯磺酸溶解，在电磁搅拌下冷却，待开始析出对氨基苯磺酸的晶体时，立即由恒压滴液漏斗中慢慢滴加亚硝酸钠和 N,N-二甲基苯胺的混合溶液，反应即开始。控制滴加速度，使混合溶液在 0.5 h 左右滴加完毕。加完后继续搅拌 0.5 h，得到亮红色的酸性黄沉淀，以淀粉-碘化钾试纸检验。

在搅拌下，慢慢加入 5 mL 10% 氢氧化钠溶液于反应混合物中，将混合物加热至沸，使粒状的酸式甲基橙溶解。停止加热，在反应混合物中加入研细的氯化钠，直到氯化钠不再溶解为止。静置，让混合物冷至室温，再置于冰水浴中冷却，使甲基橙全部结晶析出，抽滤，用 10 mL 饱和食盐水洗涤结晶。

3. 粗制甲基橙的重结晶

将粗产品用 70 mL 沸水进行重结晶，抽滤时用少量的乙醇和乙醚洗涤产品，最后将其在 50℃ 时烘干得到橙色的甲基橙。

【实验注意事项】

(1) 混合溶液滴加速度对反应有较大的影响。若滴加速度太快，由于反应是放热反应，放出的热量使反应系统的温度升高，加速重氮离子的分解，而大大降低产率。若滴加速度太慢，就会析出大量的对氨基苯磺酸（因为对氨基苯磺酸是两性化合物，酸性比碱性强，以酸性内盐存在，酸性内盐的水溶性较小），对反应也不利。

(2) 甲基橙在水中有一定的溶解度，加入氯化钠的目的是进行盐析。

(3) 用乙醇、乙醚洗涤的目的是加速产品的干燥及除去部分杂质。

(4) 在第一步中加无水乙醇的目的是溶解 N,N-二甲基苯胺，使系统成为均相。

(5) 若溶液的酸性太强（pH<5），则偶联反应很慢，所以以中性条件加以改进。

(6) 用淀粉-碘化钾试纸检验，若试纸显蓝色表明亚硝酸过量，析出的碘遇淀粉变蓝色。这时应加入少量的尿素除去过多的亚硝酸。因为亚硝酸能引起氧化和亚硝化作用，亚硝酸的过量会引起一系列的副反应。

(7) 粗品呈碱性，温度稍高易使产物变质，颜色变深，湿的甲基橙受日光照射也会颜色变深，因此通常在 50℃ 左右烘干后储存。

实验十八 肉桂酸的制备

【实验目的】

（1）了解肉桂酸的制备原理与方法。

（2）掌握回流、水蒸气蒸馏等操作。

【实验原理】

芳香醛与酸酐在相应的羧酸钠或钾盐的存在下加热发生的缩合反应称为 Perkin 反应。Perkin 反应在一般条件下，是酸酐而不是酸盐和醛发生加成作用。这是由于酸酐的 α-H 比酸盐的 α-H 更容易被碱除去而形成碳负离子。利用 Perkin 反应，将芳香醛与酸酐混合后在相应的羧酸盐存在下加热，可以制得 α,β-不饱和酸。例如：

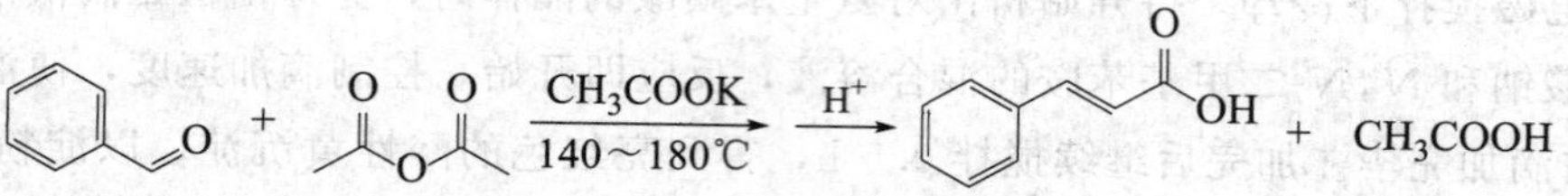

本实验按照 Kalnin 所提出的方法，用碳酸钾代替 Perkin 反应中的醋酸钾，反应时间短，产率高。

【实验仪器及试剂】

圆底烧瓶（250 mL）；水蒸气发生器；螺旋夹；T 形管；玻璃管；吸滤瓶；布氏漏斗；滤纸；烧杯；直形冷凝管；蒸馏头；接收管；锥形瓶；等等。

苯甲醛(新蒸) (2.5 mL, 2.6 g, 0.025 mol)；乙酸酐(新蒸)(7 mL, 7.5 g, 0.073 mol)；无水碳酸钾（3.5 g）；氢氧化钠溶液（10%）；浓盐酸；活性炭；刚果红试纸。

【实验步骤】

1. 肉桂酸粗产品的制备

在 250 mL 圆底烧瓶中，混合研细的 3.5 g 无水碳酸钾、2.5 mL 新蒸的苯甲醛和 7 mL 新蒸的乙酸酐，将混合物加热回流 45 min。由于有二氧化碳放出，初期有泡沫产生。待反应物冷却后，加入 20 mL 水，将瓶内生成的固体尽量捣碎（小心！），用水蒸气蒸馏出未反应完的苯甲醛，直至无油状物蒸出为止。

2. 肉桂酸盐粗品的生成

将烧瓶冷却后，加入 20 mL 10% 氢氧化钠水溶液，以保证所有的肉桂酸成钠盐而溶解。

3. 肉桂酸的生成和重结晶

在肉桂酸盐的溶液中再加入 20 mL 水，加热煮沸后加入少许活性炭脱色，趁热过滤。待滤液冷却后，在搅拌下小心加入 10 mL 浓盐酸和 10 mL 水的混合液，至溶液成酸性（刚果红试纸变蓝）。冷却结晶，抽滤析出的晶体，并用少量冷水洗涤沉淀。抽干，让粗产品在空气中晾干。干燥后称重。粗产品可用热水或体积比 3:1 的乙醇-水溶液重结晶。

纯肉桂酸为白色单斜晶体，熔点为 133℃。

【实验注意事项】

（1）苯甲醛放置久了，由于自动氧化而生成较多量的苯甲酸，这不但影响反应的进行，而且苯甲酸混在产品中不易除去。所以本反应所需的苯甲醛要事先蒸馏，收集 170～180℃ 的馏分供使用。

（2）乙酸酐放久了因吸潮和水解将转变为乙酸，故本实验所需的乙酸酐必须在实验前进行重新蒸馏。

（3）肉桂酸有顺反异构体，通常制得的是其反式异构体，熔点为 133℃。

（4）脂肪族醛不宜进行 Perkin 反应，因其副反应太多。

（5）反应发生在酸酐的 α-H 位，生成 α,β-不饱和酸。

【思考题】

（1）用丙酸酐和无水丙酸钾与苯甲醛反应，可得到什么产物？

（2）为什么要用新蒸苯甲醛？如何蒸馏？

实验十九 ｜ 7,7-二氯二环[4.1.0]庚烷的制备

【实验目的】

（1）学习卡宾的反应原理及相转移催化剂的催化原理。

（2）掌握减压蒸馏的操作技能，巩固电磁搅拌器的使用。

【实验原理】

反应方程式：

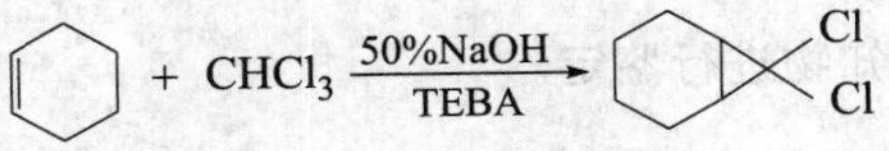

【实验仪器及试剂】

三口烧瓶；恒压滴液漏斗；球形冷凝管；温度计；锥形瓶；分液漏斗；圆底烧瓶；电磁搅拌器；克氏蒸馏瓶；克氏蒸馏头；等等。

环己烯（5.1 mL，4.1 g，0.050 mol）；氯仿（15 mL，22 g，0.184 mol）；苄基三乙基氯化铵（TEBA）（0.25 g）；氢氧化钠固体；乙醚；无水硫酸镁。

【实验步骤】

在锥形瓶中，小心配制 9 g 氢氧化钠溶于 9 mL 水的溶液，在冰浴中冷却至室温。在装有电磁搅拌器、恒压滴液漏斗、回流冷凝管和温度计的 100 mL 三口烧瓶中加入 5.1 mL 环己烯、0.25 g TEBA 和 15 mL 氯仿。开动搅拌，由冷凝管上口以较慢的速率滴加配制好的 50% 的氢氧化钠溶液，约 15 min 滴完。反应放热使瓶内温度逐渐上升至 50～60℃，反应物的颜色逐渐变为橙黄色。滴加完毕后，在水浴中加热回流，继续搅拌 45～60 min。

将反应物冷至室温，加入 30 mL 水稀释后转入分液漏斗，分出有机层（如界面上有较多的乳化物，可过滤）。水层用 12 mL 乙醚提取 1 次，合并醚萃取液和有机层，用等体积的水洗涤两次，用无水硫酸镁干燥。

在水浴上蒸去溶剂，然后进行减压蒸馏，收集 75～80℃［2.0 kPa（15 mmHg）］、95～97℃［4.67 kPa（35 mmHg）］馏分。产量约 5 g。产品也可在常压下蒸馏，收集 190～198℃馏分，沸点时产物略有分解。

纯 7,7-二氯二环[4.1.0]庚烷为无色液体，沸点为 198℃。

【实验注意事项】

（1）TEBA 可通过下列步骤制备：在装有搅拌器、回流冷凝管的三口烧瓶中，加入 5.5 mL（6.4 g，0.05 mol）氯化苄、7 mL（0.05 mol）三乙胺和 19 mL 1,2-二氯乙烷，回流搅拌 1.5 h。将反应物冷却，析出结晶，抽滤，用少量二氯甲烷或无水乙醚洗涤，干燥后产量约 10 g。季铵盐易吸潮，干燥后的产品应置于干燥器中保存。

（2）浓碱溶液呈黏稠状，腐蚀性极强，应小心操作。盛碱的分液漏斗用后要立即洗干净，以防旋塞受腐蚀而黏结。

（3）相转移反应，搅拌必须是有效而安全的，这是实验成功的关键。

【思考题】

（1）相转移催化剂的催化原理是什么？

（2）为什么要使用大大过量的氯仿？

实验二十　胺的鉴定

【实验目的】

（1）掌握脂肪族胺和芳香族胺化学反应的异同。

（2）用简单的化学方法区别伯胺、仲胺和叔胺。

（3）掌握季铵盐的制法。

（4）运用所学知识对未知物进行鉴定。

【实验原理】

1. Hinsberg 试验

$$RNH_2 \quad \bigg/ \quad Na^+[RNSO_2C_6H_5]^- \text{（溶于NaOH）} \quad RNHSO_2C_6H_5\downarrow \text{（白色）}$$

$$\underset{R'}{\overset{R}{\diagdown}}NH \quad \xrightarrow[\text{NaOH (过量)}]{C_6H_5SO_2Cl} \quad \underset{R'}{\overset{R}{\diagdown}}NSO_2C_6H_5\downarrow \quad \xrightarrow[\text{酸化}]{\text{HCl}} \text{沉淀不变}$$

$$\underset{R''}{\overset{R}{\underset{|}{R'-N}}} \quad \underset{R''}{\overset{R}{\diagdown}}N \text{（油状）} \quad \left[\underset{R''}{\overset{R}{\underset{|}{R'-NH}}}\right]^+ Cl^- \text{（溶于水）}$$

2. HNO₂ 试验

$$RNH_2 \xrightarrow{HNO_2} R-\overset{+}{N}\equiv N: \longrightarrow R^+ + N_2\uparrow$$
$$\xrightarrow[-H^+]{H_2O} ROH$$

$$ArNH_2 \xrightarrow{HNO_2} Ar-\overset{+}{N}\equiv N: \xrightarrow{\beta\text{-萘酚}} \text{（红色的染料）}$$

$$R_2NH \xrightarrow{HNO_2} R_2N—N=O \quad （黄色油状或固体）$$

鉴定叔胺，一般利用它的成盐性质：

$$R_3N + CH_3I \longrightarrow [R_3N^+CH_3]I^-$$
$$（晶体）$$

$$R_3N + HO \longrightarrow R_3NHO \quad （晶体）$$

【实验仪器及试剂】

试管；试管夹；酒精灯；烧杯；锥形瓶；布氏漏斗；抽滤瓶；循环水真空泵。

甲胺盐酸盐；苯胺；N-甲基苯胺；N,N-二甲苯胺；丁胺；苯磺酰氯；β-萘酚；$NaNO_2$（10%）；H_2SO_4（10%，30%）；NaOH（5%，10%）；HCl（6 mol·L^{-1}）；HCl（5%）；CH_3I；无水乙醚；无水苯；无水乙醇。

【实验步骤】

1. 溶解度与碱性试验

取 3～4 滴试样，逐渐加入 1.5 mL 水，观察是否溶解。如冷水、热水中均不溶，可逐渐加入 10% 硫酸使其溶解，再逐渐滴加 10% NaOH 溶液，观察现象（表 3-2-10）。

表 3-2-10　溶解度与碱性试验现象

样品	甲胺盐酸盐	苯胺
现象	溶解	加入 10% 硫酸:溶解 再逐渐滴加 10% NaOH 溶液:浑浊

2. Hinsberg 试验

在 3 支配好塞子的试管中分别加入 0.5 mL 液体试样、2.5 mL 10% NaOH 溶液和 0.5 mL 苯磺酰氯，塞好塞子，用力振摇 3～5 min。手触试管底部，哪支试管发热？为什么？取下塞子，振摇下在水浴中温热 1 min，冷却后用 pH 试纸检验 3 支试管内的溶液是否呈碱性，若不呈碱性，可再加几滴 NaOH 溶液。观察下述 3 种情况并判断试管内是哪一级胺（表 3-2-11）。

（1）如有沉淀析出，用水稀释并振摇后沉淀不溶解，表明为仲胺。

（2）如最初没有沉淀析出或经稀释后溶解，小心加入 6 mol·L^{-1} 的盐酸至溶液呈酸性，此时若生成沉淀，表明为伯胺。

（3）无反应现象，溶液仍有油状物，表明为叔胺。

表 3-2-11　Hinsberg 试验现象

样品	苯胺	N-甲基苯胺	N,N-二甲基苯胺
现象	最初没有沉淀析出或经稀释后溶解,小心加入 6 mol·L^{-1} 的盐酸至溶液呈酸性,此时生成沉淀	有沉淀析出,用水稀释并振摇后沉淀不溶解	无反应现象,溶液仍有油状物

3. HNO₂ 试验

在 3 支大试管中分别加入 3 滴（0.1 mL）不同试样，再各加入 2 mL 30％硫酸溶液，混匀后在冰盐浴中冷却至 5℃以下。另取 2 支试管，分别加入 2 mL 10％ NaNO₂ 水溶液和 2 mL 10％ NaOH 溶液（NaOH 溶液中加入 0.1 g β-萘酚），混匀后也放在冰盐浴中冷却。

将冷却后的 NaNO₂ 水溶液在振摇下加入冷的胺溶液中并观察现象。在 5℃或 5℃以下时冒出气泡者为伯胺；形成黄色油状或固体者为仲胺。在 5℃时无气泡或仅有极少气泡冒出，取出一半溶液，让温度升至室温或在水浴中温热，注意有无气泡（氮气）冒出。向剩下的一半溶液中滴加 β-萘酚碱溶液，振荡后如有红色偶氮染料沉淀析出，则表明未知物肯定为芳香族伯胺。相关试验现象见表 3-2-12。

表 3-2-12　HNO₂ 试验

样品	苯胺	N-甲基苯胺	丁胺
现象	在水浴中温热,有气泡冒出; 滴加 β-萘酚碱溶液振荡后有红色偶氮染料	形成黄色油状或固体	冒出气泡

4. 未知物的鉴定

现有 4 瓶无标签试剂，试设计一个表格，列出可能的未知物、选用的鉴定反应和预期出现的现象，给 4 瓶试剂分别贴上标签。

5. 衍生物的制备

（1）苯甲酰胺的制备

在 50 mL 锥形瓶中，加入 15 mL 5％ NaOH 溶液、0.5 mL（0.5 g）胺和 1 mL（1.2 g）苯甲酰氯，塞好塞子，充分振摇反应混合物 2～3 min，小心打开瓶塞，释放瓶内压力。继续振摇直至苯甲酰氯气味消失。用布氏漏斗抽滤析出的沉淀，水洗，接着用少量 5％的盐酸洗，最后用乙醇或乙醇-水重结晶，干燥后测定熔点。

（2）季铵盐的制备

在干燥的试管中混合 0.5 mL（0.5 g）胺和 0.5 mL CH₃I（沸点为 43℃），在手掌中温热 5 min，塞紧试管，在冰浴中放置 10 min，然后加入 2～3 mL 无水乙醚或无水苯，抽滤析出的晶体，并用少量溶剂洗涤，用无水甲醇或无水乙醇重结晶。季铵盐在空气中易潮解，产品应密封保存。许多季铵盐在熔点附近发生分解。

【实验注意事项】

（1）苯磺酰氯水解不完全时，可与叔胺混在一起，沉于试管底部，酸化时，叔胺虽已溶解，而苯磺酰氯仍以油状物存在，往往会得出错误的结论。为此，在酸化之前，应在水浴上加热，使苯磺酰氯水解完全，此时叔胺全部浮在溶液上面，下部无油状物。

（2）亚硝基化合物通常有致癌作用，应避免与皮肤接触。

（3）许多脂肪族叔胺在反应介质中易生成配合物沉淀，因此，反应时间不宜太长，只能微热。

（4）必须使用试剂级的胺，以免混入杂质。微量沉淀不应视为正性试验。

（5）原料应足量，最终产物可用 95％乙醇重结晶。

【思考题】

如何有效地分离苯胺、N-甲基苯胺和 N,N-二甲苯胺的混合物？

实验二十一　醛和酮的鉴定

【实验目的】

（1）加深对醛、酮化学性质的认识。

（2）掌握鉴别醛、酮的化学方法。

（3）掌握 2,4-二硝基苯腙的制备方法。

【实验原理】

1. 2,4-二硝基苯肼反应

2,4-二硝基苯腙是有固定熔点的结晶，为黄色、橙色或橙红色，颜色取决于醛、酮的共轭程度。为了得到真实颜色，须将沉淀从溶液中分离，并加以洗涤。

缩醛可水解生成醛，烯丙醇和苄醇易被试剂氧化生成相应的醛、酮。某些醇含少量氧化物，均对 2,4-二硝基苯肼显正性试验，故极少量的沉淀一般不应视为正性试验。

2. 还原性

（1）Tollens 试验（银镜反应）

$$RCHO+2Ag(NH_3)_2^+ OH^- \longrightarrow RCOONH_4+H_2O+3NH_3+2Ag\downarrow（区别醛、酮）$$

加碱的 Tollens 试剂进行空白实验时加热到一定温度也能出现银镜！故不加碱，结果更可靠。

Fehling、Benedict 试剂更多地应用于还原糖的鉴别。

（2）$H_2Cr_2O_7$ 试验

$$3RCHO+H_2Cr_2O_7+3H_2SO_4 \longrightarrow 3RCOOH+Cr_2(SO_4)_3+4H_2O$$

溶液由橘黄色变为绿色。但伯醇、仲醇也可被氧化。酮不反应。

（3）碘仿反应

$$RCOCH_3+3NaIO \longrightarrow RCOCI_3+3NaOH$$
$$\downarrow NaOH$$
$$RCOONa + CHI_3\downarrow$$
$$（黄色）$$

鉴别是否含基团 CH_3CO- 或 $CH_3CH(OH)-$。

【实验仪器及试剂】

试管；试管夹；酒精灯；烧杯；锥形瓶；布氏漏斗；抽滤瓶；循环水真空泵。

甲醛；乙醛；丁醛；苯甲醛；丙酮；苯乙酮；环己酮；乙醇；环己烯；环己醇；2,4-二硝基苯肼；浓 H_2SO_4；乙醇（95%）；$AgNO_3$（5%）；浓氨水；铬酸；NaOH（10%）；I_2-

KI 溶液。

【实验步骤】

1. 2,4-二硝基苯肼试验

2,4-二硝基苯肼试剂的配制：取 1 g 2,4-二硝基苯肼，加入 7.5 mL 浓 H_2SO_4，溶解后，将此溶液倒入 75 mL 95％乙醇中，用水稀释到 250 mL，必要时过滤备用。

取 2 mL 2,4-二硝基苯肼试剂放在试管中，加入 3～4 滴试样，振荡，静置片刻，若无沉淀生成，可微热 0.5 min 再振荡，冷后有橙黄色或橙红色沉淀生成，表明样品是羰基化合物（表 3-2-13）。

表 3-2-13　2,4-二硝基苯肼试验现象

样品	乙醛水溶液	丙酮	苯乙酮
现象	＋	＋	＋

2. Tollens 试验

在洗净的试管中加入 2 mL 5％的 $AgNO_3$ 溶液，振荡下逐渐滴加浓氨水，开始溶液中产生棕色沉淀，继续滴加氨水，直到沉淀恰好溶解为止（不宜多加，否则影响实验的灵敏度），得澄清透明溶液，即 Tollens 试剂。然后，向试管中加入 2 滴试样（不溶或难溶于水的试样，可加入几滴丙酮使之溶解），振荡，如无变化，可在手心或在水浴中温热，有银镜生成，表明是醛类化合物（表 3-2-14）。

表 3-2-14　Tollens 试验现象

样品	甲醛水溶液	乙醛水溶液	丙酮	苯甲醛
现象	＋	＋	－	＋

3. $H_2Cr_2O_7$ 试验

在试管中将 1 滴液体试样（或 10 mg 固体试样）溶于 1 mL 试剂级丙酮中，加入数滴铬酸试剂，边加边摇，每次 1 滴，产生绿色沉淀和溶液橘黄色的消失表明为正性试验（表 3-2-15）。

脂肪醛通常在 5 s 内显示浑浊，30 s 内出现沉淀；芳香醛通常需要 0.5～2 min 或更长时间才能出现沉淀。

表 3-2-15　$H_2Cr_2O_7$ 试验现象

样品	正丁醛	苯甲醛	环己酮
现象	＋	＋,2 min	－

4. 碘仿反应

I_2-KI 溶液的配制：溶解 10 g I_2 和 20 g KI 于 100 mL 水中。

在试管中加入 1 mL 水和 3～4 滴试样（不溶或难溶于水的试样，可加入几滴二氧六环使之溶解），再加入 1 mL 10％ NaOH 溶液，然后滴加 I_2-KI 溶液至溶液呈浅黄色，振荡后析出黄色沉淀为正性试验。若无变化，可在水浴中温热，溶液变为无色，继续滴加 2～4 滴 I_2-KI 溶液，观察现象（表 3-2-16）。

表 3-2-16 碘仿试验现象

样品	正丁醛	乙醛水溶液	丙酮	乙醇
现象	—	+	+	+

5. 未知物的鉴定

现有 6 瓶无标签试剂，分别为环己烷、苯甲醛、丙酮、环己烯、正丁醛和环己醇，试设计一个表格，列出选用的鉴定反应和预期出现的现象，给 6 瓶试剂分别贴上标签。

6. 2,4-二硝基苯腙的制备

在锥形瓶中放入 0.2 g 2,4-二硝基苯肼和 2 mL 浓 H_2SO_4，加水使固体溶解。趁热加 5 mL 95% 乙醇，在此溶液中加入 0.2 g 样品溶于 10 mL 乙醇的溶液，搅动后不久即析出结晶。冷却，过滤，沉淀用乙醇-水混合溶剂重结晶，得到黄色结晶，测熔点。

【实验注意事项】

（1）Tollens 试剂久置后将形成 AgN_3 沉淀，容易爆炸，故必须临时配制。进行实验时，切忌用灯焰直接加热，以免发生危险。实验完毕后，应加入少许硝酸，立即煮沸洗去银镜。

（2）$AgNO_3$ 溶液与皮肤接触，形成难于洗去的黑色氧化银，故滴加和摇荡时要小心。

【思考题】

碘仿反应能否在酸性条件下进行？为什么？

实验二十二 从茶叶中提取咖啡因及鉴定

【实验目的】

（1）学习从茶叶中提取咖啡因的原理和方法。

（2）掌握索氏提取器的使用方法。

（3）学习升华的操作。

（4）学习固体有机物熔点的测定方法。

（5）应用紫外吸收光谱测定饮料中咖啡因的含量。

【实验原理】

从天然植物、微生物或动物资源衍生出来的物质称为天然产物。天然产物主要有四类：碳水化合物、芳香类化合物、萜类和甾族化合物、生物碱。对其进行化学分离、提纯的方法有：萃取、蒸馏、结晶、薄层色谱、柱色谱、气相色谱及高压液相色谱等。

咖啡因（又称咖啡碱）具有刺激心脏、兴奋大脑神经和利尿等作用，主要用作中枢神经兴奋药。它也是复方阿司匹林（APC）等药物的组分之一。现代制药工业多用合成方法来制得咖啡因。

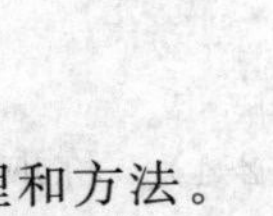

咖啡因为嘌呤的衍生物，化学名称是 1,3,7-三甲基-2,6-二氧嘌呤，其结构式与茶碱、可可碱类似。

含结晶水的咖啡因为无色针状晶体，味苦，溶于氯仿（12.5%）、水（2%）及乙醇（2%）等，微溶于石油醚。在 100℃ 时即失去结晶水，并开始升华，在 120℃ 升华显著，178℃ 升华很快。

茶叶中含有多种生物碱，其中咖啡因含量为 1%～5%，丹宁酸（又称鞣酸）含量为 11%～12%，色素、纤维素、蛋白质等约占 0.6%。

从茶叶中提取咖啡因，是用适当的溶剂（氯仿、乙醇、苯等）在索氏提取器中连续抽提，浓缩得粗咖啡因。粗咖啡因中还含有一些其他的生物碱和杂质，可利用升华进一步提纯。咖啡因是弱碱性化合物，能与酸成盐。其水杨酸盐衍生物的熔点为 137℃，可借此进一步验证其结构。

【实验仪器及试剂】

索氏提取器；圆底烧瓶；球形冷凝管；蒸发皿；玻璃漏斗；等等。

茶叶（10 g）；乙醇（95%）；生石灰。

产品的物理常数（文献值）见表 3-2-17。

表 3-2-17　产品的物理常数（文献值）

化合物	分子量	性状	折射率	相对密度	熔点/℃	沸点/℃	溶解度/(g·100 mL^{-1})		
							水	醇	醚
咖啡因 $C_8H_{10}N_4O_2$	194.19	白色结晶	—	1.2300	234.5	178 升华	微溶	微溶	微溶

【实验步骤】

1. 粗品的提取

装好提取装置（图 3-2-4）。称取 10 g 茶叶末，放入索氏提取器的滤纸套筒中，在圆底烧瓶中加入 75 mL 95% 乙醇，用水浴加热，连续提取 1.5 h。待冷凝液刚刚虹吸下去时，立即停止加热。稍冷后，改成蒸馏装置，回收提取液中的大部分乙醇。趁热将瓶中的残液倾入蒸发皿，拌入 3～4 g 生石灰粉，使成糊状，在水浴上蒸干，其间应不断搅拌，并压碎块状物。最后将蒸发皿放在石棉网上，用小火焙炒片刻，务必使水分全部除去。冷却后，擦去沾在边上的粉末，以免在升华时污染产物。

图 3-2-4
提取装置

2. 提纯

如图 3-2-5 所示，取一只口径合适的玻璃漏斗，罩在隔以刺有许多小孔滤纸的蒸发皿上，用沙浴小心加热升华。控制沙浴温度在 220℃ 左右。当滤纸上出现许多毛状结晶时，暂停加热，让其自然冷却至 100℃ 左右。小心取下漏斗，揭开滤纸，用刮刀将纸上和器皿周围的咖啡因刮下。残渣经搅拌后用较大的火再加热片刻，使升华完全。合并两次收集的咖啡因，称重并测定熔点。纯咖啡因熔点为 234.5℃。

提取和提纯过程的流程图如图 3-2-6 所示。

图 3-2-5
常压升华装置

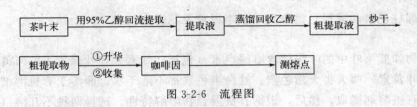

图 3-2-6　流程图

3. 咖啡因含量的测定

（1）样品准备

在 100 mL 烧杯中称取经粉碎成低于 30 目的均匀茶叶样品 0.5～2.0 g，加入 80 mL 沸水，加盖，摇匀，浸泡 2 h，然后将浸出液全部移入 100 mL 的容量瓶，加入 2 mL 20％乙酸锌溶液、2 mL 10％亚铁氰化钾，摇匀，用水定容至 100 mL，静置，过滤。取滤液 5.0～20.0 mL 置于 250 mL 的分液漏斗中，依次加入 5 mL 1.5％高锰酸钾溶液、10 mL 10％无水亚硫酸钠与 10％硫氰酸钾混合溶液、1 mL 15％磷酸溶液。用 50 mL 氯仿进行萃取，萃取 2 次，合并氯仿萃取液，制成 100 mL 样品的氯仿制备液，备用。

（2）标准曲线的绘制

从 0.5 mg·mL^{-1} 的咖啡因标准储备液中，用重蒸氯仿配制成浓度分别为 0 μg·mL^{-1}、5 μg·mL^{-1}、10 μg·mL^{-1}、20 μg·mL^{-1} 的标准系列，以重蒸氯仿（0 μg·mL^{-1}）作参比，调节零点，用 1 cm 比色皿于 276.5 nm 下测量吸光度，作吸光度-咖啡因浓度的标准曲线。

（3）样品的测定

在 25 mL 具塞试管中，加入 5 g 无水硫酸钠，倒入 20 mL 样品的氯仿制备液，摇匀，静置。以重蒸氯仿作试剂空白，用 1 cm 比色皿于 276.5 nm 测出其吸光度，根据标准曲线求出样品的吸光度对应的咖啡因的浓度 c（μg·mL^{-1}）。

【实验注意事项】

（1）滤纸套筒大小要合适，以既能紧贴器壁，又能方便取放为宜，其高度不得超过虹吸管；要注意茶叶末不能掉出滤纸套筒，以免堵塞虹吸管；纸套上面折成凹形，以保证回流液均匀浸润被萃取物，也可以用塞棉花的方法（用少量棉花轻轻堵住虹吸管口）代替滤纸套筒。

（2）虹吸管易折断，装置仪器和取拿时要小心。

（3）瓶中乙醇不可蒸得太干，否则残液很黏，转移时损失较大。

（4）生石灰起吸水和中和作用，以除去部分酸性杂质。

（5）在萃取回流充分的情况下，升华操作是实验成败的关键。升华过程中，始终都需用小火间接加热。如温度太高，会使产物发黄。注意温度计应放在合适的位置，从而正确反映出升华的温度。

【思考题】

（1）从茶叶中提取出的粗咖啡因有绿色光泽，为什么？

（2）萃取和升华的原理是什么？

实验二十三 ｜ 菠菜色素的提取与分离

【实验目的】

（1）了解萃取法提取天然有机物的原理和操作方法。

（2）掌握柱色谱和薄层色谱分离的基本原理及其操作技术。

【实验原理】

绿色植物如菠菜叶中的叶绿体含有绿色素（包括叶绿素 a 和叶绿素 b）和黄色素（包括胡萝卜素和叶黄素）两大类天然色素。这两类色素都不溶于水，而溶于有机溶剂，故可用乙醇或丙酮等有机溶剂提取。然后，根据有机混合物溶解特性，选择两种不互溶（或微溶）溶剂从有机混合物中提取特定有机成分，用分液方法分离后，得到富含特定有机物的萃取液，该方法即为萃取，萃取液可用色谱法进一步分离提纯。

柱色谱法是分离、纯化有机混合物的一种重要方法。它是根据混合物中各组分的分子结构和性质（极性）来选择合适的吸附剂和洗脱剂，利用吸附剂（固定相）对各组分吸附能力的不同及各组分在洗脱剂（流动相）中的溶解性能不同达到分离目的。当混合物溶液流过吸附柱时，各组分同时被吸附在柱的上端，然后从柱顶不断加入溶剂（洗脱剂）洗脱。由于不同化合物的吸附-解吸能力不同，随着溶剂下移的速度不同，于是混合物中各组分按吸附剂对它们吸附的强弱顺序，在柱中自上而下形成了若干色带。

叶绿素 a($C_{55}H_{72}O_5N_4Mg$) 和叶绿素 b($C_{55}H_{70}O_6N_4Mg$) 结构相似，其差别是叶绿素 a 中一个甲基被甲酰基所取代从而形成了叶绿素 b。它们都是吡咯衍生物与金属镁的配合物，是植物进行光合作用所必需的催化剂。植物中叶绿素 a 的含量通常是叶绿素 b 的 3 倍。尽管叶绿素分子中含有一些极性基团，但大的烃基结构使它易溶于醚、石油醚等一些非极性的溶剂。

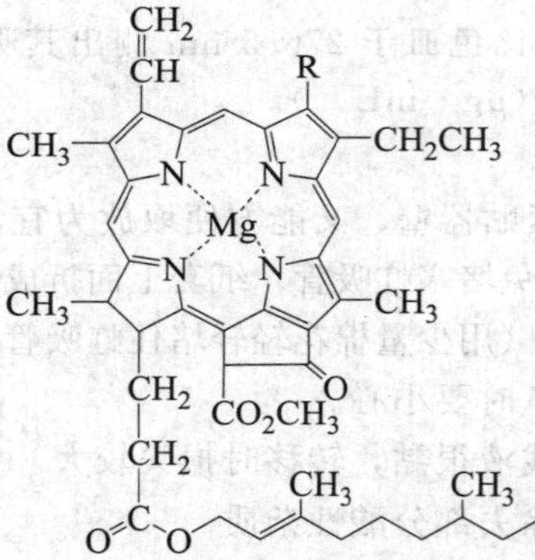

叶绿素a(R=CH₃)
叶绿素b(R=CHO)

胡萝卜素（$C_{40}H_{56}$）是具有长链结构的共轭多烯，它有三种异构体，即 α-胡萝卜素、β-胡萝卜素和 γ-胡萝卜素，其中 β-胡萝卜素含量最多，也最重要。

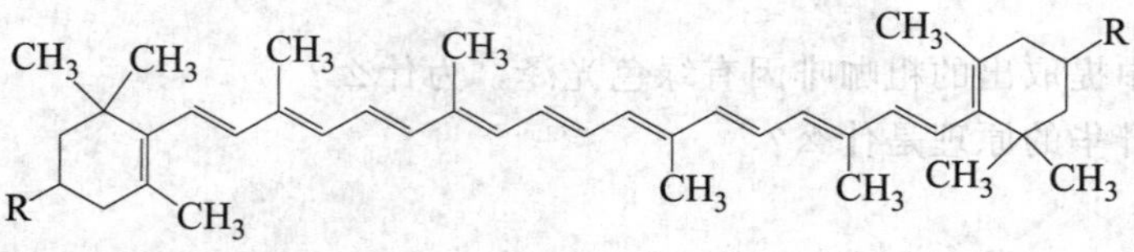

β-胡萝卜素 (R=H)
叶黄素 (R=OH)

叶黄素（$C_{40}H_{56}O_2$）是胡萝卜素的羟基衍生物，它在绿叶中的含量通常是胡萝卜素的两倍。与胡萝卜素相比，叶黄素较易溶于醇而在石油醚中溶解度较小。

本实验用硅胶作吸附剂，分离菠菜中的胡萝卜素、叶黄素、叶绿素 a 和叶绿素 b。

【实验仪器及试剂】

硅胶板 2 块；毛细管；展开缸；圆底烧瓶；锥形瓶；蒸馏头；色谱柱；洗耳球；等等。

菠菜叶（10 g）；200～300 目硅胶（3 g）；乙醇；石油醚（60～90℃）；丙酮；乙酸乙酯；无水硫酸钠。

【实验步骤】

1. 菠菜色素的提取

（1）提取

取新鲜菠菜叶，剪碎后（注意去掉茎和梗）称取 10 g，放入研钵中，与 10 mL 乙醇拌匀研磨 3～5 分钟，用布氏漏斗抽滤，弃去滤液（也可不弃）。滤渣用 10 mL 的石油醚-乙醇（3：2）混合液研磨 2～3 分钟，抽滤。重复提取两次，合并三次抽滤的滤液。

（2）萃取

将上述合并的滤液转入分液漏斗中，水洗分液 2 次（每次用 10 mL 水），弃去水层（如果不分层，可加 5 mL 左右的石油醚）。

（3）干燥

石油醚层转入锥形瓶，用无水硫酸钠进行干燥。

（4）浓缩

干燥后过滤到圆底烧瓶中，水浴蒸去大部分石油醚，至体积约 1 mL，得到菠菜色素，备用。

2. 薄层色谱分离提纯

本实验以石油醚-丙酮（8：2）、石油醚-乙酸乙酯（6：4）作为展开剂。

（1）点样

先用铅笔在硅胶板上距一端 1 cm 处轻轻画一横线，以毛细管（内径小于 1 mm）取上述浓缩菠菜色素液（浓度以 1%～2% 为宜），将混合样点在硅胶板的铅笔线上（斑点直径小于 2 mm，各斑点间距约 1～1.5 cm）。点样要轻，不可刺破硅胶。

（2）展开

分别用石油醚-丙酮（8：2）和石油醚-乙酸乙酯（6：4）两种溶剂作为展开剂。将 2 mL 展开剂加入到展开缸中，或有盖子的广口瓶中，将点好样品并干燥后的硅胶板垂直（或稍倾斜）放入展开缸中，下部浸在展开剂中（注意：展开剂浸入薄层的高度约为 0.5 cm，样品点不能浸入展开剂中，要高于展开剂 3～5 mm），盖上盖子，待展开剂上升到距离板顶部还有 0.5～1 cm 时，取出硅胶板，在空气中晾干。

（3）显色

常用碘熏显色、紫外灯显色。本实验斑点有颜色也可不进行显色操作。

（4）比较 R_f 值大小

经过显色后，铅笔做好斑点位置的标记，进行观察并计算 R_f 值（比移值），良好的 R_f 值应在 0.15～0.75 之间。

3. 柱色谱分离提纯

本实验以石油醚、石油醚-乙酸乙酯（7：3）作为洗脱剂。

（1）装柱

在 40 cm×1.5 cm 的色谱柱中，加入 1/3 柱高的石油醚，打开下面的活塞，控制流速约每秒 1 滴。然后慢慢加入 3～4 g 硅胶，必要时可轻轻敲打色谱柱使硅胶均匀平整地堆积在色谱柱中，并使之没有气泡，放出溶剂到溶液界面在硅胶表面高约 1 mm 为止。

（2）装样

立即将备用菠菜色素液（约 1 mL）小心地从柱顶部加入，当液面下降到柱面以下约 1 mm 高时，加几滴石油醚冲洗色谱柱内壁，液面高度不超过 2 mm。当液面再次下降到柱面以下约 1 mm 高时，再加石油醚冲洗，重复几次，直到色素全部进入硅胶柱体。

（3）淋洗

往柱顶小心加入约 10 mL 石油醚，淋洗过程中要保持柱顶始终有石油醚，不能干柱。

（4）收集

当第一个橙黄色带即将滴出时（前面部分的溶液是没有色素的，可以回收使用），另取一洁净的锥形瓶收集，得胡萝卜素。胡萝卜素色带收集结束后，换用石油醚-乙酸乙酯（7：3）作为洗脱剂继续洗脱，可得到第二色带的黄色溶液，即叶黄素。叶黄素色带收集结束后，继续用石油醚-乙酸乙酯（7：3）作为洗脱剂洗脱，可以得到叶绿素 a（蓝绿色）和叶绿素 b（黄绿色）。

【实验注意事项】

（1）选材时要注意选取新鲜、颜色深的叶片。

（2）萃取时振荡应充分！但不要剧烈振荡，以防止发生乳化。

（3）为了保持柱子的均一性，使整个吸附剂浸泡在溶剂或溶液中是必要的，否则当柱中溶剂或溶液流干时，就会使柱身干裂，影响渗透和显色的均一性。因此要保证整个装样过程中溶剂高于硅胶的表面。

（4）色谱柱填装紧密与否，对分离效果很有影响，若各部分松紧不匀，会影响渗透速度和显色的均匀。

【思考题】

（1）试比较叶绿素、叶黄素和胡萝卜素三种色素的极性，排列胡萝卜素、叶绿素、叶黄素 R_f 的大小顺序，并比较两种展开剂的极性大小及展开效果的优劣。

（2）为什么胡萝卜素在色谱柱中移动最快？

实验二十四　　烟叶中提取烟碱

【实验目的】

（1）了解萃取法提取烟碱的原理和操作方法。

（2）掌握萃取、抽滤、结晶操作技术。

【实验原理】

烟碱又名尼古丁，是存在于烟草中主要的生物碱，于 1928 年首次被分离出来，它是具有吡啶环和四氢吡咯环的含氮生物碱，天然尼古丁是左旋体。

烟碱在商业上用作杀虫剂以及兽医药剂中寄生虫的驱除剂，对人类的毒害很大！"吸烟有害健康"的忠告应该引起人们充分的重视。

烟碱为无色油状液体，沸点 246℃，能溶于水和许多有机溶剂，它在烟叶中含量为 2％～3％。由于分子结构中两个氮原子都显碱性，故一般 1 mol 尼古丁能与 2 mol 的酸成盐。

本实验将从干燥的烟叶中提取出烟碱，并将其与柠檬酸以及苹果酸结合在一起。用强碱溶液（5％氢氧化钠）萃取烟叶，使产生游离碱，然后再用乙醚将烟碱从碱溶液中萃取出来，并进一步精制。由于烟碱是液体，并且从一支雪茄烟中提取出的量很少，不容易纯化和操作，因此，在萃取溶液中加入苦味酸，使烟碱成为二苦味酸盐的结晶而提取出来，并通过测定衍生物的熔点加以鉴定。

反应方程式：

【实验仪器及试剂】

烧杯；研钵；布氏漏斗；吸滤瓶；分液漏斗；圆底烧瓶；蒸馏头；直形冷凝管；玻璃钉漏斗；等等。

烟叶；氢氧化钠溶液（5％）；乙醚；饱和苦味酸甲醇溶液；甲醇。

【实验步骤】

在 400 mL 烧杯中加入 8.5 g 研碎的干燥烟叶和 100 mL 5％氢氧化钠溶液，搅拌 15 min。然后用布氏漏斗减压抽滤，不要放置滤纸（滤纸在碱性溶液中膨胀失效），或用砂芯漏斗减压过滤，尽量抽滤干，接着用 20 mL 水洗烟叶，并再一次抽滤至干。

将黑褐色的滤液移入 250 mL 的分液漏斗中，用 25 mL 乙醚萃取。萃取时应轻轻旋荡，不要用力振荡，以免形成乳浊液而难以分层。分出下层水相于烧杯中予以保留；当醚层趋近旋塞时，可能在漏斗尖底部出现少量黑色乳状液，小心从漏斗上口将醚层倒入 100 mL 圆底烧瓶中，与乳浊液分离，水层再用乙醚萃取两次，每次 25 mL 乙醚。

合并醚萃取液，水浴蒸馏除去乙醚，并用真空泵将溶剂抽干，乙醚倒入指定的回收瓶中。残渣中加入 1 mL 水，轻轻旋摇使残渣溶解，然后加入 4 mL 甲醇，将溶液通过放有一小团脱脂棉的短颈漏斗过滤到小烧杯中，并用 5 mL 甲醇洗涤烧瓶和漏斗，合并洗涤液。此时的甲醇溶液应该是清亮透明的，否则要重新过滤。在搅拌下向烧杯中加入 10 mL 饱和苦味酸的甲醇溶液，立即析出浅黄色的二苦味酸烟碱盐沉淀，用玻璃钉漏斗过滤，干燥后测定熔点。按此操作得到的二苦味酸烟碱盐熔点 217～220℃，称量并计算所提取的烟碱的产率。

用刮刀将粗产物移入 50 mL 的锥形瓶中，加入 20 mL 50％（体积比）乙醇-水溶液，小心加热至沸腾使粗产物溶解，放置使其自然冷却，注意亮黄色长形棱状结晶体的生成。结晶过程可能是缓慢的，可用刮刀摩擦内壁促使结晶或塞住瓶子放置至下次实验。抽滤、干燥后称量并测定熔点，纯二苦味酸烟碱盐的熔点为 222～223℃。

【实验注意事项】

（1）可以用普通的香烟丝代替雪茄烟丝，因为市场中大多数烟厂都试图降低烟叶中的尼古丁，因此普通的雪茄烟丝和市场普通的烤烟叶子是更理想的提取烟碱的原料。

（2）烟碱有剧毒！致死量 60 mg，操作务必小心，如果不小心手上沾有烟碱提取液，应该用水冲洗后用肥皂擦洗。

【思考题】

为什么烟叶首先要用 5％氢氧化钠溶液处理？

实验二十五　芦丁的提取及鉴定

【实验目的】

（1）通过芦丁的提取与精制，掌握提取黄酮类化合物的原理及操作。

（2）通过芦丁结构的检识，了解苷类结构研究的一般程序和方法。

（3）了解 UV 在黄酮类化合物结构鉴定中的应用。

【实验原理】

芦丁广泛存在于植物界中。现已发现含芦丁的植物在 70 种以上，如烟叶、槐花、荞麦和蒲公英，尤以槐米（为豆科植物槐的未开放的花蕾）和荞麦中含量最高，可作为大量提取芦丁的原料。芦丁是由斛皮素 3 位上的羟基与芸香糖（为葡萄糖与鼠李糖组成的双糖）脱水合成的苷。

芦丁分子式 $C_{27}H_{30}O_{16}$，分子量 610.51，淡黄色针状结晶，熔点为 177～178℃，难溶于冷水（1∶8000），略溶于热水（1∶200），可溶于吡啶（1∶12）、冷甲醇（1∶100）、热乙醇（1∶30），微溶于冷乙醇（1∶650），难溶于乙酸乙酯、丙酮，不溶于苯、氯仿、乙醚、石油醚等，易溶于热甲醇（1∶7）及稀碱液。

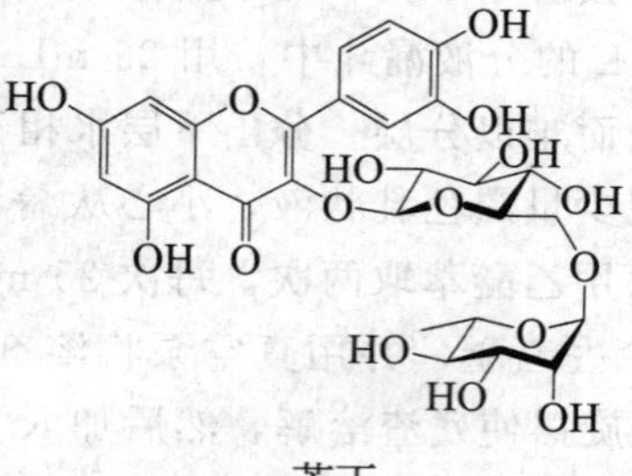

芦丁

芦丁具有维生素 P 样作用，有助于保持及恢复毛细血管的正常弹性，主要用作防治高血压病的辅助治疗剂，亦可用于防治因缺乏芦丁所致的其他出血症。

槲皮素（quercetin）又称槲皮黄素，分子式 $C_{15}H_{10}O_7$，分子量 302.23。黄色结晶，熔点 314℃（分解），微溶于冷乙醇（1∶300），可溶于热乙醇（1∶23）、甲醇、丙酮、乙酸乙酯、冰醋酸、吡啶等溶剂，不溶于石油醚、苯、乙醚、氯仿，几乎不溶于水。

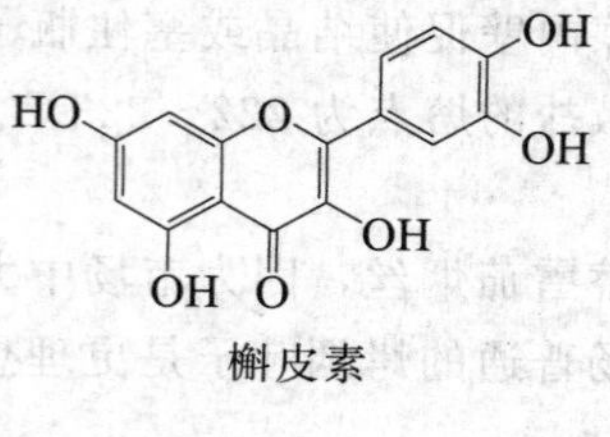

槲皮素

从槐米中提取芦丁的方法很多，如根据芦丁分子中具有酚羟基，显弱酸性，能与碱成盐而增大溶解度，以碱水为溶剂煮沸提取，其提取液加酸酸化后芦丁游离析出。本实验根据芦丁在冷水和热水中的溶解度的差异进行提取和精制。

【实验仪器及试剂】

烧杯；吸滤瓶；布氏漏斗；紫外光谱仪；紫外灯；等等。

槐米粗粉；乙醇；甲醇；浓硫酸；硫酸溶液（1%）；α-萘酚乙醇溶液（10%）；三氯化铝乙醇溶液（1%）；三氯化铁乙醇溶液（1%）；盐酸；乙酸钠。

【实验步骤】

1. 芦丁的提取

称取槐米粗粉 20 g，置 500 mL 烧杯中，加沸水 300 mL 加热微沸 20 min，趁热过滤。再加 200 mL 沸水提取一次，合并滤液，静置析晶。抽滤，晾干，得芦丁粗品。

2. 芦丁的精制

取芦丁粗品 1 g，按 1∶200 的比例悬浮于蒸馏水中，煮沸 10 min 使全部溶解，趁热抽滤，冷却滤液，静置析晶。抽滤，干燥，称重。

3. 槲皮素的制备

取芦丁 1 g 于 250 mL 烧杯中，加入 1% 硫酸 150 mL 微沸 30 min，放冷抽滤。滤液可用作糖的检查，沉淀用少量水洗去酸，抽干，60～70℃ 干燥。

4. 结构鉴定

取芦丁、槲皮素少许，分别用 6 mL 乙醇溶解，制成试样溶液，按下列方法进行实验，比较苷元和苷的反应情况：

（1）Molisch 反应

取上述溶液 2 mL，然后再加入等体积的 10% α-萘酚乙醇溶液，摇匀，沿管壁滴加浓硫酸，注意观察两液面产生的颜色变化。

（2）三氯化铝反应

取两张滤纸，分别滴加试样溶液后，加 1% 三氯化铝乙醇溶液 2 滴，于紫外灯下观察荧光变化，并记录现象。

（3）三氯化铁反应

取溶液 2 mL，加 1% 三氯化铁醇溶液 1 滴，注意颜色变化。

（4）紫外光谱解析

取试样溶于甲醇中（$1 \text{ mg} \cdot 100 \text{ mL}^{-1}$），然后加入规定的试剂，测定其 UV 光谱，试解析光谱：

① 样品的甲醇溶液；

② 样品的甲醇溶液＋1 滴 NaOAc；

③ 样品的甲醇溶液＋1 滴 AlCl$_3$；

④ 样品的甲醇溶液＋1 滴 AlCl$_3$＋1 滴 HCl。

【实验注意事项】

（1）在提取前应将槐米略捣碎，使芦丁易于被热水溶解。

（2）本实验直接用沸水从槐米中提取芦丁，产率稳定，且操作简便。当用碱溶酸沉法提取时，加入石灰乳既可以达到碱性溶解的目的，又可除去槐米中所含的大量黏液质，但应严格控制其 pH 为 8～9，不可超过 10。如 pH 值过高，加热提取过程中芦丁可被水解破坏，降低产率。加酸沉淀时，控制 pH 为 3～4，不宜过低，否则芦丁可生成烊盐而溶于水，也降低产率。

【思考题】

提高芦丁产率的关键是什么？为什么？

实验二十六 阿司匹林的制备

【实验目的】

学习在反应过程中通过测定反应物是否完全消失来确定反应时间（反应终点）的实验方法。

【实验原理】

反应方程式：

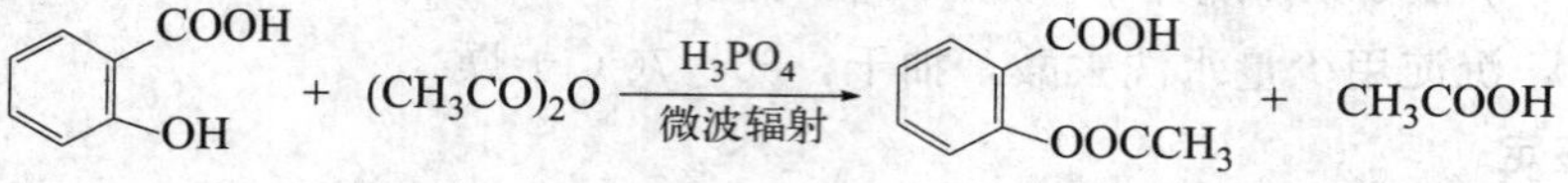

【实验仪器及试剂】

微波炉；烧杯；表面皿；试管；布氏漏斗；吸滤瓶；红外光谱仪；等等。

水杨酸（邻羟基苯甲酸）（1.4 g，0.01 mol）；乙酸酐（2.8 mL，3.06 g，0.03 mol）；磷酸（85％）；三氯化铁溶液（1％）；甲苯。

【实验步骤】

在 50 mL 烧杯中加入 1.4 g 水杨酸、2.8 mL 乙酸酐、1 滴 85％磷酸，混合均匀，用表面皿盖好烧杯。将烧杯移入微波炉的托盘上，加热功率设置为 30％，加热 2 min 后，取少许反应物，用三氯化铁溶液检验是否含有水杨酸，如果反应液中仍有水杨酸，继续微波辐射 2 min，再取样检验，如此反复辐射和检验直到水杨酸消失为止，即达到反应终点。取出烧杯，冷却至室温，析出无色晶体，抽滤。

用甲苯重结晶，测产物熔点。测红外光谱（IR）。

纯阿司匹林（乙酰水杨酸）为无色晶体，熔点为 138℃。

【实验注意事项】

（1）加热时有刺激性乙酸逸出，实验最好在通风橱中进行。

（2）在小试管中取少量三氯化铁溶液，用细滴管蘸少许反应混合物插入小试管中，如出现紫色，表明还有水杨酸存在。

【思考题】

（1）三氯化铁溶液能检验水杨酸存在与否的原理是什么？

（2）本实验的反应机理是什么？

（3）为什么是水杨酸的羟基与乙酸酐反应，而不是羧基与乙酸酐反应？

实验二十七 ｜ 乙酰乙酸乙酯的制备

【实验目的】

（1）掌握用 Claisen 酯缩合反应制备乙酰乙酸乙酯的原理和方法。

（2）巩固无水反应、分液、减压蒸馏等操作。

【实验原理】

含 α-活泼氢的酯在碱性催化剂存在下，能与另一分子酯发生 Claisen 酯缩合反应，生成 β-羰基酸酯。由于乙酰乙酸乙酯分子中的亚甲基上的氢（$pK_a = 10.65$）比乙醇的酸性强得多，反应实际上是不可逆的。反应后生成乙酰乙酸乙酯的盐，因此，必须用乙酸酸化，才能使乙酰乙酸乙酯游离出来。

反应方程式：

$$2CH_3COOC_2H_5 + NaOC_2H_5 \longrightarrow Na^+[CH_3COCHCOOC_2H_5]^-$$

$$Na^+[CH_3COCHCOOC_2H_5]^- + HAc \longrightarrow CH_3COCH_2COOC_2H_5 + NaAc$$

【实验仪器及试剂】

圆底烧瓶（100 mL）；球形冷凝管；干燥管；分液漏斗；克氏蒸馏瓶；等等。

乙酸乙酯（25 g，27.5 mL，0.28 mol）；金属钠（2.5 g，0.11 mol）；二甲苯（12.5 mL）；乙酸；饱和氯化钠溶液；无水硫酸钠；无水氯化钙。

【实验步骤】

1. 制钠珠

在干燥的 100 mL 圆底烧瓶中加入 2.5 g 金属钠和 12.5 mL 二甲苯，装上冷凝管，冷凝管上口装氯化钙干燥管。在石棉网上小心加热，钠熔融后立即拆去冷凝管，用橡胶塞塞紧圆底烧瓶，并用干布包裹瓶口，用力来回振摇，即得细粒状钠珠。放置后钠珠即沉于瓶底，将二甲苯倒入公用回收瓶（切勿倒入水槽或废液缸，以免引起火灾）。

2. 酯缩合反应

迅速向瓶中加入 27.5 mL 乙酸乙酯，重新装上冷凝管，并在其顶端装一氯化钙干燥管。反应随即开始，并有气泡逸出。如反应不开始或者很慢，可稍微温热。待剧烈的反应过后，将反应瓶在石棉网上用小火加热，保持微沸状态，直至所有金属钠几乎全部作用完为止，反应约需 1.5 h。此时生成的乙酰乙酸乙酯钠盐为橘红色透明溶液（有时析出黄白色沉淀）。

3. 酸解制粗产物

待反应物稍冷后，在摇荡下加入 50% 的乙酸溶液（约需 15 mL），直到反应液呈弱酸性为止，此时所有的固体物质均已溶解。将反应物转入分液漏斗，加入等体积的饱和氯化钠溶液，用力振摇片刻，静置后，乙酰乙酸乙酯分层析出，分出粗产物。

4. 粗产物的纯化

粗产物用无水硫酸钠干燥后滤入蒸馏瓶，并用少量乙酸乙酯洗涤干燥剂。在沸水浴上蒸去未作用的乙酸乙酯，将剩余液移入 25 mL 克氏蒸馏瓶进行减压蒸馏。减压蒸馏时须缓慢加热，待残留低沸物蒸出后，再升高温度，收集乙酰乙酸乙酯，产量约 6 g。

乙酰乙酸乙酯沸点与压力的关系如表 3-2-18 所示。

表 3-2-18　乙酰乙酸乙酯沸点与压力的关系

压力/mmHg[①]	760	80	60	40	30	20	18	14	12
沸点/℃	181	100	97	92	88	82	78	74	71

① 1 mmHg＝133.32 Pa。

纯乙酰乙酸乙酯的沸点为 180.4℃，折射率为 1.4192。

【实验注意事项】

（1）乙酸乙酯必须绝对干燥，但其中含有 1%～2% 的乙醇。其提纯方法如下：将普通乙酸乙酯用饱和氯化钙溶液洗涤数次，再用焙烧过的无水碳酸钾干燥，在水浴上蒸馏，收集76～78℃的馏分。

（2）金属钠遇水即燃烧、爆炸，故使用时应严格防止与水接触。在称量和切片过程中应当迅速，以免空气中水汽侵蚀或被氧化。一般要使钠全部溶解，但很少量未反应的钠并不妨碍进一步操作。

（3）用乙酸中和时，开始有固体析出，继续加酸并不断振摇，固体会逐渐消失，最后得到澄清的液体。如尚有少量固体未溶解时，可加少许水使其溶解。但应避免加入过量的乙酸，否则会增加酯在水中的溶解度而降低产量。

（4）产率是按金属钠计算的。本实验最好连续进行，如间隔时间太久，会降低产量。

【思考题】

（1）本实验为什么可以用金属钠代替醇钠作催化剂？

（2）本实验加入 50% 乙酸溶液和饱和氯化钠的目的是什么？

（3）什么是互变异构现象？如何用实验证明乙酰乙酸乙酯是两种互变异构体的平衡混合物？

实验二十八　外消旋 α-苯乙胺的拆分

【实验目的】

（1）了解外消旋体拆分的方法和原理。

（2）掌握分步结晶法。

（3）熟悉旋光仪的使用。

【实验原理】

具有一个手性碳的外消旋体的两个异构体互为对映体，它们一般具有相同的物理性质，用重结晶、分馏、萃取及常规色谱法不能分离，通常使其与一种旋光化合物或光学活性化合物（即拆分剂）作用生成两种非对映异构盐，再利用它们的物理性质（如在某种选定的溶剂中的溶解度）不同，用分步结晶法来分离它们，最后去掉拆分剂，便可以得到光学纯的异构体。本实验用（+）-酒石酸为拆分剂，它与外消旋 α-苯乙胺形成非对映异构体的盐。其反应如下：

2 （±）-α-苯乙胺 + 2 （＋）-酒石酸 → （＋）-胺·（＋）-酒石酸盐 + （－）-胺·（＋）-酒石酸盐

光学纯的酒石酸在自然界颇为丰富，它是酿酒过程中的副产物。由于（－）-胺·（＋）-酸盐比另一种盐在甲醇中的溶解度小，故易从溶液中结晶析出，经稀碱处理，使（－）-α-苯乙胺游离出来。母液中含有（＋）-胺·（＋）-酸盐，原则上经提纯后可以得到相应的盐，经稀碱处理后得到（＋）-α-苯乙胺。本实验只分离左旋异构体，因右旋异构体的分离对学生来说较困难。

【实验仪器及试剂】

旋光仪；锥形瓶（125 mL）；抽滤瓶；布氏漏斗；分液漏斗；恒压滴液漏斗；圆底烧瓶（25 mL）；蒸馏头；移液管；等等。

（＋）-酒石酸（6.3 g，0.042 mol）；α-苯乙胺（5 g，0.041 mol）；甲醇；乙醚；氢氧化钠溶液（50%）；无水硫酸钠。

【实验步骤】

1. 分步结晶

在盛有 90 mL 甲醇的 250 mL 锥形瓶中，加入 6.3 g（＋）-酒石酸，在水浴上加热至约60℃，搅拌使酒石酸溶解。然后在搅拌下慢慢加入 5 g α-苯乙胺。须小心操作，以免混合物沸腾或起泡溢出。冷至室温后，将烧瓶塞住，放置 24 h 以上，析出白色棱状晶体。假如析出针状结晶，应重新加热溶解并冷却至完全析出棱状结晶。抽滤，并用少量冷甲醇洗涤，干燥后得（－）-胺·（＋）-酒石酸盐约 4 g。

2. 拆分

将两个学生各自的晶体合并起来，约为 8 g。将 8 g（－）-胺·（＋）-酒石酸盐置于125 mL 锥形瓶中，加入 30 mL 水，搅拌使部分结晶溶解，接着加入 5 mL 50%氢氧化钠，搅拌混合物至固体完全溶解。将溶液转入分液漏斗，用 15 mL 乙醚萃取，萃取两次。合并醚萃取液，用无水硫酸钠干燥。水层倒入指定容器中回收（＋）-酒石酸。

将干燥后的乙醚溶液用恒压滴液漏斗分批转入 25 mL 圆底烧瓶，在水浴上蒸去乙醚，然后蒸馏收集 180～190℃馏分于一已称量的锥形瓶中，产量约 2～2.5 g，用塞子塞住锥形瓶，备用。

3. 旋光度的测定

用移液管量取 10 mL 甲醇于盛胺的锥形瓶中，振摇使胺溶解。溶液的总体积非常接近10 mL 加上胺的体积，两个体积的加合值在本步骤中引起的误差可忽略不计。根据胺的质量和总体积，计算出胺的浓度（g·mL^{-1}）。将溶液置于 2 cm 的样品管中，测定旋光度，计算比旋光度，并计算拆分后胺的光学纯度。纯（－）-α-苯乙胺的 $[\alpha]^{25} = -39.5°$。

【实验注意事项】

（1）必须得到棱状晶体，这是实验成功的关键。如溶液中析出针状晶体，可采取如下步骤：

① 由于针状晶体易溶解，可加热反应混合物到恰好针状晶体已完全溶解而棱状晶体尚

未开始溶解为止。

②分出少量棱状结晶，加热反应混合物至其余晶体全部溶解，稍冷后用取出的棱状晶体作为晶种。如析出的针状晶体较多，此方法最为适宜。如有现成的棱状晶体，在放置过夜前接种更好。

（2）蒸馏 α-苯乙胺时，容易起泡，可加入 1~2 滴消泡剂（0.001% 聚二甲基硅氧烷的己烷溶液）。作为一种简化处理，可将干燥后的醚溶液直接过滤到已经事先称重的圆底烧瓶中，先在水浴上尽可能蒸去乙醚，再用真空泵抽去残留的乙醚。称量烧瓶即可计算出（一）-α-苯乙胺的质量，省去进一步的蒸馏操作。

【思考题】

本实验的关键步骤是什么？如何控制反应条件才能分离出纯的旋光异构体？

实验二十九　安息香的辅酶合成

【实验目的】

（1）学习安息香缩合反应的原理。

（2）掌握应用维生素 B_1 作为催化剂进行反应的实验方法。

【实验原理】

芳香醛在氰化钠（钾）作用下，分子间发生缩合生成安息香的反应，称为安息香缩合。最典型的例子是苯甲醛的缩合反应。由于氰化钠剧毒，本实验改用维生素 B_1 为催化剂，材料易得，操作安全，效果良好。

维生素 B_1 也叫硫胺素，其构造式为：

$$\left[\begin{array}{c} H_2N \\ \\ H_3C \end{array} \overset{N}{\underset{N}{\bigcirc}} CH_2 - \overset{+}{N} \overset{CH_3}{\underset{S}{\bigcirc}} CH_2CH_2OH \right] Cl^- \cdot HCl$$

反应方程式：

$$2C_6H_5CHO \xrightarrow{\text{维生素}B_1} C_6H_5-\overset{OH}{\underset{H}{C}}-\overset{O}{\overset{\|}{C}}-C_6H_5$$

【实验仪器及试剂】

圆底烧瓶（50 mL）；试管；球形冷凝管；布氏漏斗；抽滤瓶；等等。

苯甲醛（新蒸）(5.2 g，5 mL，0.05 mol)；维生素 B_1（硫胺素）(0.9 g)；乙醇(95%)；氢氧化钠溶液（10%）。

【实验步骤】

在 50 mL 圆底烧瓶中，加入 0.9 g 维生素 B_1、2.5 mL 蒸馏水和 7.5 mL 乙醇，将烧瓶置于冰浴中冷却。同时取 2.5 mL 10% 氢氧化钠溶液于一支试管中，同样置于冰浴中冷却。然后在冰浴冷却下，将氢氧化钠溶液在 10 min 内滴加至维生素 B_1 溶液中，并不断摇荡，调节溶液 pH 值为 9~10，此时溶液呈黄色。去掉冰浴，加入 5 mL 新蒸的苯甲醛和几粒沸石，装上球形冷凝管，将混合物置于水浴上温热 1.5 h。水浴温度保持在 60～75℃，切勿将混合物加热至剧烈沸腾，此时反应混合物呈橘黄或橘红色均相溶液。将反应混合物冷至室温，析出浅黄色结晶。将烧瓶置于冰浴中冷却使结晶完全。若产物呈油状物析出，应重新加热使其成为均相，再慢慢冷却重新结晶。必要时可用玻璃棒摩擦瓶壁或投入晶种。抽滤，用 25 mL 冷水分两次洗涤结晶。粗产物用 95％乙醇重结晶。若产物呈黄色，可加入少量活性炭脱色。产量约 2 g。纯安息香为白色针状结晶，熔点 134～137℃。

【实验注意事项】

（1）苯甲醛中不能含有苯甲酸，用前最好用 5‰碳酸氢钠溶液洗涤，而后减压蒸馏，并避光保存。

（2）维生素 B_1 在酸性条件下是稳定的，但易吸水；在水溶液中，易被氧化失效；在氢氧化钠溶液中，噻唑环易开环失效。因此，反应前维生素 B_1 溶液及氢氧化钠溶液必须用冰水冷透。

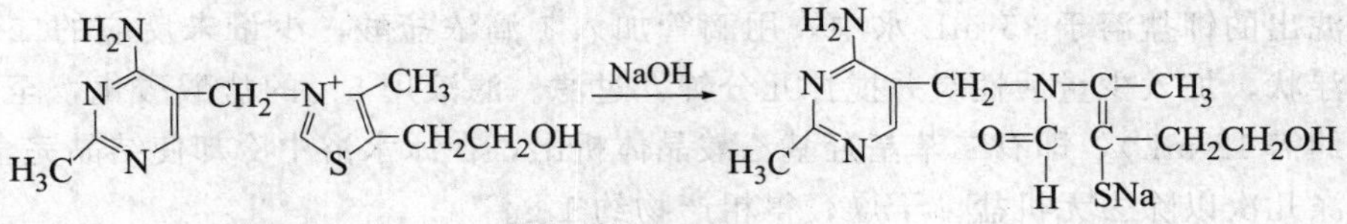

（3）安息香在 100 mL 沸腾的 95％乙醇中可溶解 12～14 g。

【思考题】

（1）本实验若在浓碱条件下，苯甲醛主要发生什么化学反应？

（2）为什么反应混合物的 pH 值要调至 9～10？pH 值过低有什么不好？

实验三十　二苯基羟基乙酸合成及红外光谱测定

【实验目的】

（1）掌握 α-二酮重排生成 α-羟基酸的原理。

（2）掌握 α-二酮重排生成 α-羟基酸的操作。

【实验原理】

α-二酮在碱性条件下的重排机理如下：

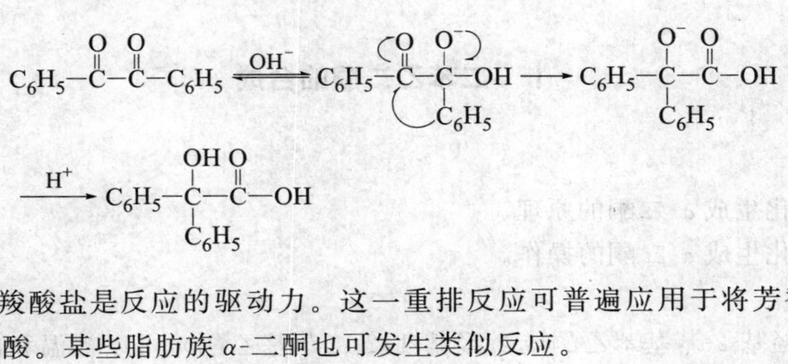

形成稳定的羧酸盐是反应的驱动力。这一重排反应可普遍应用于将芳香族 α-二酮转化为芳香族 α-羟基酸。某些脂肪族 α-二酮也可发生类似反应。

反应：

$$C_6H_5-\overset{\overset{\displaystyle O}{\|}}{C}-\overset{\overset{\displaystyle O}{\|}}{C}-C_6H_5 \xrightarrow[\text{C}_2\text{H}_5\text{OH·H}_2\text{O}]{\text{KOH}} C_6H_5-\underset{\underset{\displaystyle C_6H_5}{|}}{\overset{\overset{\displaystyle OH}{|}}{C}}-\overset{\overset{\displaystyle O}{\|}}{C}-OK \xrightarrow{\text{H}^+} C_6H_5-\underset{\underset{\displaystyle C_6H_5}{|}}{\overset{\overset{\displaystyle OH}{|}}{C}}-\overset{\overset{\displaystyle O}{\|}}{C}-OH$$

【实验仪器及试剂】

圆底烧瓶（25 mL）；球形冷凝管；烧杯；布氏漏斗；抽滤瓶；红外光谱仪；等等。

二苯乙二酮（1.25 g，0.006 mol）；氢氧化钾（1.3 g，0.023 mol）；95％乙醇；浓盐酸（6.5 mL）；活性炭；刚果红试纸。

【实验步骤】

在 25 mL 圆底烧瓶中溶解 1.3 g KOH 于 2.6 mL 水中，加 1.25 g 二苯乙二酮溶于 4 mL 95％乙醇的溶液，混合均匀后，装上回流冷凝管，在水浴上回流 15 min。然后将反应混合物转移到小烧杯中，在冰水中放置约 1 h，直至析出二苯基羟基乙酸钾盐的晶体。抽滤，用少量冷乙醇洗涤。

将过滤出的钾盐溶于 35 mL 水中，用滴管加入 1 滴浓盐酸，少量未反应的二苯乙二酮呈胶体悬浮状，加入少量活性炭并搅拌几分钟，过滤。滤液用 5％的盐酸酸化，至刚果红试纸变蓝（约需 12 mL），即有二苯基羟基乙酸晶体析出，在冰水浴中冷却使结晶完全。抽滤，用冷水洗涤几次以除去无机盐。干燥，得粗产物约 1 g。

如需纯化，可用水重结晶，并加少量活性炭脱色，干燥后再测红外光谱，产量约 0.5 g。

纯二苯基羟基乙酸为无色晶体，熔点 148～149℃。

【思考题】

如何由相应原料合成下列化合物？

实验三十一 ｜ 二苯乙二酮合成及薄层跟踪

Ⅰ 二苯乙二酮的合成

【实验目的】

（1）掌握氧化生成 α-二酮的原理。

（2）掌握氧化生成 α-二酮的操作。

【实验原理】

安息香（2-羟基-2-苯基苯乙酮或 2-羟基-1,2-二苯基乙酮）可以被温和的氧化剂醋酸铜氧化生成 α-二酮，铜盐本身被还原成亚铜态。本实验经改进后，用催化量的醋酸铜，亚铜被硝酸铵重新氧化成铜盐，硝酸铵被还原为亚硝酸铵并分解为氮气和水，对环境友好。

反应：

$$C_6H_5\overset{OH}{\underset{H}{C}}-\overset{O}{C}-C_6H_5 \xrightarrow[NH_4NO_3]{Cu(OAc)_2} C_6H_5\overset{O}{C}-\overset{O}{C}-C_6H_5$$

【实验试剂与仪器】

圆底烧瓶；回流冷凝管；吸滤瓶；布氏漏斗；薄层硅胶板（GF254）；毛细管。

安息香（2.15 g，0.01 mol）；硝酸铵（1 g，0.0125 mol）；醋酸铜溶液（2%）；冰醋酸（6.5 mL）；乙醇（95%）；二氯甲烷（10 mL）。

【实验步骤】

2%醋酸铜溶液制备：溶解2.5 g一水合硫酸铜于100 mL 10%醋酸水溶液中，充分搅拌后滤去碱性铜盐的沉淀。

在50 mL圆底烧瓶中加入2.15 g安息香、6.5 mL冰醋酸、1 g粉状的硝酸铵和1.3 mL 2%醋酸铜溶液，加入几粒沸石，装上回流冷凝管，在石棉网上缓缓加热并时时摇荡。

当反应物溶解后，开始放出氮气，继续回流1.5 h使反应完全。此过程可每隔15～20 min用毛细管吸取少量反应液，在薄层板上点样备用。

将反应混合物冷至50～60℃，在搅拌下倾入10 mL冰水中，析出二苯乙二酮结晶。抽滤，用冷水充分洗涤，压干，干燥，得黄色结晶粗产物（约1.5 g）。

Ⅱ 二苯乙二酮的薄层跟踪

【实验目的】

（1）掌握利用薄层色谱跟踪反应进程的方法。

（2）掌握利用薄层色谱判断反应纯度的方法。

【实验原理】

薄层色谱法是以涂布于支持板上的支持物作为固定相，以合适的溶剂为流动相，对混合样品进行分离、鉴定和定量的一种色谱分离技术，是快速分离和定性分析少量物质的一种重要实验技术，属固-液吸附色谱，兼备了柱色谱和纸色谱的优点。它利用各成分对同一吸附剂吸附能力不同，使在流动相流过固定相的过程中，连续地产生吸附、解吸附、再吸附、再解吸附，从而达到各成分互相分离的目的。常用的吸附剂为硅胶、氧化铝等。

此法样品用量一般为几微克至几百微克，是一种较实用、有效的微量分离分析方法。此法也可用于分离制备较大量的样品，即使用较大较厚的薄层板，将样品溶液在起始点处点成条带状，这样可以分离毫克量样品。薄层色谱法特别适用于挥发性较小或较高温度易发生变化而不能用气相色谱分析的物质，常用于定性鉴别、药品的质量控制和杂质检测、化学反应进程的控制、柱色谱反应条件的探索等。

展开剂的选择显著影响分离效果。常用溶剂极性顺序：石油醚＜己烷＜甲苯＜苯＜二氯甲烷＜乙醚＜氯仿＜乙酸乙酯＜四氢呋喃＜丙酮＜乙醇＜甲醇＜DMF＜水。

【实验试剂及仪器】

电吹风；紫外灯；吸滤瓶；布氏漏斗；薄层硅胶板（GF254）；毛细管；展开缸；镊子；

滤纸。

二氯甲烷；石油醚；乙酸乙酯；75％乙醇-水溶液。

【实验步骤】

1. 纯化

将实验Ⅰ所得粗产品用75％乙醇-水溶液重结晶。

纯二苯乙二酮熔点94～96℃。

2. 跟踪

将上次实验所得已点样的薄层板，用二氯甲烷作展开剂，进行薄层色谱分析，比较不同反应时间的色谱异同。

操作程序如下：

点样：如图3-2-7，先用铅笔在硅胶板上距一端1 cm处轻轻画一横线，以毛细管（内径小于1 mm）取样品液（浓度以1％～2％为宜），将样品液点在硅胶板的铅笔线上（斑点直径小于2 mm，各斑点间距约1～1.5 cm），点样要轻，不可刺破硅胶。

展开：如图3-2-8，将2 mL展开剂加入到展开缸中，或有盖子的广口瓶中，将点好样品并干燥后的硅胶板垂直（或稍倾斜）放入展开缸中，下部浸在展开剂中（注意：展开剂浸入薄层的高度约为0.5 cm，样品点不能浸入展开剂中，要高于展开剂3～5 mm），盖上盖子，待展开剂上升到距板顶还有0.5～1 cm时，取出硅胶板，在空气中晾干。不同浓度展开后的效果见图3-2-9。

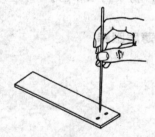

图3-2-7　TLC板的点样

图3-2-8　薄层色谱展开示意图

显色：常用碘熏显色、紫外灯显色。斑点有颜色也可不显色。

比较R_f值大小：经过显色后，铅笔做好斑点位置的标记，进行观察并计算R_f值（比移值，其计算方法见图3-2-10），良好的分离R_f值应在0.15～0.75之间。

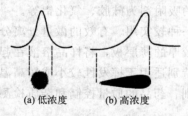

(a) 低浓度　　(b) 高浓度

图3-2-9　不同浓度展开后的效果

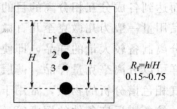

$$R_f = h/H$$
$$0.15～0.75$$

图3-2-10　R_f值的计算

3. 检验纯度

将重结晶前的粗产品和结晶后的纯品分别溶于乙醇后点样，用二氯甲烷作展开剂，进行薄层色谱分析，比较二者异同。

【思考题】

寻找适当比例的石油醚-乙酸乙酯混合溶剂作为展开剂，进行上述操作，进行比较和讨论。

实验三十二 质谱法测定苯甲酸甲酯

【实验目的】

（1）了解气相色谱-质谱（GC-MS）联用仪的基础操作。

（2）掌握苯甲酸甲酯的 GC-MS 定性分析方法。

【实验原理】

在离子源内，有机物试样被气化、电离，在高速电子流的轰击下，有机物常常被击出一个电子，形成带一个正电荷的正离子，称为分子离子；化学键也可以断裂，形成碎片离子。离子生成后，在质谱仪中被 $800\sim8000$ V 的高压电场加速。当被加速的离子进入磁分析器时，磁场再对离子进行作用，让每一个离子按一定的弯曲轨道继续前进，其行进轨道的曲率半径取决于各离子的质量和所带电荷的比值 m/z。然后按质荷比（m/z）的大小顺序进行收集和记录，得到质谱图，根据质谱峰的位置进行定性和结构分析。

【实验试剂及仪器】

气相色谱-质谱联用仪；HP-FFAP 毛细柱；进样针（10 μL）；等等。

苯甲酸甲酯；无水乙醇；高纯氦气；

【实验步骤】

1. 溶液配制

量取 0.10 mL 苯甲酸甲酯溶于 100.00 mL 无水乙醇中，得到浓度约为 0.0010 g·mL^{-1} 苯甲酸储备液。

移取 0.1 mL 上述苯甲酸储备液于 100 mL 容量瓶中，加无水乙醇至刻度，得到浓度约为 1.0 μg·mL^{-1} 苯甲酸甲酯样液。

2. 分析条件设置

在工作站中设置 GC 条件和 MS 条件，保存并调用方法，待仪器就绪后设定数据路径、数据文件名称、样本信息等，开始进样并采集数据。

3. 分析

程序结束后打开数据分析软件，选定 NIST05 谱库，调出个人分析数据进行定性分析。

4. 谱图解析

在气相色谱-质谱联用仪自带的谱图库中进行检索，对样品谱图进行比对，得出结果。

【数据记录及处理】

（1）将气相色谱分离出的峰与质谱图得到的该峰的分子量填入表 3-2-19。

表 3-2-19 气相色谱与质谱记录及分析

序号	保留时间	定性分析结果（分子量）	分子结构式
1			
2			

（2）将已知标准谱图与样品测试谱图进行对比和讨论。

【实验注意事项】

（1）色谱柱不能进水样，进样前需干燥；进样浓度不要超过 10^{-6} g·mL^{-1}。

（2）每次实验要记录氮气的压力，实验结束后请将 Standy 方法传到气相后关闭电脑。

【思考题】

绘制某一保留时间处的质谱图，分析主要产生了哪些离子峰，分析分子碎裂机理，写出可能的分子碎裂过程。

第三节　设计性实验

实验三十三　乙酸异戊酯的制备实验条件的研究

【背景】

酯化反应是可逆反应，反应物（酸和醇）的结构、配料比、催化剂、温度等都影响平衡、反应速率以及转化率。要得到高收率的酯，需将反应物之一过量或将产物分出反应系统。

【要求】

（1）研究实验中加入带水剂环己烷或苯是否必要。

（2）研究可否用路易斯酸作催化剂。

（3）研究乙酸丁酯、乙酸异戊酯的合成条件，总结出酯制备实验的一般操作方法和条件。

（4）写出研究结果的总结报告。

【提示】

按照以下反应条件设计实验方案，分别如下：①乙酸与异戊醇等量，加浓硫酸催化；②乙酸过量，加浓硫酸催化；③乙酸与异戊醇等量，浓硫酸催化，加适量环己烷，加分水器；④查阅文献，选择合适的路易斯酸替代浓硫酸作催化剂。

分离纯化酯。称重，计算产率。

实验三十四　苯巴比妥的合成

【背景】

苯巴比妥是巴比妥类药物，具有镇静、催眠、抗惊厥作用，并可抗癫痫，对癫痫大发作与局限性发作及癫痫持续状态有良效。苯巴比妥有多种合成方法，比较成熟的方法之一是通过苯乙酸乙酯与草酸二乙酯进行 Claisen 缩合，加热脱羧得 2-苯基丙二酸二乙酯，再引入乙基，与尿素缩合得到苯巴比妥。苯巴比妥（$C_{12}H_{12}N_2O_3$）的结构式如下：

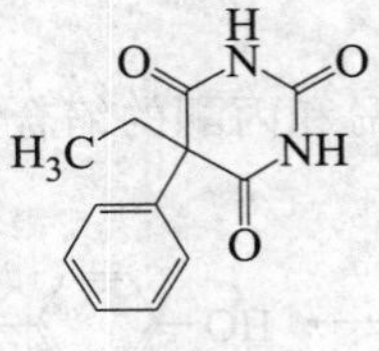

【要求】

（1）查阅相关文献，比较不同的合成方法，设计可行的实验方案，合成 1 g 苯巴比妥。

（2）采用合适的方法提纯产品。

（3）对合成的苯巴比妥进行结构表征。

实验三十五　多组分混合物——环己醇、苯酚、苯甲酸的分离

【要求】

（1）初步了解进行科学研究的基本过程，提高应用知识和技能进行综合分析、解决实际问题的能力，掌握分离有机混合物的基本思路和方法。

（2）根据所学有机物基本性质，分析混合物各组分的特点；查阅资料，在文献调研的基础上，查找分离醇、酚、芳香酸的具体方法；设计完成三组分混合物环己醇、苯酚、苯甲酸的分离。

（3）对分离所得各物质进行分析测试。

【提示】

（1）查阅混合物中各组分化合物的物理常数，利用有机物在物理、化学性质上的差异进行分离。

（2）分析各种方法的优缺点，作出合理的选择。

（3）结合实验室条件，设计完成三组分混合物（环己醇、苯酚、苯甲酸）的分离，写出分离 20 g 混合物的设计方案，设计操作步骤（包括分析可能存在的安全问题，并提出相应的解决策略），列出预计使用的仪器清单，提出各化合物的检测方法。

实验三十六　双酚 A 的合成

【背景】

双酚 A 的化学名称是 2,2-双(4′-羟基苯基)丙烷。该化合物是一个用途很广的化工原料。它是双酚 A 型环氧树脂及聚碳酸酯等化工产品的合成原料，还可用作聚氯乙烯塑料的热稳定剂、电线防老剂、油漆及油墨等的抗氧剂和增塑剂。

【要求】

(1) 查阅有关文献，设计并确定一种可行的制备实验方案。

(2) 制备 2 g 双酚 A 产品。

【提示】

双酚 A 的制备方法主要是通过苯酚和丙酮的缩合反应：

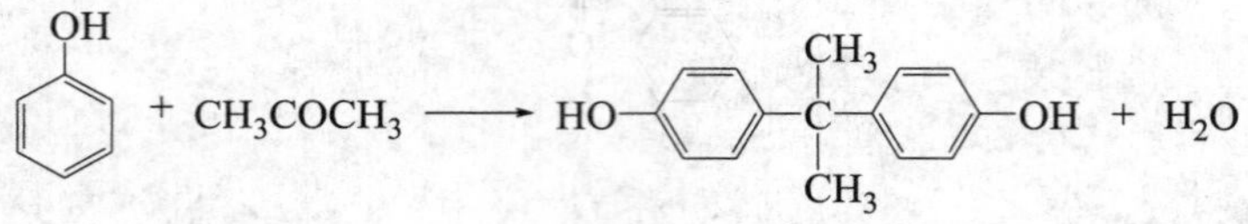

反应在四氯化碳、氯仿、二氯甲烷、氯苯等有机溶剂中进行，盐酸、硫酸等质子酸作催化剂。

实验三十七　微波辐射法制备 9,10-二氢蒽-9,10-α,β-马来酸酐

【背景】

自 1986 年发现微波加热可以促进有机化学反应以来，研究者们对促进化学反应的原理、微波炉的结构、化学反应器的设计等研究做了大量工作，其进展很快，取得了显著成绩。微波辐射能使化学反应速率大幅度提高，甚至达到传统加热反应的 1000 余倍；可用家用微波炉产生微波辐射（波长 12.2 cm，频率 2.45 GHz），在烧杯中进行化学反应。

从安全的角度考虑，在教学实验中微波实验的规模不宜太大，最好用于高沸点的试剂和固体化合物。微波技术用于化学实验所用试剂少，节省开支，符合绿色化学实验要求，产物转化率高，产物选择性大，因此分离纯化过程简单。在进行微波化学实验时，要注意选择微波炉的功率，它对反应时间影响很大，过长反应时间会使产物焦化。最好使用带转盘的微波炉做实验，它可以起到一定程度的搅拌作用。在玻璃仪器中做实验，不可密封，以防爆炸。微波化学技术已得到一定的应用，但是，对其促进反应的原理还没有统一的认识，有待进一步研究。

【要求】

(1) 查阅文献后，设计出合理可行的 9,10-二氢蒽-9,10-α,β-马来酸酐的半微量制备（Diles-Alder 反应）实验方案。

(2) 加热方法要求选择微波辐射。

(3) 制备 0.5～2 g 产品，测定其熔点。

【提示】

(1) 反应如下所示：

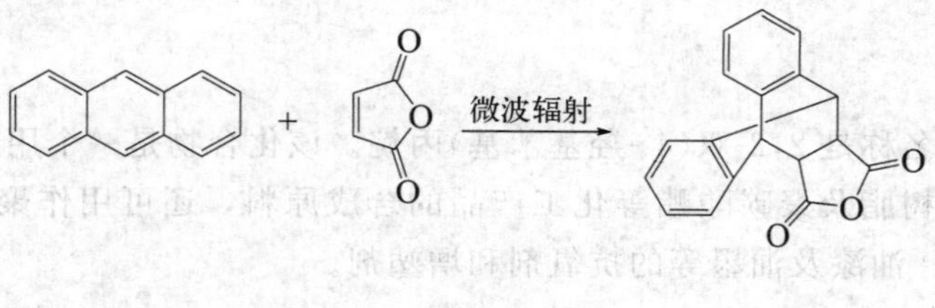

（2）本实验用的微波炉的功率为 700 W。微波辐射一般能在几分钟内完成化学反应。

（3）在微波辐射的实验中一般用高沸点溶剂。

（4）可用二甲苯重结晶，得到纯净物。

实验三十八 苄叉丙酮的合成

【背景】

苄叉丙酮的化学名称是 4-苯基-3-丁烯-2-酮。它是一个用途广泛的有机物，尤其是在香料工业和电镀工业中。它本身是肉桂醛香料系列中的一种，以它为原料得到的一系列衍生物也很重要。在电镀工业中，它和其他成分一起被配成溶液，用作一些合金的光亮剂，如铅锡合金、铅锌合金的光亮剂。除此以外，它还具有一定的杀虫活性和驱虫功效，能用作杀虫剂中的稳定剂。

【要求】

（1）查阅相关文献，设计并确定一种切实可行的实验方案（最好是半微量或微型）。

（2）合成 0.5～2 g 产品。

（3）条件许可前提下，可以探讨各合成方法的特点。

【提示】

主要合成方法如下。

（1）醛酮缩合反应

$$
\text{C}_6\text{H}_5\text{CHO} + \text{CH}_3\text{COCH}_3 \xrightarrow{\text{NaOH}} \text{C}_6\text{H}_5\text{CH=CHCOCH}_3 + \text{H}_2\text{O}
$$

（2）与酰化试剂反应

$$
\text{C}_6\text{H}_5\text{CHO} + (\text{CH}_3\text{CO})_2\text{O} \xrightarrow[\text{LiClO}_4]{\text{CH}_3\text{COOH}} \text{C}_6\text{H}_5\text{CH=CHCOCH}_3 + \text{CH}_3\text{COOH}
$$

此外，还有其他合成方法，在此不作介绍。

实验三十九 由苯胺合成对硝基苯胺

【背景】

对硝基苯胺，又名 4-硝基苯胺，是一种有机化合物，化学式为 $C_6H_6N_2O_2$，为黄色结晶性粉末，几乎不溶于水，微溶于苯，溶于乙醇、乙醚、丙酮、甲醇，主要用作染料和抗氧剂的中间体、腐蚀抑制剂、分析试剂，是染料及颜料的中间体，也是重要的农药中间体。

作为一种保护措施，一级和二级芳香胺在合成中通常被转化为它们的乙酰基衍生物，以降低芳香胺对氧化降解的敏感性，使其不被反应试剂破坏，同时氨基经酰化后，降低了氨基在亲电取代反应中的活化能力，使其由很强的第Ⅰ类定位基变为中等强度的第Ⅰ类定位基。在合成的最后步骤，氨基很容易通过酰胺在酸、碱催化下水解重新产生。乙酰苯胺和混酸（浓硝酸＋浓硫酸）反应，生成的产物主要是对位和邻位取代产物。本实验要求学生自行设计分离邻、对位产物，得到纯的对位产物。

【要求】

（1）查阅相关文献，设计实验步骤，选择所用试剂并确定试剂用量，最后制得纯的对硝基苯胺。

（2）所有合成最好采用半微量合成的用量和仪器。

（3）每一步合成出的粗产品要测熔点2次，并且要进行纯化。纯化后的产品也要测熔点2次。

（4）所得到的邻硝基苯胺和对硝基苯胺混合物至少要用两种方法分离，并将不同的分离效果用薄层色谱法进行比较。

（5）实验前一周将设计好的实验方案交给老师批阅，老师根据设计的情况，适当进行修改，合格后才能进入实验室开始实验。

【提示】

主要合成方法如下。

（1）苯胺的酰化

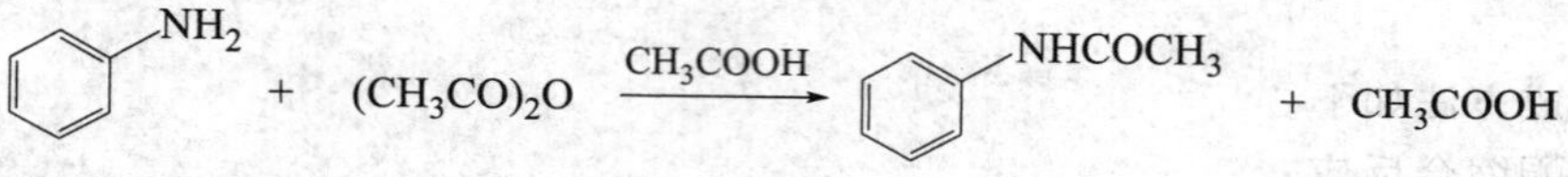

$$\text{C}_6\text{H}_5\text{NH}_2 + (\text{CH}_3\text{CO})_2\text{O} \xrightarrow{\text{CH}_3\text{COOH}} \text{C}_6\text{H}_5\text{NHCOCH}_3 + \text{CH}_3\text{COOH}$$

（2）乙酰苯胺的硝化

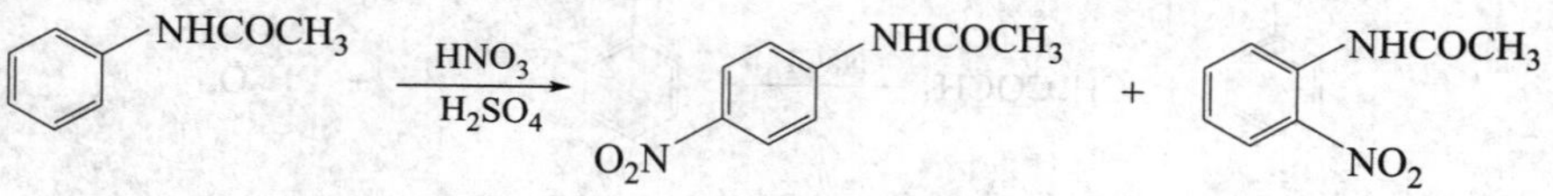

$$\text{C}_6\text{H}_5\text{NHCOCH}_3 \xrightarrow[\text{H}_2\text{SO}_4]{\text{HNO}_3} \text{对位} + \text{邻位}$$

（3）硝基乙酰苯胺的水解

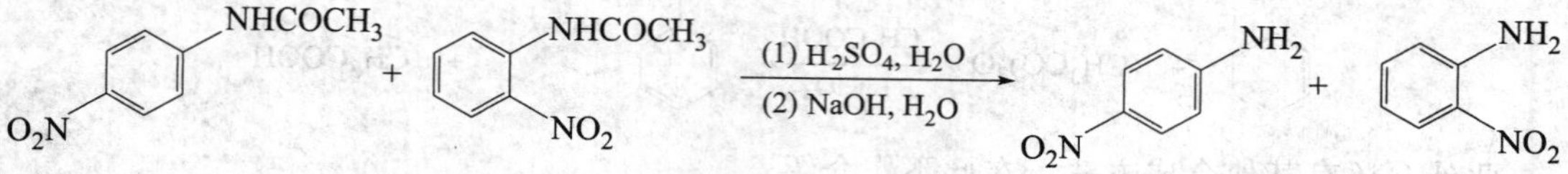

$$\xrightarrow[\text{(2) NaOH, H}_2\text{O}]{\text{(1) H}_2\text{SO}_4\text{, H}_2\text{O}}$$

读一读

练一练

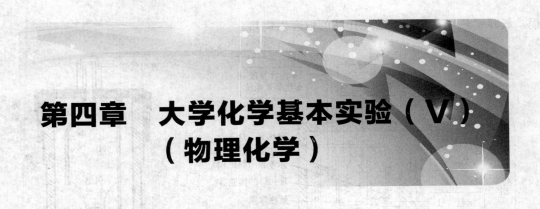

第四章　大学化学基本实验（Ⅴ）（物理化学）

第一节　基础性实验

实验一　燃烧热的测定

【实验目的】

（1）掌握燃烧热的定义，了解恒压燃烧热与恒容燃烧热的差别及相互关系。

（2）用氧弹量热仪测定萘的燃烧热。

（3）熟悉量热仪，掌握氧弹量热仪的实验技术。

【实验原理】

1. 燃烧与量热

根据化学热力学的定义，燃烧热是 1 mol 物质完全氧化，即完全燃烧时的反应热。所谓完全氧化，对燃烧产物有明确的规定，如有机物中的碳只有氧化成二氧化碳才是完全氧化，氧化成一氧化碳不能认为是完全氧化。燃烧热的测定在热化学、生物化学以及一些工业部门如火力发电厂中应用很多。

量热法是热力学的一种基本实验方法。热是与过程有关的物理量，在恒容过程中的燃烧热叫恒容燃烧热，以 Q_V 表示；在恒压过程中的燃烧热叫恒压燃烧热，以 Q_p 表示。由热力学第一定律可知，恒容燃烧热等于系统热力学能的变化值，即 $Q_V = \Delta U$。恒压燃烧热等于系统焓的变化值，即 $Q_p = \Delta H$。它们之间存在以下关系：

$$\Delta H = \Delta U + \Delta(pV) \tag{4-1-1}$$

$$Q_p = Q_V + \Delta nRT \tag{4-1-2}$$

式中，Δn 为燃烧反应前后反应物和生成物中气体的物质的量之差；R 为摩尔气体常数；T 为反应时的热力学温度。

2. 氧弹量热仪

量热仪的种类很多，本实验所用的氧弹量热仪是一种环境恒温式的全自动量热仪，装置如图 4-1-1 所示。图 4-1-2 是氧弹的剖面图。样品在密封的高压容器氧弹内的燃烧是恒容过程，氧弹量热仪直接测量的是样品的恒容燃烧热。

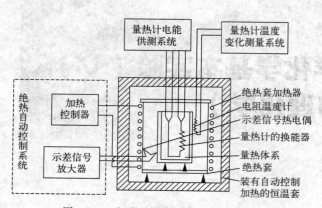

图 4-1-1　氧弹量热仪测量装置示意图

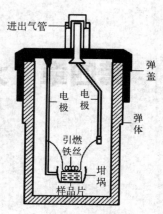

图 4-1-2　氧弹剖面图

如图 4-1-1 所示，氧弹放在恒温水夹套内的盛水桶中，盛水桶中加有一定量的水，足以淹没氧弹的主体。盛水桶底有热绝缘材料制作的小垫，使桶架空，整个盛水桶上下四周与恒温水夹套间都留有空隙，形成一个空气层间隔，上面由热绝缘的量热计盖密封。盛水桶和恒温水夹套内表面都高度抛光，以减少热辐射和空气的对流，使得盛水桶成为一个与周围环境热绝缘的绝热系统。样品在氧弹内完全燃烧所释放的能量就使得这个绝热系统（包括氧弹、盛水桶、桶内所有的介质水和附件）本身温度升高。根据能量守恒定律，测量介质在燃烧前后的温度变化，得到该系统在燃烧前后的温度变化值 ΔT，就可计算出样品的恒容燃烧热。其关系式如下：

$$-(m_{样}/M_{样})\ Q_{V,样}-lQ_l=C_{系}\ \Delta T \qquad (4\text{-}1\text{-}3)$$

式中，$m_{样}$、$M_{样}$ 分别为样品的质量和摩尔质量；$Q_{V,样}$ 为样品的恒容燃烧热；l、Q_l 分别为引燃专用铁丝的长度和单位长度燃烧热；$C_{系}$ 为该系统的热容。

其中，$C_{系}$ 也可表示为

$$C_{系}=m_{水}\ c_{水}+C_{计} \qquad (4\text{-}1\text{-}4)$$

式中，$m_{水}$ 为系统中介质水的质量；$c_{水}$ 为系统中介质水的比热容；$C_{计}$ 为系统中除介质以外的其余部分的热容，即除水之外，系统升高 1℃ 所需的热量。

当 $m_{水}$ 和 $c_{水}$ 已知时，求出 $C_{计}$ 也可得到 $C_{系}$。

为了保证样品完全燃烧，氧弹中须充以高压氧气或其他氧化剂。因此，氧弹应有很好的密封性能、耐高压且耐腐蚀。为了保持系统内温度均匀，系统内的介质水被不停地搅拌。

【实验仪器及试剂】

氧弹量热仪（1 套）；氧气钢瓶（1 个）；氧气减压阀（1 个）；压片机（1 台）；电脑（1台）；电子天平（1 台）；镊子（1 把）；引燃铁丝；玻璃干燥器（1 个）；玻璃研钵（2 个）；万用表；等等。

苯甲酸（分析纯）；萘（分析纯）/蔗糖（分析纯）。

【实验步骤】

1. 测量量热仪中绝热系统的热容

测量燃烧热要知道系统的热容 $C_{系}$，但每套仪器的 $C_{系}$ 各不一样，须事先测定。测定

$C_系$ 的方法是用一定质量的已知燃烧热的标准物质在氧弹量热仪里进行燃烧热测定的实验，可测得仪器的绝热系统温度升高值 ΔT_1，则应有

$$-(m_标/M_标)Q_{V,标} - lQ_l = C_系 \Delta T_1 \tag{4-1-5}$$

由此可求算出 $C_系$。标准物质通常用苯甲酸。

（1）样品制作

用天平粗称 $0.8 \sim 1.0$ g 的苯甲酸，在压片机上稍用力压成圆片。样品片不要压得太紧，否则点火时不易全部燃烧；也不要压得太松，以免样片破碎脱落。再次称样品的质量并记录数据。

（2）装样并充氧气

拧开氧弹盖，将氧弹内壁擦干净，特别是电极下端更应擦干净。小心将样品片平放在坩埚中部。剪取 18 cm 长的引燃铁丝，在直径约 3 mm 的铁棒上，将铁丝中段绕成螺旋状约 $5 \sim 6$ 圈。如图 4-1-2 所示，将铁丝中部螺旋部分紧贴在样品片的表面，两端固定在电极上，注意铁丝不要与坩埚接触。旋紧氧弹盖，换接上导气管接头。导气管另一端与氧气钢瓶上的减压阀连接。打开钢瓶阀门，向氧弹中充入 2 MPa 的氧气。卸下导气管，关闭氧气钢瓶阀门，放掉氧气表中的余气。再次用万用表检查两电极间的电阻。如阻值过大，则应放出氧气，开盖检查。

（3）装置实验系统

打开量热仪，将氧弹放入量热仪内筒，内筒加有定量蒸馏水，可燃物点燃释放的热量被蒸馏水吸收，根据水温的上升量及标准物的燃烧热，即可计算出量热系统的热容量。从仪器主界面（如图 4-1-3），点击"标定录入"，输入样品质量、编号等试验数据，点击"热容量标定"，标定试验开始（如图 4-1-4）。十几分钟后，仪器打印出标定出的热容量 E，反复做 $5 \sim 6$ 个，计算出其平均值，在系统中输入保存，做 $1 \sim 2$ 个苯甲酸的发热量，取其弹筒发热量与标准热值对比，误差小于 120 J，即为标定成功。

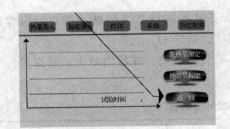

图 4-1-3　数据录入界面

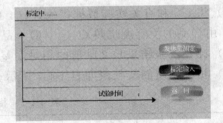

图 4-1-4　量热仪工作界面

2. 物质燃烧热的测定

粗称 0.6 g 左右的萘（如果测定蔗糖的燃烧热，粗称 $1.2 \sim 1.5$ g 左右的蔗糖），放入研钵研磨成粉，压片，精确称量，记录数据。再按上述苯甲酸燃烧的方法进行实验，测出绝热系统温度升高值 ΔT_2。这时有：

$$-(m_样/M_样)Q_{V,样} - lQ_l = C_系 \Delta T_2 \tag{4-1-6}$$

式中，$C_系$ 为苯甲酸燃烧实验测得的 $C_系$；$Q_{V,样}$ 为萘（或蔗糖）的恒容燃烧热。

ΔT_2 测得后，即可求出 $Q_{V,样}$。

本实验常见问题及其原因和处理方法见表 4-1-1。

表 4-1-1　常见问题及其原因和处理方法

现象	原因	处理
氧弹漏气	橡胶密封圈老化或磨损	更换密封圈
点火失败	① 线路不通或引燃铁丝接触不良 ② 试样潮湿 ③ 引燃铁丝或棉线与试样接触不良 ④ 两电极过脏 ⑤ 点火帽氧化 ⑥ 两电极与坩埚短路(此时容易烧毁坩埚和电极)	① 检查连线是否连接好，氧弹头与点火帽是否接触好，氧弹是否放好 ② 试样烘干后再使用 ③ 重新装样 ④ 用砂纸打磨电极 ⑤ 用砂纸打磨点火帽氧化物 ⑥ 更换电极或坩埚，重新装样
试样燃烧不完全	① 试样不易燃 ② 氧气未充足或氧气压力不足	① 试样放干燥环境中保存 ② 延长充氧时间或更换氧气瓶
点火后温度上升过高，热值过高	① 搅拌器不转 ② 搅拌叶脱落	① 检修搅拌轴和线路 ② 用一棉签插入与搅拌轴连接的尼龙棒内，重新插好
实验长时间不结束	环境温度过高	调外筒水温与室温基本一致，或降低室内温度
充氧仪表漏气	充氧仪表密封圈老化或磨损	更换密封圈

【数据记录及处理】

（1）已知苯甲酸在 100 kPa、298.15 K 时的恒压燃烧热为 -3226.9 kJ·mol^{-1}，计算 100 kPa、298.15 K 时苯甲酸的恒容燃烧热 $Q_{V,标}$。

（2）已知专用引燃铁丝的燃烧热为 -2.9 J·cm^{-1}。将苯甲酸的 $Q_{V,标}$ 和有关实验数据代入式（4-1-5），求出 $C_{系}$。

（3）将 $C_{系}$ 和有关实验数据代入式（4-1-6），计算所测样品（蔗糖或萘）的恒容燃烧热 $Q_{V,样}$。由样品的恒容燃烧热 $Q_{V,样}$ 计算样品的恒压燃烧热 $Q_{p,样}$。

（4）计算实验结果与文献值的相对误差。分析实验结果，并指出最大测量误差。

（5）相关物质的文献值如表 4-1-2 所示。

表 4-1-2　相关物质的文献值

物质	分子式	摩尔质量/(g·mol^{-1})	恒压燃烧热/(kJ·mol^{-1})
苯甲酸(s)	C_6H_5COOH	122.12	-3226.9
蔗糖(s)	$C_{12}H_{22}O_{11}$	342.30	-5640.9
萘(s)	$C_{10}H_8$	128.17	-5153.9

【思考题】

（1）在本实验中，哪些是系统？哪些是环境？

（2）系统和环境通过哪些途径进行热交换？这些热交换对结果有无影响？如何处理？

（3）如何用萘的燃烧热数据来计算萘的标准生成热？

（4）本实验中，采用哪些途径构成一个绝热系统？

实验二 | 凝固点降低法测定摩尔质量

【实验目的】

（1）加深对稀溶液依数性的理解。

（2）掌握溶液凝固点的测量技术。

（3）用凝固点降低法测定蔗糖的摩尔质量。

【实验原理】

固体纯溶剂与溶液成平衡时的温度称为溶液的凝固点。含非挥发性溶质的双组分稀溶液的凝固点低于纯溶剂的凝固点。凝固点降低是稀溶液依数性的一种表现。当确定了溶剂的种类和数量后，溶剂凝固点降低值仅取决于所含溶质分子的数目。对于理想溶液，根据相平衡条件，稀溶液的凝固点降低值与溶液成分的关系由范特霍夫（van't Hoff）凝固点降低公式给出

$$\Delta T_f = \frac{RT_f^{*\,2}}{\Delta_{fus} H_m^{\ominus}} \times \frac{n_B}{n_A + n_B} \tag{4-1-7}$$

式中，ΔT_f 为凝固点降低值；T_f^* 为纯溶剂的凝固点；$\Delta_{fus} H_m^{\ominus}$ 为纯溶剂的标准摩尔熔化热（$\Delta_{fus} H_m$ 是纯溶剂的摩尔凝固焓，如果忽略温度和压力对它的影响，就可以用纯溶剂的标准摩尔熔化焓 $\Delta_{fus} H_m^{\ominus}$ 代替 $\Delta_{fus} H_m$）；n_A、n_B 分别为溶剂和溶质的物质的量。

当溶液浓度很稀时，

$n_A \geqslant n_B$，则

$$\Delta T_f = \frac{RT_f^{*\,2}}{\Delta_{fus} H_m^{\ominus}} \times \frac{n_B}{n_A} = \frac{RT_f^{*\,2}}{\Delta_{fus} H_m^{\ominus}} M_A m_B = K_f m_B \tag{4-1-8}$$

式中，M_A 为溶剂的摩尔质量；m_B 为溶质的质量摩尔浓度；K_f 为质量摩尔凝固点降低常数。

如果已知 K_f，并测得此溶液的凝固点降低值 ΔT_f，以及溶剂和溶质的质量 W_A、W_B，则溶质的摩尔质量由式（4-1-9）求得

$$M_B = K_f \frac{W_B}{\Delta T_f W_A} \tag{4-1-9}$$

应该注意，如果溶质在溶液中有解离、缔合、溶剂化或形成配合物等情况时，不能简单地运用式（4-1-9）计算溶质的摩尔质量。显然，溶液凝固点降低法可用于溶液热力学性质的研究，例如电解质的电离度、溶质的缔合度、溶剂的渗透系数和活度系数等。

通常测凝固点的方法是将已知浓度的溶液逐渐冷却成过冷溶液。然后促使溶液凝固，当固体生成时，放出的凝固热使体系温度回升。当放热与散热达成平衡时，温度不再变化，此固、液两相达成平衡时的温度，即为溶液的凝固点。本实验要测纯溶剂和溶液的凝固点之差。

对纯溶剂来说，只要固-液两相平衡共存，同时系统的温度均匀，理论上各次测定的凝固点应该一致，其步冷曲线如图 4-1-5（a）所示。但实际上会有起伏，因为系统温度可能不均匀，尤其是当过冷程度不同，析出晶体多少不一致时，回升温度不易相同，其步冷曲线出

现如图 4-1-5（b）的形状。过冷太甚，会出现如图 4-1-5（c）所示的形状。

对溶液来说，除温度外，尚有溶液的浓度问题。与凝固点相对应的溶液浓度，应该是平衡浓度。但因析出溶剂晶体数量无法精确得到，故平衡浓度难以直接测定。由于溶剂较多，当控制过冷程度，使析出的晶体很少时，以起始浓度代替平衡浓度，一般不会产生太大误差。所以要使实验做得准确，读凝固点温度时，一定要使固相析出达到固-液平衡，但析出量愈少愈好。

因为二元溶液冷却时有某一组分析出，溶液组分沿液相线改变，凝固点不断降低，出现如图 4-1-5（d）所示的形状。当稍有过冷现象时，通常出现如图 4-1-5（e）的形状，此时可将回升的最高值近似作为溶液的凝固点。由于过冷现象存在，当晶体一旦大量析出，放出凝固热会使温度回升，但回升的最高温度已不是原浓度溶液的凝固点。若过冷太甚，凝固的溶剂过多，溶液的浓度变化过大，则出现如图 4-1-5（f）所示的形状，测得的凝固点将偏低，影响溶质摩尔质量的测定结果。因此在测量过程中应该设法控制适当的过冷程度，一般可通过控制制冷剂的温度、搅拌速度等方法来实现。

严格而论，纯溶剂和溶液的步冷曲线，均应通过外推法求得 T_f^* 和 T_f。以图 4-1-5（f）所示曲线为例，可以将凝固后固相的冷却曲线向上外推至与液相段相交，并以此交点温度作为凝固点。

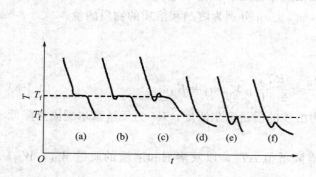

图 4-1-5　纯溶剂和溶液的步冷曲线示意图

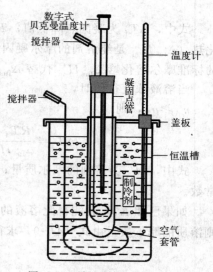

图 4-1-6　凝固点测定仪示意

【实验仪器及试剂】

凝固点测定仪表（1 套）；SWC-ⅡD 数字温度温差仪（1 台）；电子天平（1 台）；托盘天平（1 台）；移液管（25 mL）；烧杯（1000 mL）；水银温度计（分度值 0.1℃）；等等。

食盐；蔗糖。

【实验步骤】

1. 仪器安装

按图 4-1-6 将凝固点测定仪安装好。凝固点管、数字式贝克曼温度计探头及搅拌器均须清洁及干燥。防止搅拌时搅拌器与管壁或温度计相摩擦。将传感器探头插入后盖板上的传感器接口（注意槽口对齐），按下电源开关，此时显示屏上显示仪表初始状态（实时温度）。由于测量的温度在 0℃ 左右，基温会自动设为 0℃，故不需要进行"调零"和"锁定"操作。

2. 调节制冷剂的温度

调节冰水的量使制冷剂的温度为 -3.0℃ 左右（制冷剂的温度以不低于所测溶液凝固点 3℃ 为宜）。实验时制冷剂应经常搅拌并间断地补充少量的碎冰，使制冷剂温度基本保持不变。

3. 溶剂凝固点的测定

用移液管准确吸取 25 mL 蒸馏水，加入凝固点管中，装上数字式贝克曼温度计、搅拌器，并塞紧橡胶塞（注意：温度计探头应距管底 0.5 cm 左右，不应与任何物质相碰，但也要保持探头浸到溶液中）。记录下溶剂温度。

将凝固点管直接插入冰浴中，上下移动内、外搅拌器，使溶剂逐步冷却，当温度温差仪上的数字不再下降，反而略有回升时，说明此时晶体已开始析出，记下最低时的温度。当温度温差仪上的数字升至最高并恒定一段时间后，记录恒定温度（即粗测凝固点）。记录数字温度温差仪上显示的温差数据。取出凝固点管，用手温热，使管中固体全部熔化。

再将凝固点管直接插入制冷剂中，缓慢移动内搅拌器，使溶剂较快地冷却，当高于粗测凝固点 0.2℃ 时，迅速取出凝固点管，擦干后插入空气套管中（注意：空气套管尽量插入冰浴中，但不能让冰水浸到管中，以防渗水入管。空气套管有助于消除由溶液冷却过快造成的误差）。用搅拌器缓慢而均匀地搅拌（约每秒一次），使蒸馏水温度均匀地逐步降低。当温度低于粗测凝固点 0.2℃ 左右时应急速搅拌（防止过冷），促使固体析出。当固体析出时，温度开始上升，立即改为缓慢搅拌（约每秒一次）。连续记录温度回升后数字温度温差仪上读数（每 15 s 记一次，记录温差），直至温度回升到一定程度不再改变，持续 1 min，则可停止实验。此温度即为蒸馏水的凝固点。取出凝固点管用手温热，使管中固体全部熔化。

重复测量 3 次，要求溶剂凝固点的平均绝对误差小于 0.003℃。

4. 溶液凝固点的测定

取出凝固点管。将蔗糖放在光洁的纸上，在电子天平上精确称量（所加的量约使溶液的凝固点降低 0.2℃ 左右）。将蔗糖小心倒入蒸馏水中，待蔗糖完全溶解后，按测定纯溶剂凝固点的方法测出此溶液的粗测凝固点，然后再精测 3 次。溶液的凝固点为过冷后温度回升所达到的最高温度。要求 3 次测量的平均绝对误差小于 0.003℃。

【数据记录及处理】

（1）不含空气的纯水密度见表 4-1-3，算出所取蒸馏水的质量 W_A。

表 4-1-3　不含空气的纯水密度

$T/℃$	5	10	12	14	16	18	20
$\rho/(kg \cdot L^{-1})$	0.99999	0.99973	0.99952	0.99927	0.99897	0.99862	0.99823

（2）计算蔗糖的摩尔质量。

（3）计算与理论值的误差并分析原因。

【实验注意事项】

（1）注意控制过冷程度和搅拌速度。

（2）注意冰水混合物不要积累得太多而从上面溢出；高温、高湿季节不宜做此实验，因为水蒸气易进入系统中，造成测量结果偏低。不要使溶剂在管壁结成块状结晶，较简便的方法是将空气套管从冰浴中交替地取出和浸入（速度较快）。

【思考题】

（1）在冷却过程中，凝固点管管内液体有哪些热交换存在？它们对凝固点的测定有何影响？

（2）当溶质在溶液中解离、缔合、溶剂化和形成配合物时，对测定的结果有何影响？

（3）加入溶剂中的溶质量应如何确定？加入量过多或过少将会有何影响？

（4）为什么纯溶剂和溶液的步冷曲线不同？如何根据步冷曲线确定凝固点？为什么在温度降低至接近凝固点时要停止搅拌？

实验三　黏度法测定高聚物的摩尔质量

【目的要求】

（1）了解黏度法测定高聚物摩尔质量的基本原理和方法。

（2）掌握用乌氏（ubbelohde）黏度计测定高聚物溶液黏度的原理和方法。

（3）测定聚乙烯醇的摩尔质量。

【实验原理】

高聚物是由单体分子经加聚或缩聚反应得到的。在高聚物中，由于聚合度及每个高聚物分子的大小并非都相同，致使高聚物的分子量大小不一，参差不齐，且没有一个确定的值。因此，高聚物的摩尔质量是一个统计平均值。高聚物的摩尔质量不仅反映了高聚物分子的大小，而且直接关系到它的物理性能，是一个重要的基本参数。

测定高聚物摩尔质量的方法很多，例如渗透压法、光散射法及超离心沉降平衡法等。但是不同方法所得平均摩尔质量也有所不同，比较起来，黏度法设备简单、操作方便，并有很好的实验精度，是常用的方法之一。用此法求得的摩尔质量称为黏均摩尔质量。

黏度是液体流动时内摩擦力大小的反映。高聚物溶液的特点是黏度特别大，原因在于其分子链长度远大于溶剂分子，加上溶剂化作用，使其在流动时受到较大的内摩擦力。黏性液体在流动过程中所受阻力的大小可用黏度系数 η（简称黏度）来表示。纯溶剂黏度反映了溶剂分子间的内摩擦力，高聚物溶液的黏度则是高聚物分子间的内摩擦力、高聚物分子与溶剂分子间的内摩擦力及溶剂分子间内摩擦力三者之和。在相同温度下，通常高聚物溶液的黏度 η 大于纯溶剂黏度 η_0，即：$\eta > \eta_0$。为了比较这两种黏度，引入增比黏度的概念，以 η_{sp} 表示

$$\eta_{sp} = \frac{\eta - \eta_0}{\eta_0} = \eta_r - 1 \tag{4-1-10}$$

式中，η_r 称为相对黏度，定义为溶液黏度与纯溶剂黏度的比值，即

$$\eta_r = \frac{\eta}{\eta_0} \tag{4-1-11}$$

η_r 反映的也是黏度行为，η_{sp} 表示已扣除了溶剂分子间的内摩擦效应。

高聚物的增比黏度 η_{sp} 往往随质量浓度 c 的增加而增加。为了便于比较，将单位浓度所显示的增比黏度，即 η_{sp}/c 称为比浓黏度，而 $\frac{\ln \eta_r}{c}$ 称为比浓对数黏度。当溶液无限稀释时，

高聚物分子彼此相隔甚远，它们之间的相互作用可以忽略，此时有关系式

$$\lim_{c \to 0} \frac{\eta_{sp}}{c} = \lim_{c \to 0} \frac{\ln\eta_r}{c} = [\eta] \tag{4-1-12}$$

式中，$[\eta]$ 称为特性黏度，它反映的是高聚物分子与溶剂分子之间的内摩擦，其数值取决于溶剂的性质以及高聚物分子的大小和形态。由于 η_r 和 η_{sp} 均是无因次量，所以 $[\eta]$ 的单位是浓度 c 单位的倒数。

在足够稀的高聚物溶液里，η_{sp}/c 与 c、$\dfrac{\ln\eta_r}{c}$ 与 c 之间分别符合下述经验关系式：

哈金斯（Huggins）方程：
$$\eta_{sp}/c = [\eta] + \kappa[\eta]^2 c \tag{4-1-13}$$

克拉默（Kramer）方程：
$$\frac{\ln\eta_r}{c} = [\eta] - \beta[\eta]^2 c \tag{4-1-14}$$

式中，κ 和 β 分别为 Huggins 和 Kramer 常数。其中 κ 表示溶液中聚合物之间和聚合物与溶剂分子之间的相互作用，κ 值一般来说对摩尔质量并不敏感。这是两个直线方程，通过 η_{sp}/c 对 c、$\dfrac{\ln\eta_r}{c}$ 对 c 作图，外推至 $c \to 0$ 时所得的截距即为 $[\eta]$。显然，对于同一高聚物，由上面两个线性方程作图外推所得截距应交于同一点，如图 4-1-7 所示。

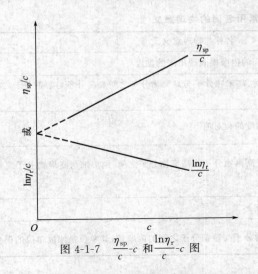

图 4-1-7 $\dfrac{\eta_{sp}}{c}$-c 和 $\dfrac{\ln\eta_r}{c}$-c 图

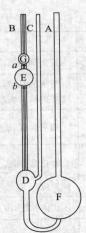

图 4-1-8 乌氏黏度计示意

在一定温度和溶剂条件下，特性黏度 $[\eta]$ 和高聚物摩尔质量 M 之间的关系通常用 Mark-Houwink 经验方程式来表示：

$$[\eta] = kM^\alpha \tag{4-1-15}$$

式中，M 是黏均摩尔质量；k 和 α 是与温度、高聚物及溶剂性质有关的常数。k 值对温度较为敏感，α 值取决于高聚物分子链在溶剂中的舒展程度。

可以看出，高聚物摩尔质量的测定最后归结为溶液特性黏度 $[\eta]$ 的测定。液体黏度的测定方法有三类：落球法、转筒法和毛细管法。前两种适用于高、中黏度的测定，毛细管法适用于较低黏度的测定。本实验采用毛细管法，用乌氏黏度计（如图 4-1-8 所示）进行测定。当液体在重力作用下流经毛细管时，遵守 Poiseuille 定律：

$$\eta = \frac{\pi r^4 p t}{8Vl} = \frac{\pi h \rho g r^4 t}{8Vl} \tag{4-1-16}$$

式中，t 是体积为 V 的液体流经毛细管的时间；l 为毛细管的长度。用同一支黏度计在相同条件下测定两种液体的黏度时，它们的黏度之比就等于密度与流出时间之比

$$\frac{\eta_1}{\eta_2} = \frac{\rho_1 t_1}{\rho_2 t_2} \qquad (4\text{-}1\text{-}17)$$

如果用已知黏度为 η_1 的液体作为参考液体，则待测液体的黏度 η_2 可通过上式求得。在测定溶液和溶剂的相对黏度时，如果是稀溶液（$c < 1 \times 10 \text{ kg} \cdot \text{m}^{-3}$），溶液的密度与溶剂的密度可近似看作相同，则相对黏度可以表示为：

$$\eta_r = \frac{\eta}{\eta_0} = \frac{t}{t_0} \qquad (4\text{-}1\text{-}18)$$

式中，η、η_0 分别为溶液和纯溶剂的黏度；t 和 t_0 分别为溶液和纯溶剂的流出时间。

实验中，只要测出不同浓度下高聚物的相对黏度，即可求得 η_{sp}/c 和 $\dfrac{\ln \eta_r}{c}$。作 η_{sp}/c 对 c、$\dfrac{\ln \eta_r}{c}$ 对 c 关系图，外推至 $c \rightarrow 0$ 时即可得 $[\eta]$，在已知 k、α 值条件下，可由式（4-1-15）计算出高聚物的摩尔质量。

本实验常用名词及其物理意义见表 4-1-4。

表 4-1-4 常用名词的物理意义

符号	名称与物理意义
η_0	纯溶剂的黏度，溶剂分子与溶剂分子间的内摩擦表现出来的黏度
η	溶液的黏度，溶剂分子与溶剂分子之间、高聚物分子与高聚物分子之间和高分子与溶剂分子之间三者内摩擦的综合表现
η_r	相对黏度，$\eta_r = \dfrac{\eta}{\eta_0}$，溶液黏度对溶剂黏度的相对值
η_{sp}	增比黏度，$\eta_{sp} = \dfrac{\eta - \eta_0}{\eta_0} = \eta_r - 1$，反映了高聚物分子与高聚物分子之间、纯溶剂与高聚物分子之间的内摩擦效应
η_{sp}/c	比浓黏度，单位浓度下所显示出的黏度
$[\eta]$	特性黏度，$\lim\limits_{c \to 0} \dfrac{\eta_{sp}}{c} = [\eta]$，反映了高聚物分子与溶剂分子之间的内摩擦，其单位是浓度单位的倒数

【实验仪器及试剂】

玻璃恒温水浴 1 套；乌氏黏度计；恒温装置；秒表（最小单位 0.01 s）；吸耳球；夹子；容量瓶（1000 mL）；烧杯（500 mL）；砂芯漏斗（5 号）；等等。

聚乙烯醇稀溶液（固体，分析纯）；蒸馏水。

【实验步骤】

1. 溶液配制

在分析天平上准确称量纯聚乙烯醇样品 1.000 g，溶于盛有约 200 mL 蒸馏水的 500 mL 烧杯内，搅拌过程中缓慢加热至沸腾，使其完全溶解，然后用砂芯漏斗过滤至 1000 mL 容量瓶中，稀释至刻度，摇匀后备用。

2. 装黏度计

将干燥洁净的黏度计用纯溶剂洗 2～3 次，在黏度计的 B、C 两管上分别装上乳胶管。

然后将纯溶剂从 A 管加入至 F 球的 2/3～3/4，固定在 30.0℃恒温水浴槽中。然后调节黏度计高度，并保持垂直，固定黏度计，使 E 球全部浸泡在水中，使 a、b 两刻度线均没入水面以下。

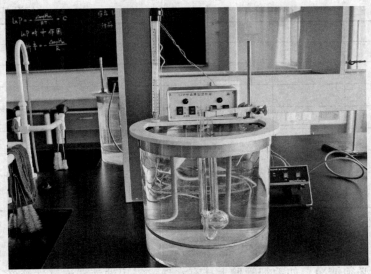

图 4-1-9　实验装置图

3. 测溶剂 t_0

设定恒温槽指定温度，恒温 10～15 min 后，开始测定。用夹子夹住 C 管管口的乳胶管，使 C 管不通气，然后用吸耳球从 B 管口将纯溶剂吸至 G 球的一半，拿下吸耳球打开 C 管，记下纯溶剂流经 a、b 刻度线之间的时间 t_0，重复几次测定，直到出现三个数据（两两误差小于 0.2 s），取这三次时间的平均值。

4. 测溶液 t_1

将毛细管内的纯溶剂倒掉，用待测溶液润洗 2～3 次。用移液管取 10 mL 溶液注入黏度计，测定方法如前，测定溶液流出时间 t_1。重复这一操作至少三次，直到出现三个数据（误差小于 0.2 s），取这三次时间的平均值 t_1。

5. 稀释测定

在烧杯中用移液管移入 10 mL 溶液，随后用移液管移入 10 mL 蒸馏水，充分搅拌后，用移液管取 10 mL 稀释后的溶液由 A 管加入黏度计，浓度记为 c_2，这时黏度计中溶液的浓度是原溶液的 1/2。恒温后按步骤测定其流经毛细管的时间 t_2（在恒温过程中应按测量方法润洗毛细管）。依次同样操作配制溶液浓度分别为 c_3、c_4、c_5，分别测定 t_3、t_4、t_5。注意每次加液前要充分洗涤并抽洗黏度计的 E 球和 G 球，使黏度计各处的浓度相等。

6. 洗涤黏度计

将黏度计用自来水洗净，然后放入盛有洁净蒸馏水的超声波中清洗 5 min，最后用蒸馏水冲净。

【数据记录及处理】

（1）将所测实验数据及结果填入表 4-1-5 中。

（2）作 η_{sp}/c-c 及 $\dfrac{\ln\eta_{\mathrm{r}}}{c}$-$c$ 图，并外推到 $c \to 0$ 求得截距即得 $[\eta]$。

（3）由式（4-1-15）计算摩尔质量 M。聚乙烯醇在 30℃ 水溶液中，$k = 42.8 \times 10^{-3}$，$\alpha = 0.64$。

表 4-1-5　实验数据记录表

原始液浓度 c_0 _____ $g \cdot cm^{-3}$；　　　　　　　　　　　　　　恒温温度 _____ ℃

项目	0	1	2	3	4	5
t/s						
$c/(g \cdot cm^{-3})$						
η_r						
$\ln \eta_r$						
η_{sp}						
η_{sp}/c						
$\dfrac{\ln \eta_r}{c}$						

注：t 为实验中所测的平均流动时间。

【实验注意事项】

（1）黏度计必须洁净，如毛细管壁上挂有水珠，需用洗液浸泡（洗液经 2 号砂芯漏斗过滤除去微粒杂质）；实验结束一定要按要求清洗黏度计，否则将影响下组实验的进行。

（2）实验过程中要恒温，否则不易达到测定精度。

（3）高聚物在溶剂中溶解缓慢，配制溶液时必须保证其完全溶解，否则会影响溶液起始浓度，而导致结果偏低。

（4）本实验中溶液的稀释是直接在黏度计中进行的，因此每加入一次溶液要充分混合，并抽洗黏度计的 E 球和 G 球，使黏度计各处的浓度相等；所用溶剂必须先在与溶液所处同一恒温槽中恒温，然后用移液管准确量取并充分混合均匀方可测定。

（5）黏度计要垂直放置，实验过程中不要拉动和使其振动，否则影响实验结果。

（6）由于作图外推直线的截距时可能离原点较远，可用计算机作图并拟合出直线方程，这样求得的截距较为准确。

【思考题】

（1）乌氏黏度计中 C 管的作用是什么？能否去除 C 管改为双管黏度计使用？

（2）高聚物溶液的 η_{sp}、η_r、η_{sp}/c、$[\eta]$ 的物理意义是什么？

（3）黏度法测定高聚物的摩尔质量有何局限性？该法适用的高聚物质量范围是多少？

（4）分析实验中产生误差的主要因素。

（5）本实验中，如果黏度计未干燥，对实验结果有影响吗？

实验四　双液系的气-液平衡相图

【实验目的】

（1）掌握测定双组分液体的沸点的方法。

（2）绘制标准压力（$p^\ominus$）下环己烷-乙醇双液系的气-液平衡相图，了解相图和相律的基本概念。

（3）学会阿贝折射仪的使用，掌握用折射率确定二元液体组成的方法。

【实验原理】

在常温下，任意两种液体混合组成的系统称为双液系统。若两液体能按任意比例相互溶解，则称为完全互溶双液系统；若只能部分互溶，则称为部分互溶双液系统。液体的沸点是指液体的蒸气压与外界大气压相等时的温度。在一定的外压下，纯液体有确定的沸点。双液系统的沸点不仅与外压有关，还与双液系统的组成有关。图 4-1-10 是一种最简单的完全互溶双液系统的 T-x 图。图中纵轴是温度（沸点）T，横轴是液体 B 的摩尔分数 x_B（或质量分数），上面一条是气相线，下面一条是液相线，对应于同一沸点温度的两曲线上的两个点，就是互相成平衡的气相点和液相点，其相应的组成可从横轴上获得。因此如果在恒压下将溶液蒸馏，测定气相馏出液和液相蒸馏液的组成就能绘出 T-x 图。

如果液体与拉乌尔定律的偏差不大，在 T-x 图上溶液的沸点介于 A、B 纯液体的沸点之间（图 4-1-10），实际溶液由于 A、B 两组分的相互影响，常与拉乌尔定律有较大偏差，在 T-x 图上会有最高或最低点出现，如图 4-1-11 所示，这些点称为恒沸点，其相应的溶液称为恒沸点混合物。恒沸点混合物蒸馏时，所得的气相与液相组成相同，靠蒸馏无法改变其组成。如 HCl 与水的系统具有最高恒沸点，苯与乙醇的系统则具有最低恒沸点。

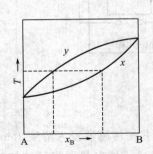

图 4-1-10 完全互溶双液系的相图

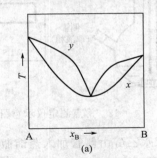

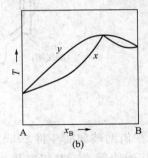

图 4-1-11 非理想完全互溶双液系的相图

本实验是用回流冷凝法测绘环己烷-乙醇系统的沸点-组成图。其方法是用阿贝折射仪测定不同组成的系统在沸点温度时气、液相的折射率，再从折射率-组成工作曲线上查得相应的组成，然后绘制沸点-组成图。

【实验仪器及试剂】

FDY 双液系沸点测定仪（1 套）；SWJ 精密数字温度计（1 台）或水银温度计（1 支）；WLS-2 数字恒流电源；沸点测试仪；SYC 超级恒温槽（1 台）；阿贝折射仪（1 台）；移液管（1 mL）；玻璃漏斗（直径 5 cm）；量筒；小试管（带玻璃磨口塞）；长滴管；电吹风（4 个）；烧杯（50 mL，250 mL）；等等。

环己烷（分析纯）；无水乙醇（分析纯）；丙酮（分析纯）；蒸馏水；冰块。

【实验步骤】

1. 工作曲线的绘制

① 配制环己烷摩尔分数为 0.10、0.20、0.30、0.40、0.50、0.60、0.70、0.80、0.90 的环己烷-乙醇溶液各 10 mL。计算所需环己烷和乙醇的质量，并用分析天平准确称取。为

避免样品挥发带来的误差，称量应尽可能迅速。各个溶液的确切组成可按实际称样结果精确计算。

② 调节超级恒温水浴温度，使阿贝折射仪上的温度计读数保持在某一定值。分别测定上述 9 个溶液以及纯乙醇和纯环己烷的折射率。为适应季节的变化，可选择若干个温度进行测定，通常为 25℃、35℃。

③ 用较大的坐标纸绘制若干条不同温度下的折射率-组成工作曲线。

2. 沸点的测定

① 根据图 4-1-12 所示将已洗净、干燥的沸点测定仪安装好。检查带有温度计的软木塞是否塞紧。电热丝要靠近烧瓶底部的中心。温度计水银球（或传感器）的位置应处在支管之下，但至少要高于电热丝 2 cm。

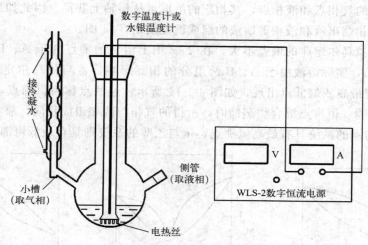

图 4-1-12　沸点测定仪示意图

② 借助玻璃漏斗将 20 mL 无水乙醇由侧管加入蒸馏瓶内，并使传感器浸入溶液 3 cm 左右。接通冷凝水，并将电热丝接通恒流电源，将电流调节至 0.5 A，使电热丝将液体加热至缓慢沸腾，再调节电压（或电流）和冷却水流量，使蒸气在冷凝管中回流的高度保持在 1.5 cm 左右，待温度基本恒定后，再连同支架一起倾斜蒸馏瓶，使小槽中气相冷凝液倾回蒸馏瓶内，重复 3 次，记下乙醇的沸点及大气压力。

③ 通过侧管加 0.5 mL 环己烷于蒸馏瓶中，加热至沸腾，待温度变化缓慢时，同上法回流 3 次，温度基本不变时记下沸点，停止加热。从小槽中吸取气相冷凝液，从侧管处吸出少许液相混合液，样品可分别储存在带磨口塞的试管中并做好标记。试管应放在盛冰水的烧杯内，以防样品挥发。样品的转移要迅速，并应尽早测定其折射率。操作熟练后也可将样品直接滴在折射仪毛玻璃上进行测定。

④ 依次再加入 1 mL、2 mL、4 mL、12 mL 环己烷，同上法测定溶液的沸点并吸取气、液相样品。

⑤ 将溶液倒入回收瓶，用电吹风吹干蒸馏瓶。

⑥ 从侧管加入 20 mL 环己烷，测其沸点。

⑦ 依次加入 0.2 mL、0.4 mL、0.8 mL、1.0 mL、2.0 mL 乙醇，按上法测其沸点，吸取气、液相样品。

⑧ 关闭仪器和冷凝水，将溶液倒入回收瓶，并清洗仪器。

3. 折射率的测定

在阿贝折射仪上测定所吸取样品的折射率，每次测试完毕，均采用丙酮溶液清洗阿贝折射仪镜面。

【数据记录及处理】

（1）将实验中测得的折射率-组成数据列表，并绘制成工作曲线。

（2）将实验中测得的沸点-折射率数据列表，并从工作曲线上查得相应的组成，从而获得沸点与组成的关系。

（3）绘制沸点-组成图，并标明最低点处的沸点和组成。

【实验注意事项】

（1）电热丝一定要被待测液体浸没，否则通电加热时可能会引起有机液体燃烧。

（2）温度传感器不要直接接触到电热丝。

（3）实验中应尽可能避免过热现象，加热功率不能太大，电热丝上有小气泡逸出即可。

（4）在每一份样品的蒸馏过程中，由于整个系统的成分不可能保持恒定，因此平衡温度会略有变化，特别是当溶液中两种组成的量相差较大时，变化更为明显。为此，每加入一次样品后，只要待溶液沸腾，正常回流 1～2 min 后，即可取样测定，不宜等待时间过长。

（5）每次取样量不宜过多。取样时长滴管一定要干燥，不能留有上次的残液，气相取样口的残液亦要擦干净。

（6）取样时必须先切断加热电源。

（7）整个实验过程中，通过阿贝折射仪的水温要恒定。使用阿贝折射仪时，棱镜不能触及硬物（如滴管）。擦拭棱镜须用擦镜纸单向擦拭，不要来回擦拭。

【思考题】

（1）在该实验中，测定工作曲线时折射仪的恒温温度与测定样品时折射仪的恒温温度是否需要保持一致？为什么？

（2）过热现象对实验产生什么影响？如何在实验中尽可能避免？

（3）在连续测定法实验中，样品的加入量应十分精确吗？为什么？

（4）试估计哪些因素是本实验的误差主要来源。

实验五　纯液体饱和蒸气压的测量

【实验目的】

（1）掌握气-液两相平衡的概念、纯液体饱和蒸气压的定义、纯液体饱和蒸气压与温度的关系（克劳修斯-克拉佩龙方程）。

（2）掌握静态法测量不同温度下乙醇的饱和蒸气压。

（3）学会用图解法求被测液体在实验温度范围内的平均摩尔蒸发焓，根据克劳修斯-克拉佩龙方程的不定积分式计算正常沸点。

【实验原理】

1. 饱和蒸气压

一定温度下，把液体放在真空的容器中，液态开始蒸发成气态，气态又可以撞击液面而重新回到液体中。久之，则达到动态平衡，即单位时间内由液体分子变为气体分子的数目与由气体分子变为液体分子的数目相同，宏观上说即气体的液化速度与液体的蒸发速度相同，我们把这种状态称为气-液平衡。处于气-液平衡时的气体称为饱和蒸气，液体称为饱和液体。在一定温度下，液体与自身的蒸气达到平衡时的压力称为饱和蒸气压。

2. 纯液体饱和蒸气压与温度的关系

纯液体的饱和蒸气压随温度变化而改变，它们之间的关系可用克劳修斯-克拉佩龙方程来描述：

$$\frac{\mathrm{d}\ln p^*}{\mathrm{d}T} = \frac{\Delta_{\mathrm{vap}} H_{\mathrm{m}}}{RT^2} \tag{4-1-19}$$

式中，T 为热力学温度；p^* 为纯液体在温度 T 时的饱和蒸气压；$\Delta_{\mathrm{vap}} H_{\mathrm{m}}$ 为纯液体摩尔蒸发焓；R 为摩尔气体常数。如果温度变化范围不大，$\Delta_{\mathrm{vap}} H_{\mathrm{m}}$ 可视为常数，即可作为该温度范围内的平均摩尔蒸发焓。将（4-1-19）式进行积分，其不定积分形式为：

$$\ln p^* = \frac{-\Delta_{\mathrm{vap}} H_{\mathrm{m}}}{RT} + C \tag{4-1-20}$$

式中，C 为积分常数，它随压力的单位不同而不同。

3. 纯液体平均摩尔蒸发焓 $\Delta_{\mathrm{vap}} \overline{H}_{\mathrm{m}}$ 的确定

由不定积分形式可知，在一定温度范围内，测定不同温度下的饱和蒸气压，以 $\ln p^*$ 对 $1/T$ 作图可得一直线，由该直线的斜率可求得实验温度范围内纯液体的平均摩尔蒸发焓 $\Delta_{\mathrm{vap}} \overline{H}_{\mathrm{m}}$。

4. 纯液体正常沸点的确定

当蒸气压等于外压时，液体沸腾，此时的温度称为沸点。

当外压为 101325 Pa 时，液体的蒸气压与外压相等时的温度称为该液体的正常沸点。

5. 测定饱和蒸气压常用的方法

测定饱和蒸气压常用的方法有动态法、静态法、饱和气流法等，本实验采用静态法。

① 静态法。将待测纯液体置于一密闭的体系中，控制温度，测定纯液体在对应温度下的饱和蒸气压值。此法适用于蒸气压较大的液体。该方法需要用平衡管（或称为 U 形等位计）来满足实验要求。

② 动态法。控制不同的压力，测定不同外压下液体的沸点，这种方法叫动态法。这种方法装置较简单，只要将带冷凝管的烧瓶与带有压力计的减压系统连接起来即可满足实验要求。实验时，先将体系减压至一定的真空度，测定此压力下液体的沸点，然后逐次往系统放进空气增加外界压力（由压力计测知），并测定相应的沸点。此法适用于高沸点液体。

③ 饱和气流法。在一定的温度和压力下，把载气缓慢地通过待测物质，使载气为待测物质的蒸气所饱和，然后用另外的物质吸收载气中待测物质的蒸气，测定一定体积的载气中待测物质蒸气的质量，即可计算其分压。此法一般适用于常温下蒸气压较低的待测物质的平衡压力的测量。

【实验仪器及试剂】

DP-AF-ⅡC 型饱和蒸气压装置一套等。

乙醇（分析纯）。

【实验步骤】

1. 装置安装

实验装置见图 4-1-13。由 U 形等位计加料口注入乙醇，使乙醇充至试液球体积的 2/3 左右和两个缓冲球体积的 2/3 左右。在玻璃恒温槽里固定 U 形等位计，槽中注入适量纯净水。将被测系统 U 形等位计与缓冲储气罐上"装置 1"置接口通过真空硅胶管连接；"装置 2"置接口与主机的压力仪表接口连接（"装置 1"置接口与"装置 2"置接口为连通的无区别接口）。

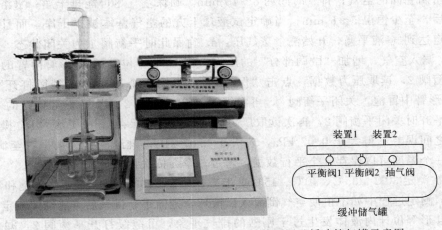

图 4-1-13　DP-AF-ⅡC 型饱和蒸气压系统装置图及缓冲储气罐示意图

2. 设置实验条件

打开电源开关，按"清除"，清空数据存储；设置室温和大气压数值；点击"搅拌"，让水浴搅拌；打开冷凝管进水，调节合适水流速度；确保平衡阀 2 打开，压力采零，以当时大气压作为实验计压零点。

3. 缓冲储气罐储压及气密性检查

（1）整体气密性检查

用真空硅胶管将真空泵气嘴与缓冲储气罐抽气阀相连接。将平衡阀 1 打开，平衡阀 2 关闭（三阀均为顺时针旋转关闭，逆时针旋转开启），启动真空泵抽真空至主机压力显示为 −93 kPa 左右，然后先关抽气阀，再关真空泵。观察压力显示数据，若数值无明显正移，显示值变化≤0.01 kPa/4s，即为合格，说明整体气密性良好。否则需查找并清除漏气原因，直至合格。

（2）"微调部分"的气密性检查

关闭平衡阀 1，看着数显压力数据调节平衡阀 2，调整至数显压力大约为刚才压力罐中压力的 1/2 时关闭平衡阀 2。观察数显压力，若数值无变化，说明气密性良好；若显示值有负移说明平衡阀 1 泄漏；若正移说明平衡阀 2 泄漏。若有泄漏，取下阀门，换垫圈，重新减压，检漏。

（3）储压

确保平衡阀 2 关闭状态，开启平衡阀 1，使"微调部分"与罐内压力相等，启动真空泵抽真空至主机压力显示为 −93 kPa 左右，之后，关闭平衡阀 1，继续储压 1～2 min，此时由于平衡阀 1 关闭状态，压力数显仅为"微调部分"压力，缓冲储气罐内压力真空度更高。储压完毕，先关抽气阀，再关真空泵，然后断开真空泵与缓冲储气罐的连接。

4. 测量

① 在系统处于"置数"状态下点击"设置温度"，出现温度输入数据框，输入第一个待测温度 25℃（室温 20℃ 以下）或 30℃，点击"置数"至"加热"，系统进入加热状态。随着温度上升，U 形等位计内的乙醇蒸发速度加快，试液球上方密闭空间内压力增大直至从 U 形管不断有气泡逸出。如果温度接近设定温度时依旧还没有气泡逸出，稍微打开平衡阀 1（调到合适排气状态就关闭阀），减小"微调部分"压力，使 U 形管缓缓逸出气泡，排出试液球上方密闭空间的空气；排气时间约 8～10 min，确保空气尽可能排干净；水浴温度达到设定温度后，至少恒温 5～6 min；当确定试液球上方的空气基本被排干净，而且恒温时间充分，假定达到气-液平衡，开始测量蒸气压：a. 确保此时平衡阀 1 为关闭状态，缓缓打开平衡阀 2，漏入空气，增加"微调部分"的压力，当 U 形等位计的 U 形管两臂的液面齐平时关闭平衡阀 2，读取压力数据，点击"保存"，获得第一个数据；b. 稍微打开平衡阀 1，减压至 U 形管中冒泡，关闭平衡阀 1，再次缓缓打开平衡阀 2，当 U 形等位计的 U 形管两臂的液面平齐时关闭平衡阀 2，再次读取压力数据，点击"保存"；c. 重复"b"操作。三次数据相互之间误差不得大于 0.07 kPa，若大于 0.07 kPa，继续测平行数据直至满足要求。仪器系统一个温度可以保存 5 个平行数据，超过 5 个会依次覆盖最前面的数据。

② 依次测定 30℃、35℃、40℃、45℃ 或 35℃、40℃、45℃、50℃ 时乙醇的饱和蒸气压。

注意：测定过程中如不慎使空气倒灌入试液球，则需重新排气后方能继续测定；如升温过程中，U 形等位计内液体发生过于剧烈的排气现象，可缓缓打开平衡阀 2，漏入少量空气，防止管内液体大量挥发而影响实验进行。

5. 结束

实验结束后，确保真空泵真空硅胶管与缓冲储气罐抽气阀断开，再慢慢打开平衡阀 1、2 及抽气阀，使压力显示值为零，关闭冷却水，拔去电源插头。

【数据记录及处理】

（1）自己设计实验数据记录表（如表 4-1-6），正确记录完整原始数据，并填入演算结果。

表 4-1-6　实验数据记录表

室内温度 $T=$ ＿＿＿＿ K；大气压 $p_0=$ ＿＿＿＿ Pa

$t/℃$					
T/K					
$1/T$					
$p_{表1}/Pa$					
$p_{表3}/Pa$					
$p_{表3}/Pa$					
$p_{表,平均}/Pa$					
p^*/Pa					
$\ln(p^*/Pa)$					

注：$p^*=p_0+p_{表,平均}$。

（2）绘制 $\ln p^{*}$ -1/T 图，根据直线斜率求得实验温度范围内乙醇的平均摩尔蒸发焓 $\Delta_{\mathrm{vap}}\overline{H}_{\mathrm{m}}$。

（3）将 $\ln 101325$ 代入实验拟合的直线方程的 y，计算对应的横坐标 x，由横坐标数值的倒数获得正常沸点实验值，并与文献值比较。

【实验注意事项】

（1）实验系统必须密闭，一定要仔细检漏。

（2）调节平衡阀 2 漏入空气操作必须缓慢，否则 U 形等位计的 U 形管中的液体将倒灌入试液球中。

（3）必须充分排净 U 形等位计试液球上方密闭空间的全部空气；U 形等位计必须放置于恒温水浴中的液面以下，以保证试液温度的准确度。

（4）传感器和仪表必须配套使用，不可互换！互换虽也能工作，但测控温的准确度必将有所下降。

【思考题】

（1）若平衡阀 2 有轻微漏气，是否可以准确完成实验？如何操作来获得准确数据？

（2）若空气没有排干净，测得的压力值因为包含空气的分压，跟理论值比较会偏大；若没有达到两相平衡就进行测定，此时液体的蒸发速率大于蒸气的液化速率，测得的压力值跟理论值比较会偏小。如何保证测得的数据误差更小？

实验六 ｜ 二组分固-液相图的测绘

【实验目的】

（1）了解固-液相图的基本特点。

（2）学会用热分析法测绘 Pb-Sn 二元组分金属相图，掌握用步冷曲线法测绘相图的原理。

【实验原理】

1. 二组分固-液相图

人们常用图形来表示系统的存在状态与组成、温度、压力等因素的关系。以系统的组成为自变量，温度为因变量所得到的 T-x 图是常见的一种相图。二组分相图已得到广泛的研究和应用。固-液相图多用于冶金、化工等领域。

二组分系统的自由度与相的数目有以下关系：

$$自由度＝组分数－相数＋2$$

用公式可表示为：

$$f＝K－\Phi＋2 \tag{4-1-21}$$

该公式称为相律。相律是关于相平衡的规律，只适用于平衡体系。式中"2"表示整个体系只考虑温度、压强对体系状态的影响。由于一般物质其固、液两相的摩尔体积相差不大，所以固-液相图受外界压力的影响颇小。这是它与气-液平衡系统最大的差别。因此式（4-1-21）可变为：

$$f＝K－\Phi＋1 \tag{4-1-22}$$

2. 热分析法和步冷曲线

测绘金属相图常用的实验方法是热分析法，其原理是将一种金属或合金熔融后，使之均匀冷却，每隔一定时间记录一次温度，所得到的表示温度与时间关系的曲线叫步冷曲线。当熔融系统在均匀冷却过程中无相变时，其温度将连续均匀下降得到一光滑的冷却曲线；当系统内发生相变时，系统放出的相变热将全部或部分抵偿系统自然冷却时放出的热量，根据相律，此时冷却曲线就会出现转折或水平线段，转折点所对应的温度，即为该系统的相变温度。利用步冷曲线所得到的一系列组成和所对应的相变温度数据，以混合物的组成为横轴，纵轴上标出开始出现相变的温度，把这些点连接起来，就可绘出相图。

二元简单低共熔系统的步冷曲线如图 4-1-14 所示。

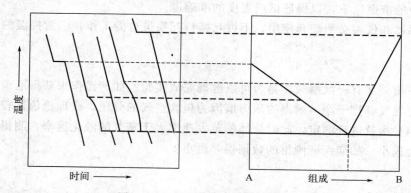

图 4-1-14　根据步冷曲线绘制相图

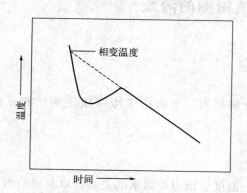

图 4-1-15　有过冷现象时的步冷曲线

用热分析法测绘相图时，被测系统必须时时处于或接近相平衡状态，因此必须保证冷却速度足够慢才能得到较好的效果。此外，在冷却过程中，一个新的固相出现以前，常常出现过冷现象，轻微过冷有利于测量相变温度；但严重过冷，却会使转折点发生起伏，使相变温度的确定变得困难（图 4-1-15）。

【实验仪器及试剂】

KWL 可控升降温电炉（1000 W，1 台）；硬质套管（8 根）；炉膛保护筒（1 个）；SWKY 数字控温仪（1 台）；托盘天平（精确至 0.1 g，1 台）；安装有金属相图软件的计算机（1 台）；等等。

Sn（化学纯）；Pb（化学纯）；石墨粉（化学纯）。

【实验步骤】

1. 样品配制

用感量为 0.1 g 的托盘天平分别称取纯 Sn、纯 Pb 各 50 g，另配制含锡 20%、30%、40%、60%、70%、80% 的铅锡混合物各 50 g，分别置于硬质套管中，在样品表面覆盖一层石墨粉，以防金属在加热过程中接触空气而被氧化。

2. 绘制步冷曲线

① 按图 4-1-16 实验装置图所示，将 SWKY 数字控温仪、KWL 可控升降温电炉及计算

机连接好，接通电源，"冷风量"调节旋钮置于"0"。

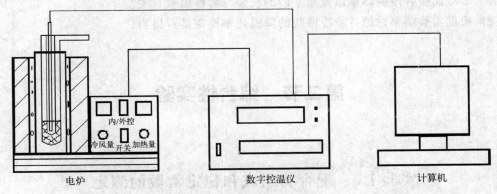

图 4-1-16　步冷曲线测量装置

　　② 预先将不锈钢炉膛保护筒放进炉膛内，然后把内置传感器的硬质套管放在保护筒内。SWKY 数字控温仪置于"置数"状态，设定温度为 370℃（参考值，一般为样品熔点以上 30～50℃），再将控温仪置于"工作"状态，"加热量"调节旋钮顺时针调至最大，加热使样品熔化。待温度达到设定温度后，保温 2～3 min。

　　③ 将控温仪置于"置数"状态，停止加热。调节"冷风量"调节旋钮（电压调至 6 V 左右），使冷却速度保持在 4～6℃·min^{-1}。同时开启计算机，打开金属相图软件，实时画出步冷曲线，直到温度降至步冷曲线后一个平台以下（低于 150℃），调节"冷风量"调节旋钮至"0"，结束一组实验，得出该配比样品的步冷曲线数据。

　　④ 通过金属相图软件更换不同通道，重复步骤②至步骤③，依次测出所配各样品的步冷曲线数据。

　　⑤ 根据所测数据，利用 Origin 软件绘出相应的步冷曲线图。再进行 Pb-Sn 二组分系统相图的绘制。标出相图中各区域的相平衡。

【数据记录及处理】

　　（1）利用所得步冷曲线，找出各步冷曲线中拐点和平台对应的温度值。

　　（2）以温度为纵坐标，以组成为横坐标，绘出 Pb-Sn 二组分系统的相图，标出相图中各区域的相平衡。

【实验注意事项】

　　（1）设定温度不能太高，一般不超过金属（合金）熔点的 30～50℃，以防金属氧化。混合物的熔点见表 4-1-7。

表 4-1-7　Pb-Sn 混合物的熔点

$w_{Pb}/\%$	100	90	80	70	60	50	40	30	20	10	0
$w_{Sn}/\%$	0	10	20	30	40	50	60	70	80	90	100
熔点/℃	326	295	276	262	240	220	190	185	200	216	232

　　（2）冷却速度不宜过快，以防曲线转折点不明显。合金有两个转折点，必须待第二个转折点测完后方可停止实验，否则须重新测定。

【思考题】

（1）步冷曲线各段的斜率以及水平段的长短与哪些因素有关？

（2）根据实验结果讨论各步冷曲线的降温速率控制是否得当。

第二节　综合性实验

实验七 ｜ 配合物组成和稳定常数的测定

【实验目的】

（1）掌握测量原理和分光光度计的使用方法。

（2）学会用分光光度法测定配合物的组成和稳定常数。

【实验原理】

溶液中金属离 M 和配体 L 形成 ML_n 配合物，其反应式为

$$M+nL \Longrightarrow ML_n$$

当达到配位平衡时

$$K=\frac{[ML_n]}{[M][L]^n} \tag{4-2-1}$$

式中，K 为配合物稳定常数；$[M]$ 为金属离子浓度；$[L]$ 为配体浓度；$[ML_n]$ 为配合物浓度。

在维持金属离子及配体浓度之和（$[M]+[L]$）不变的条件下，改变 $[M]$ 及 $[L]$，则当$[L]/[M]=n$ 时，配合物浓度达到最大。

如果在可见光某个波长区域，配合物 ML_n 有强烈吸收，而金属离子 M 及配体 L 几乎不吸收，则可用分光光度法测定配合物组成及配合物稳定常数。

根据朗伯-比尔定律，入射光强度 I_0 与透射光强度 I 之间有下列关系：

$$I=I_0 e^{-\varepsilon cd} \tag{4-2-2}$$

$$\ln \frac{I_0}{I}=\varepsilon cd \tag{4-2-3}$$

令

$$A=2.303 \lg \frac{I_0}{I}=\varepsilon cd \tag{4-2-4}$$

式中，A 为吸光度；ε 为摩尔吸光系数，对于一定溶质、溶剂及一定波长，ε 是常数；d 为溶液厚度；c 为样品浓度；$\frac{I_0}{I}$ 为透射比。

在维持 $[M]+[L]$ 不变的条件下，配制一系列不同的 $[L]/[M]$ 组成的混合溶液。测定 $[M]=0$、$[L]=0$ 及 $[L]/[M]$ 居中间数值的三种溶液的 A、λ 数据。找出混合溶液有最大吸收，而 M、L 几乎不吸收的波长 λ 值，则该 λ 值极接近于配合物 ML_n 的最大吸收波

长。然后固定在该波长下，测定一系列混合溶液的吸光度 A，作 $A-[M]/([M]+[L])$ 的曲线图，则曲线必存在着极大值，而极大值所对应的溶液组成就是配合物的组成，如图 4-2-1 所示。

但是由于金属离子 M 及配体 L 实际存在着一定程度的吸收。因此所观察到的吸光度 A 并不是完全由配合物 ML_n 的吸收所引起的，必须加以校正。校正方法如下。

在吸光度 $A-[M]/([M]+[L])$ 的曲线图上，过 $[M]=0$ 及 $[L]=0$ 的两点作直线 MN，则直线上所表示的不同组成的吸光度数值，可认为是由 M 及 L 的吸收所引起的。因此，校正后的吸光度 A' 应等于曲线上的吸光度数值减去相应组

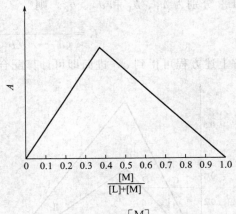

图 4-2-1 $A-\dfrac{[M]}{[M]+[L]}$ 曲线图

成直线上的吸光度数值，即 $A'=A-A_{校}$，如图 4-2-2(a) 所示。最后作校正后的吸光度 A' 对 $[M]/([M]+[L])$ 的曲线，该曲线极大值所对应的组成才是配合物的实际组成，如图 4-2-2(b) 所示。

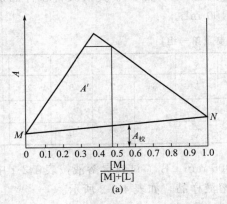
(a)

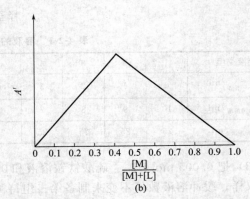
(b)

图 4-2-2 校正曲线示意图

设 x_{max} 为曲线极大值所对应的组成，即

$$x_{max}=\frac{[M]}{[M]+[L]} \tag{4-2-5}$$

则配位数为

$$n=\frac{[L]}{[M]}=\frac{1-x_{max}}{x_{max}} \tag{4-2-6}$$

当配合物组成已经确定之后，就可以根据下述方法确定配合物稳定常数。设开始时金属离子浓度 $[M]$ 和配体浓度 $[L]$ 分别为 a 和 b，而达到配位平衡时配合物浓度为 c。则 $K=\dfrac{c}{(a-c)(b-nc)^n}$。由于吸光度已经通过上述方法进行校正，因此可以认为校正后，溶液吸光度正比于配合物的浓度。如果在两个不同的 $[M]+[L]$ 总浓度下，作两条吸光度对 $[M]/([M]+[L])$ 的曲线（图 4-2-3）。在这两条曲线上找出吸光度相同的两点，即在 A' 约为 0.3 处，作横轴的平行线 AB 交曲线 Ⅰ、Ⅱ 于 C、D 两点，此两点所对应的溶液的配合物浓度 $[ML_n]$ 应相同（$c_1=c_2$）。设对应于两条曲线的起始金属离子浓度 $[M]$ 及配体浓度

[L] 分别为 a_1、b_1 和 a_2、b_2，则

$$K = \frac{c}{(a_1 - c)(b_1 - nc)^n} = \frac{c}{(a_2 - c)(b_2 - nc)^n} \tag{4-2-7}$$

解上述方程可得到 c，进而即可计算配合物稳定常数 K。

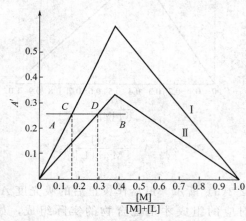

图 4-2-3　配合物稳定常数的计算

【实验仪器及试剂】

分光光度计；pH 计；等等。

硫酸铁铵溶液（0.005 mol·L^{-1}）；试钛灵（1, 2-二羟基苯-3, 5-二磺酸钠）溶液（0.005 mol·L^{-1}）；pH 值为 4.6 缓冲溶液（其中含有 100 g·L^{-1} 乙酸铵及足够量的乙酸溶液）。

【实验步骤】

（1）按 1 L 溶液含有 100 g 乙酸铵及 100 mL 冰乙酸，配制乙酸-乙酸铵缓冲溶液 250 mL。

（2）用 0.005 mol·L^{-1} 硫酸铁铵溶液和 0.005 mol·L^{-1} 试钛灵溶液，按表 4-2-1 制备 11 个待测溶液样品，然后依次将各样品加水稀释至 100 mL。

表 4-2-1　溶液的配制（第一组）

溶液类型	1	2	3	4	5	6	7	8	9	10	11
$V_{Fe^{3+}溶液}$/mL	0	1	2	3	4	5	6	7	8	9	10
$V_{试钛灵溶液}$/mL	10	9	8	7	6	5	4	3	2	1	0
$V_{缓冲溶液}$/mL	25	25	25	25	25	25	25	25	25	25	25

（3）把 0.005 mol·L^{-1} 硫酸铁铵溶液和 0.005 mol·L^{-1} 试钛灵溶液按表 4-2-1 中数值一半取样，缓冲溶液数值不变来制备第二组待测溶液样品，如表 4-2-2 所示。

表 4-2-2　溶液的配制（第二组）

溶液类型	1	2	3	4	5	6	7	8	9	10	11
$V_{Fe^{3+}溶液}$/mL	0	0.5	1	1.5	2	2.5	3	3.5	4	4.5	5
$V_{试钛灵溶液}$/mL	5	4.5	4	3.5	3	2.5	2	1.5	1	0.5	0
$V_{缓冲溶液}$/mL	25	25	25	25	25	25	25	25	25	25	25

（4）测定两组溶液 pH 值（不必测定所有溶液 pH 值，只选取其中任一样品即可）。

（5）用 3 cm 比色皿测定配合物的最大吸收波长 λ_{max}，以蒸馏水为空白，用 6 号溶液测定其吸收曲线，即测定不同波长下的吸光度 A，找出最大吸光度所对应的波长 λ_{max}，在此波长下，1 号和 11 号溶液的吸光度应接近于零。在每次改变波长时，必须重新调分光光度计的零点。

（6）测定第一组和第二组溶液在 λ_{max} 下的吸光度。

【数据记录及处理】

（1）作两组溶液的 A 对 [M]/([M]+[L]) 的图。

（2）对 A 进行校正，求出校正后的吸光度 A'。

（3）作两组溶液的 A' 对 $[M]/([M]+[L])$ 的图。

（4）在 A' 对 $[M]/([M]+[L])$ 图中 $A'=0.3$ 处，作平行线交两曲线于两点，求两点所对应的溶液组成（即求出 a_1、b_1 和 a_2、b_2 的值）。

（5）从 A' 对 $[M]/([M]+[L])$ 曲线的最高点所对应的 x_{max} 值，由 $n=\dfrac{[L]}{[M]}=\dfrac{1-x_{max}}{x_{max}}$ 求出 n。

（6）根据 $K=\dfrac{c}{(a_1-c)(b_1-nc)^n}=\dfrac{c}{(a_2-c)(b_2-nc)^n}$，求出 c 的值。

（7）从 c 的数值算出配合物稳定常数。

【实验注意事项】

（1）硫酸铁铵溶液在配制完成后，应该用滴管小心滴加几滴浓硫酸，以防微弱程度的水解。

（2）根据测量数据画图，吸光度值 A 在校正后，两组的最大值的连线应该垂直于横坐标，这是实验成功的关键。

（3）数据处理过程中，应严格区别组成 x 和浓度 c 的差别。

【思考题】

（1）为什么只有在维持 $[M]+[L]$ 不变的条件下改变 $[M]$ 及 $[L]$，使 $[L]/[M]=n$ 时，配合物浓度才达到最大？

（2）在两个 $[M]+[L]$ 总浓度下，作出吸光度对 $[M]/([M]+[L])$ 的两条曲线。在这两条曲线上，吸光度相同的两点所对应的配合物浓度相同，为什么？

（3）使用分光光度计时应注意什么？

实验八 原电池电动势的测定

【实验目的】

（1）测定 Cu-Zn 电池的电动势和 Cu、Zn 的电极电势。

（2）学会一些电极的制备和处理方法。

（3）掌握电位差计的测量原理和正确使用方法。

【实验原理】

电池由正、负两极组成。电池在放电过程中，正极起还原反应，负极起氧化反应，电池内部还可能发生其他反应。电池反应是电池中所有反应的总和。

电池除可用来作为电源外，还可用来研究构成此电池的化学反应的热力学性质。从化学热力学可知，在恒温、恒压、可逆条件下，电池反应有以下关系：

$$\Delta G=-nFE \tag{4-2-8}$$

式中，ΔG 为电池反应的吉布斯自由能变；n 为电极反应中得失电子的数目；F 为法拉第常数；E 为电池的电动势。

所以测出该电池的电动势 E 后，便可求得 ΔG，进而又可求出其他热力学函数。但必须注意，电池反应必须是可逆的，即电池电极反应是可逆的，并且不存在任何不可逆的液接界；同时电池必须在可逆情况下工作，即放电和充电过程都必须在准平衡状态下进行，此时只允许有无限小的电流通过电池。因此，在用电化学方法研究化学反应的热力学性质时，所设计的电池应尽量避免出现液接电势，在精确度要求不高的测量中，出现液接电势时，常用"盐桥"来消除或减小。

在进行电池电动势测量时，为了使电池反应在接近热力学可逆条件下进行，采用电位差计测量。原电池电动势主要是两个电极的电极电势差。由式（4-2-8）可推导出电池的电动势以及电极电势的表达式。下面以 Cu-Zn 电池为例进行分析。

电池表示式为：

$$Zn \mid ZnSO_4(m_1) \parallel CuSO_4(m_2) \mid Cu$$

符号"$\mid$"代表固相（Zn 或 Cu）和液相（$ZnSO_4$ 或 $CuSO_4$）两相界面；"$\parallel$"代表连通两个液相的"盐桥"；m_1 和 m_2 分别为 $ZnSO_4$ 和 $CuSO_4$ 的质量摩尔浓度。

电池反应：

负极（氧化反应）：

$$Zn \longrightarrow Zn^{2+}(a_{Zn^{2+}}) + 2e^-$$

正极（还原反应）：

$$Cu^{2+}(a_{Cu^{2+}}) + 2e^- \longrightarrow Cu$$

电池总反应：

$$Zn + Cu^{2+}(a_{Cu^{2+}}) \longrightarrow Zn^{2+}(a_{Zn^{2+}}) + Cu$$

电池反应的吉斯自由能变为：

$$\Delta G = \Delta G^\ominus + \frac{RT}{nF} \ln \frac{a_{Zn^{2+}} a_{Cu}}{a_{Cu^{2+}} a_{Zn}} \tag{4-2-9}$$

式中，$\Delta G^\ominus$ 为标准态时的吉布斯自由能变；a 为物质的活度，纯固体物质的活度等于 1，即：

$$a_{Zn} = a_{Cu} = 1 \tag{4-2-10}$$

在标准态时，$a_{Zn^{2+}} = a_{Cu^{2+}} = 1$，则有：

$$\Delta G^\ominus = -nFE^\ominus \tag{4-2-11}$$

式中，$E^\ominus$ 为电池的标准电动势。

由式（4-2-8）至式（4-2-11）可解得：

$$E = E^\ominus - \frac{RT}{nF} \ln \frac{a_{Zn^{2+}}}{a_{Cu^{2+}}} \tag{4-2-12}$$

对于任一电池，其电动势等于两个电极电势之差，其计算式为：

$$E = \varphi_+(右，还原电势) - \varphi_-(左，还原电势) \tag{4-2-13}$$

对 Cu-Zn 电池而言：

$$\varphi_+ = \varphi^\ominus_{Cu^{2+}/Cu} - \frac{RT}{2F} \ln \frac{1}{a_{Cu^{2+}}} \tag{4-2-14}$$

$$\varphi_- = \varphi^\ominus_{Zn^{2+}/Zn} - \frac{RT}{2F} \ln \frac{1}{a_{Zn^{2+}}} \tag{4-2-15}$$

式中，$\varphi^\ominus_{Cu^{2+}/Cu}$ 和 $\varphi^\ominus_{Zn^{2+}/Zn}$ 是当 $a_{Zn^{2+}} = a_{Cu^{2+}} = 1$ 时，铜电极和锌电极的标准电极电势。

对于单个离子，其活度是无法测定的，但强电解质的活度与物质的平均质量摩尔浓度和平均活度系数之间有以下关系：

$$a_{Zn^{2+}} = \gamma_{\pm} m_1 \tag{4-2-16}$$

$$a_{Cu^{2+}} = \gamma_{\pm} m_2 \tag{4-2-17}$$

式中，$\gamma_{\pm}$ 为离子的平均离子活度系数，其数值大小与物质浓度、离子的种类、实验温度等因素有关。

在电化学中，电极电势的绝对值至今无法测定，在实际测量中是以某一电极的电极电势作为零标准，然后将其他的电极（被测电极）与它组成电池，测量其间的电动势，则该电动势即为该被测电极的电极电势。被测电极在电池中的正、负极性，可由它与零标准电极两者的还原电势比较而确定。通常将氢电极在氢气压力为 101325 Pa、溶液中氢离子活度为 1 时的电极电势规定为 0 V，此电极称为标准氢电极，然后与其他被测电极进行比较。

由于使用标准氢电极不方便，在实际测定时往往采用第二级标准电极，甘汞电极是其中最常用的一种。这些电极与标准氢电极比较而得到的电势已精确测出。

以上所讨论的电池是在电池总反应中发生了化学变化，因而被称为化学电池。还有一类电池叫作浓差电池，这种电池在净作用过程中，仅仅是一种物质从高浓度（或高压力）状态向低浓度（或低压力）状态转移，从而产生电动势。这种电池的标准电动势 E 等于 0 V。

例如，电池 $Cu|CuSO_4(0.0100 \text{ mol} \cdot L^{-1}) \| CuSO_4(0.1000 \text{ mol} \cdot L^{-1})|Cu$ 就是浓差电池的一种。

电池电动势的测量工作必须在电池可逆条件下进行，人们根据对消法原理（在外电路上加一个方向相反而电动势几乎相等的电池）设计了一种电位差计，以满足测量工作的要求。必须指出，电极电势的大小不仅与电极种类、溶液浓度有关，而且与温度有关。本实验是在实验温度下测得电极电势 φ_T，由式（4-2-14）和式（4-2-15）计算 $\varphi_T^{\ominus}$。为了方便比较，可采用式（4-2-18）求出 298 K 时的标准电极电势 $\varphi_{298}^{\ominus}$。

$$\varphi_{298}^{\ominus} = \varphi_T^{\ominus} - \alpha(T-298) - \frac{1}{2}\beta(T-298)^2 \tag{4-2-18}$$

式中，α、β 为电池电极的温度系数。

【实验仪器及试剂】

UJ33D-1 型数字电位差计；饱和甘汞电极；电极管；铜、锌电极；电极架；烧杯；砂纸；洗耳球；等等。

硫酸锌溶液（0.1000 mol·L⁻¹）；硫酸铜溶液（0.0100 mol·L⁻¹，0.1000 mol·L⁻¹）；饱和 KCl 溶液；硝酸溶液（6 mol·L⁻¹）。

【实验步骤】

1. 电极制备

（1）锌电极

用硫酸浸洗锌电极以除去表面上的氧化层，取出后用水洗涤，再用蒸馏水淋洗，把处理好的锌电极插入清洁的电极管内并塞紧，将电极管的吸管管口插入盛有 0.1000 mol·L⁻¹ ZnSO₄ 溶液的小烧杯内，用洗耳球自支管抽气，将溶液吸入电极管至高出电极约 1 cm，停止抽气，旋紧活夹，电极的虹吸管内（包括管口）不可有气泡，也不能有漏液现象。

（2）铜电极

将铜电极在约 6 mol·L⁻¹ 的硝酸溶液内浸洗，除去氧化层和杂物，然后取出用水冲洗，再用蒸馏水淋洗。装配铜电极的方法与锌电极相同。

2. 电池组合

将饱和 KCl 溶液注入 50 mL 的小烧杯内，制盐桥，再将上面制备的锌电极和铜电极置于小烧杯内，即成 Cu-Zn 电池。

$$Zn|ZnSO_4(0.1000\ mol \cdot L^{-1}) \parallel CuSO_4(0.1000\ mol \cdot L^{-1})|Cu$$

电池装置如图 4-2-4 所示。

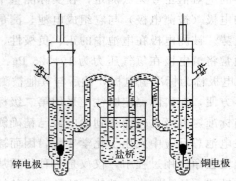

锌电极 —— 盐桥 —— 铜电极

图 4-2-4　Cu-Zn 电池装置示意图

用同样方法组成下列电池：

$$Cu|CuSO_4(0.0100\ mol \cdot L^{-1}) \parallel CuSO_4(0.1000\ mol \cdot L^{-1})|Cu$$

$$Zn|ZnSO_4(0.1000\ mol \cdot L^{-1}) \parallel KCl(饱和)|Hg_2Cl_2|Hg$$

$$Hg|Hg_2Cl_2|KCl(饱和) \parallel CuSO_4(0.1000\ mol \cdot L^{-1})|Cu$$

3. 电动势测定

① 按照电位差计电路图，接好电动势测量线路。

② 根据标准电池的温度系数，计算实验温度下的标准电池电动势，以此对电位差计进行标定。

③ 分别测定以上四个电池的电动势。

【数据记录及处理】

（1）根据饱和甘汞电极的电极电势温度校正公式，计算实验温度时饱和甘汞电极的电极电势：

$$\varphi_{饱和甘汞} = [0.2415 - 7.61 \times 10^{-4}(T/K - 298)]\ V \qquad (4\text{-}2\text{-}19)$$

（2）根据测定的各电池的电动势，分别计算铜、锌电极的 φ_T、$\varphi_T^{\ominus}$、$\varphi_{298}^{\ominus}$。

（3）根据有关公式计算 Cu-Zn 电池的理论值 $E_{理}$ 并与实验值 $E_{实}$ 进行比较。

（4）有关文献数据如表 4-2-3 所示。

表 4-2-3　Cu、Zn 电极的温度系数及标准电极电位

电极	电极反应式	$\alpha \times 10^3/(V \cdot K^{-1})$	$\beta \times 10^6/(V \cdot K^{-2})$	$\varphi_{298}^{\ominus}$
Cu^{2+}/Cu	$Cu^{2+} + 2e^- = Cu$	-0.016	—	0.3419
$Zn^{2+}/Zn(Hg)$	$(Hg) + Zn^{2+} + 2e^- = Zn(Hg)$	0.100	0.62	-0.7627

【实验注意事项】

① 电动势的测量方法在物理化学研究工作中具有重要的实际意义。通过电池电动势的测量可以获得氧化还原系统的许多热力学数据，如平衡常数、电解质活度及活度系数、解离

常数、溶解度、配合物稳定常数、酸碱度以及某些热力学函数改变量等。

② 电动势的测量方法属于平衡测量，在测量过程中尽可能地做到在可逆条件下进行。为此应注意以下几点：

a. 测量前可根据电化学基本知识，初步估算一下被测量电池的电动势大小，以便在测量时能迅速找到平衡点，避免电极极化。

b. 要选择最佳实验条件使电极处于平衡状态。例如，制备锌电极要使锌汞齐化，成为 $Zn(Hg)$，而不用锌棒。因为锌棒中不可避免地会含其他杂质，在溶液中本身会成为微电池。锌电极电势较低（-0.7627 V），在溶液中，氢离子会在锌的杂质（金属）上放电，锌是较活泼的金属，易被氧化。如果直接用锌棒做电极，将严重影响测量结果的准确度。锌汞齐化，能使锌溶解于汞中，或者说锌原子扩散在惰性金属汞中，处于饱和的平衡状态，此时锌的活度仍等于 1，氢在汞上的超电势较大，在该实验条件下，不会释放出氢气。所以汞齐化后，锌电极易建立平衡。制备铜电极也应注意：电镀前，铜电极基材表面要求平整清洁，电镀时，电流密度不宜过大，一般控制在 $20\sim25$ mA·cm^{-2}，以保证镀层紧密。电镀后，电极不宜在空气中暴露时间过长，否则会使镀层氧化，应尽快洗净，置于电极管中，用溶液浸没，并超出 1 cm 左右，放置半小时，使其建立平衡，再进行测量。

c. 为判断所测量的电动势是否为平衡电势，一般应在 15 min 左右的时间内，等间隔地测量 7～8 个数据。若这些数据在平均值附近摆动，且偏差小于 ±0.0005 V，则可以认为已达平衡，可取其平均值作为该电池的电动势。

d. 前面已讲到必须要求电池反应可逆，而且要求电池在可逆情况下工作。但严格说来，本实验测定的并不是可逆电池。因为当电池工作时，除了在负极进行 Zn 的氧化和在正极上进行 Cu^{2+} 的还原反应以外，在 $ZnSO_4$ 和 $CuSO_4$ 溶液交界处还要发生 Zn^{2+} 向 $CuSO_4$ 溶液的扩散。而且当有外电流反向流入电池中时，电极反应虽然可以逆向进行，但是在两溶液交界处离子的扩散与原来不同，是 Cu^{2+} 向 $ZnSO_4$ 溶液中迁移。因此整个电池的反应实际上是不可逆的。但是由于实验中在组装电池时，在两溶液之间插入了"盐桥"，因此可近似地当作可逆电池来处理。

【思考题】

（1）在原电池电动势的测定实验中，制备电极时为什么电极的虹吸管内（包括管口）不能有气泡？

（2）用 $Zn(Hg)$ 与 Cu 组成电池时，有人认为锌表面有汞，因而铜应为负极，汞为正极。请分析此结论是否正确。

（3）选择"盐桥"液应注意什么问题？

实验九　离子选择性电极的测试和应用

【实验目的】

（1）了解氯离子选择电极的基本性能及其测试方法。

（2）掌握用氯离子选择性电极测定氯离子浓度的基本原理。

（3）学会氯离子选择性电极的基本使用方法。

【实验原理】

氯离子选择性电极是一种测定水溶液中氯离子浓度的分析工具，广泛应用于水质、土壤、

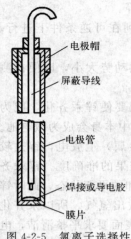

电极帽

屏蔽导线

电极管

焊接或导电胶

膜片

图 4-2-5　氯离子选择性
电极结构示意图

地质、生物、医药、食品等方面。它的结构简单，使用方便。本实验所用的电极是把 AgCl 和 Ag_2S 的沉淀混合物压成膜片，用塑料管作为电极管，并经全固态工艺制成的。电极结构如图 4-2-5 所示。

1. 电极电位与离子浓度的关系

氯离子选择性电极，同 AgCl 电极十分相似。当它与待测溶液接触时，就发生离子交换反应，结果在电极膜片表面建立具有一定电位梯度的双电层，这样在电极与溶液之间就存在着电位差，在一定条件下，其电极电位 φ 与被测溶液中的银离子活度 a_{Ag^+} 之间有以下关系：

$$\varphi = \varphi^{\ominus}_{Ag^+/Ag} + \frac{RT}{nF} - \ln a_{Ag^+} \tag{4-2-20}$$

令 AgCl 的活度积为 K_{sp}，即

$$K_{sp} = a_{Ag^+} \times a_{Cl^-}$$

式（4-2-20）可表示为

$$\varphi = \varphi^{\ominus}_{Ag^+/Ag} + \frac{RT}{nF} \ln K_{sp} - \frac{RT}{nF} \ln a_{Cl^-} \tag{4-2-21}$$

在测量时，选取饱和甘汞电极作参比电极，两者在被测溶液中组成可逆电池，若 φ_{SCE} 为饱和甘汞电极的电位，则上述可逆的电动势为

$$E = \varphi^{\ominus}_{Ag^+/Ag} - \varphi_{SCE} + \frac{RT}{nF} \ln K_{sp} - \frac{RT}{nF} \ln a_{Cl^-} \tag{4-2-22}$$

令

$$E^{\ominus} = \varphi^{\ominus}_{Ag^+/Ag} - \varphi_{SCE} + \frac{RT}{nF} \ln K_{sp}$$

则

$$E = E^{\ominus} - \frac{RT}{nF} \ln a_{Cl^-} \tag{4-2-23}$$

由于

$$a_{Cl^-} = c_{Cl^-} \gamma_{Cl^-}$$

式中，c_{Cl^-} 和 γ_{Cl^-} 分别为氯离子的浓度和活度系数。

又令

$$E^{\ominus'} = E^{\ominus} - \frac{RT}{nF} \ln \gamma_{Cl^-}$$

于是有

$$E = E^{\ominus'} - \frac{RT}{nF} \ln c_{Cl^-} = E^{\ominus'} + 2.303 \frac{RT}{nF} \lg c_{Cl^-} \tag{4-2-24}$$

$E^{\ominus'}$ 除与活度系数有关外，还与膜片制备工艺有关，只有在活度系数恒定，并在一定条件下才可把它看作为常数。这样一来，E 与 $\ln c_{Cl^-}$ 或 $\lg c_{Cl^-}$ 之间应呈线性关系。只要测定不同浓度的 E 值，并将 E 对 $\ln c_{Cl^-}$ 或 $\lg c_{Cl^-}$ 作图，就可了解电极的性能，并可确定其测量范围。

2. 电极的选择性和选择性系数

离子选择性电极常会受到溶液中其他离子的影响。也就是说，在同一电极膜上，往往可以有多种离子进行不同程度的交换。离子选择性电极的特点就在于对其特定离子具有较好的选择性，受其他离子的干扰较小。电极选择性的好坏，常用选择性系数来表示。

但是，选择性系数与测定方法、测定条件以及电极的制作工艺有关，同时也与计算时所用的公式有关。一般离子选择性电极的选择性系数 K_{ij} 可定义为：

$$E = E^{\ominus} \pm \frac{RT}{nF} \ln \left(a_i + K_{ij} a_j^{z_i/z_j} \right) \tag{4-2-25}$$

式中，对阳离子取"＋"，阴离子取"－"；a_i 为被测离子的活度；z_i 为该离子所带的电荷数；a_j 为干扰离子的活度；z_j 为干扰离子所带的电荷数。如用于表示 Br^- 对氯离子选择性电极的干扰，式（4-2-25）可具体表示为

$$E = E^{\ominus} - \frac{RT}{nF} \ln(a_{Cl^-} + K_{Cl^- Br^-} a_{Br^-}) \tag{4-2-26}$$

由式（4-2-25）可知，K_{ij} 越小，表示 j 离子对被测离子的干扰越小，也就表示电极的选择性越好。

测定 K_{ij} 最简单的方法是分别溶液法。就是分别测定在具有相同活度的离子 i 和 j 这两个溶液中该离子选择电极的电极电位 E_1 和 E_2。显然，

$$E_1 = E^{\ominus} \pm \frac{RT}{nF} \ln(a_i + 0) \tag{4-2-27}$$

$$E_2 = E^{\ominus} \pm \frac{RT}{nF} \ln(0 + K_{ij} a_j) \tag{4-2-28}$$

因为 $a_i = a_j$，所以，两电位之差为

$$\Delta E = E_1 - E_2 = \pm \frac{RT}{nF} \ln K_{ij} \tag{4-2-29}$$

因此，对于阴离子选择电极，有

$$\ln K_{ij} = (E_1 - E_2) \frac{nF}{RT} \tag{4-2-30}$$

正因为选择性系数与诸多因素有关，所以在表示一个离子选择性电极时通常应注明测定方法及测定条件。这里以一支电极实测为例，列出其选择性系数供参考。通常把 K_{ij} 值小于 10^{-3} 者认为无明显干扰。从表 4-2-4 中可定性地看出，Br^-、CN^-、SO_3^{2-} 等离子对氯离子选择性电极的干扰是相当严重的。

表 4-2-4　一些干扰离子对某 $AgCl$-Ag_2S 膜片电极的选择系数（分别溶液法，0.1 mol·L^{-1}）

阴离子 j	NO_2^-	CN^-	Br^-	$C_2O_4^{2-}$	CO_3^{2-}	SO_4^{2-}	SO_3^{2-}
$K_{Cl^- j}$	5.5×10^{-4}	$1'$	4	4.5×10^{-5}	4.6×10^{-5}	1×10^{-4}	0.2

【实验仪器及试剂】

磁力搅拌器（1台）；217 型饱和甘汞电极（1支）；SDC-Ⅲ 数字电位差综合测试仪（1台）或 PHS-2 型酸度计（1台）；容量瓶（1000 mL 1只，500 mL 2只，250 mL 5只）；EDCL 型氯离子电极（1支）；移液管（50 mL 1支）；等等。

NaCl（分析纯）；Ca（Ac）$_2$ 溶液（0.1%）；KNO$_3$（分析纯）；风干土壤样品。

【实验步骤】

（1）仪器装置

按图 4-2-6 装好仪器。附近环境应无浓盐酸等酸

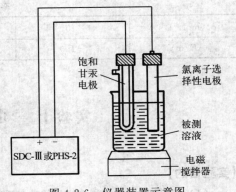

图 4-2-6　仪器装置示意图

雾，也无强电磁场干扰。

（2）溶液配制

① 准确配制一套 NaCl 标准溶液，浓度分别为 10.00、5.8、1.00、0.100、0.0100 g·L^{-1}。

② 配制 0.100 mol·L^{-1} 的 KNO$_3$ 溶液和 0.100 mol·L^{-1} 的 NaCl 溶液各 500 mL。

（3）土壤样品的处理

① 在干燥洁净的烧杯中用台秤称取风干土壤样品约 10 g，记为 W，加入 0.1% Ca(Ac)$_2$ 溶液约 100 mL，记为 V，搅动几分钟，静置澄清或过滤。

② 用干燥洁净的吸管吸取澄清液 30～40 mL，放入干燥洁净的 50 mL 烧杯中，待测。

③ 从稀到浓测量各种浓度标准溶液的 E 值。

④ 测量 0.100 mol·L^{-1} NaCl 溶液和 0.100 mol·L^{-1} KNO$_3$ 溶液，以及土壤样品溶液的 E 值。

⑤ 洗净电极。

氯离子选择性电极宜浸在蒸馏水中，长期不用应洗净干放；但使用前需用蒸馏水充分浸泡，必要时可重新抛光膜片表面。

217 型饱和甘汞电极（或其他双液接界甘汞电极），上半支的端部洗净后套上橡胶套放置，下半支所装饱和 KNO$_3$ 溶液已被 KCl 所沾污，应弃去，洗净套管，与上半支分开放置。

【数据记录及处理】

（1）以 E 对 lg$c$ 作图得标准曲线。

（2）计算 $K_{Cl^- NO_3^-}$。

（3）计算风干土壤样品中 NaCl 含量，如式（4-2-31）。

$$w_{NaCl} = \frac{c_2 V}{1000W} \tag{4-2-31}$$

式中，c_2 为标准曲线上查得的样品溶液中 NaCl 含量。

【思考题】

（1）如何确定氯离子选择性电极的测量范围？被测溶液氯离子浓度过低或过高对测量结果有何影响？

（2）在使用选择系数 K_{ij} 时要注意什么问题？K_{ij} 的数值等于多少？$K_{ij} \geqslant 1$ 或 $K_{ij} = 1$，分别说明什么问题？

（3）判断下列数据（表 4-2-5）是由阴离子选择电极还是阳离子选择电极获得的。

表 4-2-5 c 与 E 数据

c/(mol·L^{-1})	1×10^{-4}	1×10^{-3}	1×10^{-2}	1×10^{-1}
E/mV	−100	−50	0	50

实验十　电势-pH 曲线的测定

【实验目的】

（1）掌握电极电势、电池电动势和 pH 的测量原理和方法。

（2）了解电势-pH 曲线的意义及应用。

（3）测定 Fe^{3+}/Fe^{2+}-EDTA 体系在不同 pH 条件下的电极电势，绘制电势-pH 曲线。

【实验原理】

标准电极电势的概念被广泛应用于解释氧化还原体系之间的反应，但许多氧化还原反应都与溶液的 pH 有关，此时电极电势不仅随溶液的浓度和离子强度变化，还随溶液的 pH 而变化。对于这样的体系，有必要考察其电极电势与 pH 值的关系，从而得到一个比较完整、清晰的认识。在一定浓度的溶液中，改变其酸碱度，同时测定相应的电极电势与溶液的 pH 值，然后以电极电势对 pH 值作图，可得电势-pH 图。图 4-2-7 为 Fe^{3+}/Fe^{2+}-EDTA 和 S/H_2S 体系的电势与 pH 关系示意图。

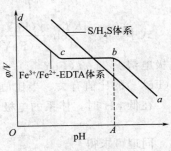

图 4-2-7 电势-pH 图

对于 Fe^{3+}/Fe^{2+}-EDTA 体系，在不同 pH 值时，其配合物有所差异。假定 EDTA 的酸根为 Y^-，则可将 pH 分为三个区间来讨论其电极电势的变化。

在高 pH，溶液的配合物为 $Fe(OH)Y^{2-}$ 和 FeY^{2-}，其电极反应为：

$$Fe(OH)Y^{2-} + e^- \Longrightarrow FeY^{2-} + OH^-$$

根据能斯特（Nernst）方程，其电极电势为：

$$\varphi = \varphi^\ominus - \frac{RT}{F}\ln\frac{a(FeY^{2-})a(OH^-)}{a[Fe(OH)Y^{2-}]} \tag{4-2-32}$$

式中，$\varphi^\ominus$ 为标准电极电势；a 为活度。

已知，a 与活度系数 γ 和质量摩尔浓度 m 的关系为：

$$a = \gamma m \tag{4-2-33}$$

同时考虑到在稀溶液中水的活度积可以看作水的离子积 K_w，按照 pH 定义，则式（4-2-32）可改写为：

$$\varphi = \varphi^\ominus - \frac{RT}{F}\ln\frac{\gamma(FeY^{2-})K_w}{\gamma[Fe(OH)Y^{2-}]} - \frac{RT}{F}\ln\frac{m(FeY^{2-})}{m[Fe(OH)Y^{2-}]} - \frac{2.303RT}{F}pH \tag{4-2-34}$$

令 $b_1 = \dfrac{RT}{F}\ln\dfrac{\gamma(FeY^{2-}) \cdot K_w}{\gamma[Fe(OH)Y^{2-}]}$，在溶液离子强度和温度一定时，$b_1$ 为常数，则：

$$\varphi = \varphi^\ominus - b_1 - \frac{RT}{F}\ln\frac{m(FeY^{2-})}{m[Fe(OH)Y^{2-}]} - \frac{2.303RT}{F}pH \tag{4-2-35}$$

当 EDTA 过量时，生成的配合物的浓度可近似看作配制溶液时铁离子的浓度，即

$$m(FeY^{2-}) \approx m(Fe^{2+})$$

$$m[Fe(OH)Y^{2-}] \approx m(Fe^{3+})$$

当 $m(Fe^{3+})$ 与 $m(Fe^{2+})$ 比例一定时，φ 与 pH 呈线性关系，即图 4-2-7 中的 ab 段。

在特定的 pH 范围内，Fe^{2+} 和 Fe^{3+} 分别与 EDTA 生成稳定的配合物 FeY^{2-} 和 FeY^-，其电极反应为：

$$FeY^- + e^- \Longrightarrow FeY^{2-}$$

电极电势表达式为：

$$\varphi = \varphi^\ominus - \frac{RT}{F} \ln \frac{a(\text{FeY}^{2-})}{a(\text{FeY}^-)} = \varphi^\ominus - \frac{RT}{F} \ln \frac{\gamma(\text{FeY}^{2-})}{\gamma(\text{FeY}^-)} - \frac{RT}{F} \ln \frac{m(\text{FeY}^{2-})}{m(\text{FeY}^-)}$$

$$= (\varphi^\ominus - b_2) - \frac{RT}{F} \ln \frac{m(\text{FeY}^{2-})}{m(\text{FeY}^-)} \tag{4-2-36}$$

式中，$b_2 = \frac{RT}{F} \ln \frac{\gamma(\text{FeY}^{2-})}{\gamma(\text{FeY}^-)}$，当温度一定时，$b_2$ 为常数。在此 pH 范围内，该体系的电极电势只与 $m(\text{FeY}^{2-})/m(\text{FeY}^-)$ 的比值有关，或者说只与配制溶液时 $m(\text{Fe}^{2+})$ 和 $m(\text{Fe}^{3+})$ 的比值有关。当比值一定时，曲线中出现平台区（如图 4-2-7 中 bc 段）。

在低 pH 时，体系的电极反应为：

$$\text{FeY}^- + \text{H}^+ + \text{e}^- = \text{FeHY}^-$$

同理可求得：

$$\varphi = (\varphi^\ominus - b_3) - \frac{RT}{F} \ln \frac{m(\text{FeHY}^-)}{m(\text{FeY}^-)} - \frac{2.303RT}{F} \text{pH} \tag{4-2-37}$$

式中，b_3 亦为常数。在 $m(\text{Fe}^{2+})/m(\text{Fe}^{3+})$ 不变时，φ 与 pH 呈线性关系（即图 4-2-7 中 cd 段）。

由此可见，只要将体系（$\text{Fe}^{3+}/\text{Fe}^{2+}$-EDTA）用惰性金属（Pt 丝）作导体组成一电极，并且与另一参比电极组合成电池，测定该电池的电动势，即可求得体系的电极电势。与此同时，采用酸度计测出相应条件下的 pH 值，从而可绘制出电势-pH 曲线。

【实验仪器及试剂】

数字电压表；数字式酸度计；五口烧瓶（带恒温套，500 mL）；电磁搅拌器；电炉；复合电极（玻璃电极和 Ag/AgCl 参比电极）；铂丝（电极）；氮气（钢瓶）；温度计；容量瓶（500 mL）；滴管；等等。

$(\text{NH}_4)_2\text{Fe}(\text{SO}_4)_2 \cdot 6\text{H}_2\text{O}$（化学纯）；$\text{NH}_4\text{Fe}(\text{SO}_4)_2 \cdot 12\text{H}_2\text{O}$（化学纯）；HCl（化学纯）；NaOH（化学纯）；EDTA（二钠盐）。

【实验步骤】

按测定装置图（图 4-2-8）接好测量线路。

1. 溶液配制

预先分别配制 $0.1 \text{ mol} \cdot \text{L}^{-1}$ $\text{NH}_4\text{Fe}(\text{SO}_4)_2$、$0.1 \text{ mol} \cdot \text{L}^{-1}$ $(\text{NH}_4)_2\text{Fe}(\text{SO}_4)_2$（配制前须滴加两滴 $4 \text{ mol} \cdot \text{L}^{-1}$ HCl）、$0.5 \text{ mol} \cdot \text{L}^{-1}$ EDTA（配制时需加 1.5 g NaOH）、$4 \text{ mol} \cdot \text{L}^{-1}$ HCl、$2 \text{ mol} \cdot \text{L}^{-1}$ NaOH 各 50 mL。然后按次序将 30 mL $0.1 \text{ mol} \cdot \text{L}^{-1}$ $\text{NH}_4\text{Fe}(\text{SO}_4)_2$、30 mL $0.1 \text{ mol} \cdot \text{L}^{-1}$ $(\text{NH}_4)_2\text{Fe}(\text{SO}_4)_2$、40 mL $0.5 \text{ mol} \cdot \text{L}^{-1}$ EDTA、50 mL 蒸馏水加入五口烧瓶中，并迅速通入氮气。

2. 电极电势和 pH 的测定

打开电磁搅拌器，待搅拌子稳定后，再插入玻璃电极，然后用 $2 \text{ mol} \cdot \text{L}^{-1}$ NaOH 调节溶液的 pH 至 $7.5 \sim 8.0$ 之间。分别从数

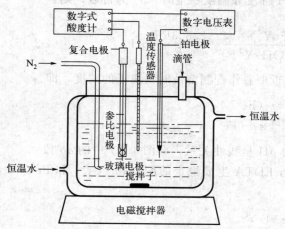

图 4-2-8 电势-pH 图的测定装置

字电压表和酸度计直接读取并记录电动势与相应的 pH。随后用滴管滴加 4 mol·L^{-1} HCl 溶液，调节 pH 为 3 左右。然后，按上述方法用 2 mol·L^{-1} NaOH 调节溶液 pH 值至 8 左右。按每加 1 滴或 2 滴 NaOH 溶液记录 1 次电动势和相应的 pH 数据，直至 pH 调至相应终点值。实验结束后及时取出复合电极，用水冲洗干净后装入保护套中，然后使仪器复原。

【数据记录及处理】

以表格的形式正确记录数据，并将测定的电极电势换算成相应标准氢电极的电势。然后绘制电势-pH 曲线，由曲线确定 FeY$^-$ 和 FeY^{2-} 稳定存在的 pH 范围。

【实验注意事项】

（1）电势-pH 曲线在电化学分析工作中具有广泛的实际应用价值。本实验讨论的 Fe^{3+}/Fe^{2+}-EDTA 体系可用于天然气脱硫。在天然气中含有 H$_2$S，它是一种有害物质。利用 Fe^{3+}-EDTA 溶液可将 H$_2$S 氧化为 S 而过滤除去，溶液中的 Fe^{3+}-EDTA 配合物还原为 Fe^{2+}-EDTA 配合物，通过通入空气使溶液中的 Fe^{2+}-EDTA 迅速氧化为 Fe^{3+}-EDTA，从而使溶液得到再生，循环利用。其反应如下：

$$2FeY^- + H_2S \xrightarrow{\text{脱硫}} 2FeY^{2-} + 2H^+ + S\downarrow$$

$$2FeY^{2-} + \frac{1}{2}O_2 + H_2O \xrightarrow{\text{再生}} 2FeY^- + 2OH^-$$

可利用测定 Fe^{3+}/Fe^{2+}-EDTA 配合体系的电势-pH 曲线选择较合适的脱硫条件。例如，低含硫天然气中 H$_2$S 含量约为 0.1～0.6 g·m^{-3}，在 25℃时相应的 H$_2$S 的分压为 7.29～43.56 Pa。

根据电极反应

$$S + 2H^+ + 2e^- \Longrightarrow H_2S(g)$$

在 25℃时，其电极电势

$$\varphi/V = -0.72 - 0.0296\lg\left[\frac{p(H_2S)}{Pa}\right] - 0.0592pH$$

将 φ、$p(H_2S)$ 和 pH 三者关系在电势-pH 图中画出，如图 4-2-7 所示。

从图 4-2-7 中不难看出，在电势平台区，对任何具有一定 $m(Fe^{3+})/m(Fe^{2+})$ 比值的脱硫液而言，其电极电势与反应 $S + 2H^+ + 2e^- \Longrightarrow H_2S(g)$ 的电极电势之差值随着 pH 的增大而增大，到平台区的 pH 上限时，两电极电势的差值最大，超过此 pH 值，两电极电势差值不再增大而为定值。这一事实表明，任何具有一定 $m(Fe^{3+})/m(Fe^{2+})$ 比值的脱硫液在它的电势平台区的 pH 上限时，脱硫的热力学趋势达最大，超过此 pH 后，脱硫趋势不再随 pH 增大而增加。图 4-2-7 中等于或大于 A 点的 pH，是该体系脱硫的合适条件。

还应指出，脱硫液的 pH 值不宜过大，实验表明，如果 pH 大于 12，会有 Fe(OH)$_3$ 沉淀出来。

（2）本实验所用的 EDTA 可采用乙二胺四乙酸四钠，也可用乙二胺四乙酸二钠，它们均为白色粉末。在使用二钠盐配制溶液时，需要在碱性水溶液中加热溶解。

【思考题】

（1）写出 Fe^{3+}/Fe^{2+}-EDTA 体系在电势平台区、低 pH 和高 pH 时，体系的基本电极反应及其对应的电极电势公式的具体形式，并指出各项的物理意义。

（2）脱硫液的 $m(Fe^{3+})/m(Fe^{2+})$ 比值不同，测得的电势-pH 曲线有什么差异？

实验十一 旋光法测定蔗糖转化反应的速率常数

【实验目的】

（1）测定蔗糖转化反应的速率常数和半衰期。

（2）了解该反应的反应物浓度与旋光度之间的关系。

（3）了解旋光仪的基本原理，掌握旋光仪的正确使用方法。

【实验原理】

1. 蔗糖在水中的转化

蔗糖在水中转化成葡萄糖和果糖，其反应式为：

$$C_{12}H_{22}O_{11}（蔗糖）+H_2O \longrightarrow C_6H_{12}O_6（葡萄糖）+C_6H_{12}O_6（果糖）$$

它是一个二级反应，在纯水中反应极慢，通常需在 H^+ 催化下进行。由于反应时水是大量存在的，可近似认为整个反应过程中水的浓度是恒定的，因此蔗糖转化反应可看作一级反应。一级反应速率方程为：

$$-\frac{dc}{dt}=kt \tag{4-2-38}$$

式中，c 为反应时间 t 时的反应物浓度；k 为反应速率常数。上式积分可得：

$$\ln c = \ln c_0 - kt \tag{4-2-39}$$

c_0 为反应开始时反应物浓度。

当 $c=(1/2)c_0$ 时，时间 t 可用 $t_{1/2}$ 表示，即为反应半衰期。从上式可得：

$$t_{1/2}=\frac{\ln 2}{k}=\frac{0.693}{k} \tag{4-2-40}$$

从式（4-2-39）可看出，在不同时间测定反应物的相应浓度，并以 $\ln c$ 对 t 作图，可得一直线，由直线斜率即可求得反应速率常数 k。然而反应是在不断进行的，要快速分析出反应物的浓度是困难的。蔗糖及其转化产物都具有旋光性，而且它们的旋光能力不同，因此系统在反应进程中旋光度的变化反映了反应物浓度的变化。本实验利用测定不同反应时间 t 时反应系统的旋光度来得到对应的反应物浓度。

2. 分子的旋光性和物质的旋光度

分子呈现旋光性的充分必要条件是分子不能和其镜像分子完全重合，当满足这个条件时，物质即以两种被称为对映异构体的分子存在。这两种分子仿佛人的左手和右手，也称手性分子。它们是具有相等强度、但方向相反的旋光能力的分子。因此，在宏观上，某种具有对映异构体分子的物质，当其两种对映异构体分子数量不等时，必表现出可测量的旋光性。

蔗糖及其转化产物都含有不对称的碳原子，它们都具有旋光性。但是它们的旋光能力不同，故可利用系统在反应进程中旋光度的变化来度量反应的进程。

测量物质旋光度所用的仪器称为旋光仪。当其他条件均固定时，旋光度 α 与反应物浓度 c 呈线性关系，即：

$$\alpha = \beta c \tag{4-2-41}$$

式中，比例常数 β 与物质旋光能力、溶剂性质、溶液浓度、样品管长度及温度等有关。

物质的旋光能力用比旋光度来度量，比旋光度用式（4-2-42）表示：

$$[\alpha]_D^{20} = \frac{\alpha \times 100}{Lc_A} \tag{4-2-42}$$

式中，$[\alpha]_D^{20}$ 右上角的"20"表示实验时温度为 20℃，D 是指旋光仪采用钠灯光源 D 线的波长（即 589 nm）；α 为测得的旋光度，度（°）；L 为样品管的长度，dm；c_A 为浓度，$g \cdot 100 \ mL^{-1}$。

作为反应物的蔗糖是右旋物质，其比旋光度 $[\alpha]_D^{20} = 66.6°$；生成物中葡萄糖也是右旋物质，其比旋光度 $[\alpha]_D^{20} = 52.5°$；但果糖是左旋物质，其比旋光度 $[\alpha]_D^{20} = -91.9°$。由于生成物中果糖的左旋性比葡萄糖右旋性大，所以生成物呈现左旋性质。因此随着反应的进行，系统的右旋角不断减小，反应至某一瞬间，系统的旋光度可恰好等于零，而后就变成左旋，直至蔗糖完全转化，这时左旋角达到最大值 α_∞。

设系统最初的旋光度为：

$$\alpha_0 = \beta_反 c_0 \qquad (t = 0，蔗糖尚未开始转化) \tag{4-2-43}$$

系统最终的旋光度为：

$$\alpha_\infty = \beta_生 c_\infty \qquad (t = \infty，蔗糖已完全转化) \tag{4-2-44}$$

式（4-2-43）和式（4-2-44）中 $\beta_反$ 和 $\beta_生$ 分别为反应物与生成物的比例常数。

当时间为 t，蔗糖浓度为 c 时，旋光度为 α_t，即：

$$\alpha_t = \beta_反 c + \beta_生(c_0 - c) \tag{4-2-45}$$

由式（4-2-43）、（4-2-44）和（4-2-45）联立可解得：

$$c_0 = \frac{\alpha_0 - \alpha_\infty}{\beta_反 - \beta_生} = \beta(\alpha_0 - \alpha_\infty) \tag{4-2-46}$$

$$c = \frac{\alpha_t - \alpha_\infty}{\beta_反 - \beta_生} = \beta(\alpha_t - \alpha_\infty) \tag{4-2-47}$$

将式（4-2-46）和式（4-2-47）代入式（4-2-39）即得：

$$\ln(\alpha_t - \alpha_\infty) = -kt + \ln(\alpha_0 - \alpha_\infty) \tag{4-2-48}$$

显然，如以 $\ln(\alpha_t - \alpha_\infty)$ 对 t 作图可得一直线，从直线斜率即可求得反应速率常数 k。

3. 旋光仪工作原理

光是电磁波，而电磁波是一种横波，即电磁波振动方向垂直于光的传播方向。由于发光体的统计性质，电磁波可以在垂直于光传播方向的任意方向上振动，这种光叫自然光。偏振器是一种只能让某一个方向上振动的光通过的装置，这个方向叫作偏振器的透光轴方向。自然光通过一个偏振器（称为起偏器），只让振动方向与起偏器透光轴方向一致的光通过，得到只在一个方向上振动的光，这种光叫作平面偏振光。平面偏振光通过某种旋光物质时，其振动方向会转过一个角度 α，这个角度 α 叫作旋光度。旋光仪是利用检偏器来测定旋光度的。检偏器也是一个偏振器，如果调节检偏器使其透光轴与起偏器的透光轴垂直，两个偏振器之间又没有旋光物质，则自然光通过起偏器后就不能通过检偏器，在检偏器后观察到的视场呈黑暗。现将盛满旋光物质的旋光管放入起偏器和检偏器之间，由于旋光物质的旋光作用，使原来由起偏器得到的平面偏振光转过一个角度 α，这样在检偏器的透光轴方向上有一个分量，所以视野将不呈黑暗。这时如将检偏器也相应地转过一个 α 角度，则视野又将重新恢复黑暗。因此检偏器由第一次黑暗到第二次黑暗的角度差，即为被测物质的旋光度 α。

旋光物质有右旋和左旋的区别。所谓右旋物质是指检偏器沿顺时针方向旋转时能使视野再次黑暗的物质；而左旋物质是指检偏器沿逆时针方向旋转而使视野再次黑暗的物质。通常以右旋为正，左旋为负表示。

现代旋光仪通过光-电检测、电子放大及机械反馈系统自动进行检偏器角度的调整，最后数字显示旋光物质的旋光度 α。本实验使用 WZZ-2S 型自动数字式旋光仪。

【实验仪器及试剂】

旋光仪（1 台）；恒温箱（1 台）；恒温槽（1 台）；移液管（50 mL，1 支）；移液管（25 mL，2 支）；带塞锥形瓶（150 mL，2 只）；洗耳球（1 个）；擦镜纸；吸滤纸；等等。

HCl 溶液（4 mol·L^{-1}）；蔗糖（分析纯）。

【实验步骤】

（1）实验前准备

将恒温水浴调节到所需的反应温度（如 25℃、30℃或 35℃），并用恒温水在实验过程中一直恒温旋光管。

正确使用旋光仪之前必须校正。

（2）反应过程的旋光度测定

洗净 2 只 150 mL 带塞锥形瓶。用托盘天平称取 10 g 蔗糖于 1 只 150 mL 锥形瓶，加入 50 mL 蒸馏水，使蔗糖完全溶解，若溶液浑浊，则需要过滤。用一支移液管吸取 50 mL 4 mol·L^{-1} 的 HCl 溶液，置于另一只 150 mL 锥形瓶中。将这两只锥形瓶加塞一起置于恒温水浴内恒温 10 min 以上。然后将两只锥形瓶取出，擦干外壁的水珠，将 HCl 溶液倒入蔗糖水溶液中。此时，蔗糖转化反应开始，故同时按动秒表开始计时。锥形瓶加塞，来回倒三四次，使之混合均匀后，立即用少量反应液润洗旋光管两次，然后将反应液装满旋光管，旋上套盖，放进旋光仪的光路中，测量各反应时间的旋光度（注意润洗和装样最多只能用去一半的反应液）。要求在反应开始后 2～3 min 内测定第一个数据，以后每间隔一分钟测量一次。反应时间以秒表指示的时间为准，一直测量到反应时间为 50 min 为止。在此期间，将锥形瓶中剩余的反应液盖上瓶塞置于 50～60℃ 的恒温箱内温热待用。注意温度不可过高，否则将发生副反应，溶液颜色变黄，并注意温热过程中避免溶液蒸发，影响浓度。

由于酸会腐蚀金属部件，因此实验一结束，必须立即用水将旋光管等洗净。

（3）α_∞ 的测量

将已在恒温箱内温热 40 min 以上的反应液取出，冷至实验温度下测定旋光度。在 10～15 min 内，读取 5～7 个数据，如在测量误差范围内，则取其平均值，即为 α_∞ 值。将恒温水浴的温度调高 5℃，按上述实验步骤再测量一组数据。

【数据记录及处理】

（1）分别将在两个不同反应温度下反应过程中所测得的旋光度 α_t 与对应反应时间 t 列表，作 α_t-t 曲线图。

（2）分别从两条 α_t-t 曲线上 10～40 min 的区间内，等间隔取 8 个（α_t-t）数据组，以 $\ln(\alpha_t - \alpha_\infty)$ 对 t 作图，由直线斜率求反应速率常数 k，并计算反应半衰期 $t_{1/2}$。

（3）根据实验测得的 $k(T_1)$ 和 $k(T_2)$，利用阿伦尼乌斯（Arrhenius）公式计算反应的平均活化能。

【实验注意事项】

温度对旋光度影响很大，因此测定不同温度下的旋光度，必须将恒温水浴调节到所需的反应温度（如 25℃、30℃或 35℃），并用恒温水在实验过程中一直恒温旋光管。

【思考题】

(1) 蔗糖的转化速率和哪些条件有关？

(2) 为什么配制蔗糖溶液可用托盘天平称量？

(3) 一级反应的特点是什么？

实验十二　乙酸乙酯皂化反应速率常数的测定

【实验目的】

(1) 用电导法测定乙酯乙醇皂化反应的速率常数，了解反应活化能的测定方法。

(2) 了解二级反应的特点，学会用图解计算法求出二级反应的速率常数及反应活化能。

【实验原理】

乙酸乙酯皂化是一个二级反应，其反应方程式为：

$$CH_3COOHC_2H_5 + OH^- \longrightarrow CH_3COO^- + C_2H_5OH$$

在反应过程中，各物质浓度随时间而改变，某一时刻的 OH^- 浓度可用标准酸进行滴定求得，也可通过测量溶液的某些物理性质而得到。用电导率仪测定不同时刻溶液的电导值 G 随时间的变化关系，可以监测反应的进程，进而可求算反应的速率常数。二级反应的速率与反应物的浓度有关，如果反应物 $CH_3COOC_2H_5$ 和 $NaOH$ 的初始浓度相同（均为 c），则反应时间为 t 时，反应所产生的 CH_3COO^- 和 C_2H_5OH 的浓度均为 $(c-x)$。设逆反应可忽略，则反应物和生成物的浓度随时间的关系为：

$$CH_3COOHC_2H_5 + NaOH \longrightarrow CH_3COONa + C_2H_5OH$$

$t=0$:	c	c	0	0
$t=t$:	$c-x$	$c-x$	x	x
$t \to \infty$:	$\to 0$	$\to 0$	$\to c$	$\to c$

对上述二级反应的速率方程可表示为：

$$\frac{dx}{dt} = k(c-x)(c-x) \tag{4-2-49}$$

积分得：

$$kt = \frac{x}{c(c-x)} \tag{4-2-50}$$

显然，只要测出反应进程中 t 时的 x 值，再将 c 代入上式，就可得到反应速率常数 k。

由于反应物是稀的水溶液，故可假定 CH_3COONa 全部电离，则溶液中参与导电的离子有 Na^+、OH^-、CH_3COO^- 等。Na^+ 在反应前后浓度不变，OH^- 的迁移率比 CH_3COO^- 大得多，随着反应时间的增加，OH^- 不断减少，而 CH_3COO^- 不断增加，所以系统的电导值不断下降。在一定范围内，可以认为系统电导值的减少量与 CH_3COONa 的浓度增加量成正比，即

$$t=t: \quad x = \beta(G_0 - G_t) \tag{4-2-51}$$

$$t \to \infty: \quad c = \beta(G_0 - G_\infty) \tag{4-2-52}$$

式中，G_0 和 G_t 分别为溶液起始和 t 时的电导值；G_∞ 为反应结束时的电导值；β 为比

例常数。

将式（4-2-51）和式（4-2-52）代入式（4-2-50）得：

$$kt = \frac{\beta(G_0 - G_t)}{c\beta[(G_0 - G_\infty) - (G_0 - G_t)]} = \frac{G_0 - G_t}{c(G_t - G_\infty)} \qquad (4\text{-}2\text{-}53)$$

或写成

$$\frac{G_0 - G_t}{G_t - G_\infty} = ckt \qquad (4\text{-}2\text{-}54)$$

从直线方程（4-2-54）可知，只要测出 G_0、G_∞ 及一组 G_t 值，利用 $\dfrac{G_0 - G_t}{G_t - G_\infty}$ 对 t 作图，应得一直线，由斜率即可求得反应速率常数 k，k 的单位 $L \cdot min^{-1} \cdot mol^{-1}$。

【实验仪器及试剂】

恒温槽（1套）；DDS-11C 型电导率仪（1台）；DJS-1 型电导电极（1支）；双管电导池（1个）；秒表（1块）；电吹风（4个）；量筒（20 mL，2个）；容量瓶（100 mL，4个）；洗瓶（1个）；滴管（1支）；洗耳球（1个）；等等。

醋酸钠（分析纯）；乙酸乙酯（分析纯）；氢氧化钠（分析纯）；电导水。

【实验步骤】

（1）实验前准备

开启恒温水浴电源，将温度调至实验所需值。开启电导率仪的电源，预热，对电导率仪调零待用。

（2）配制溶液

分别配制 0.0100 mol·L^{-1} NaOH、0.0200 mol·L^{-1} NaOH、0.0100 mol·L^{-1} CH$_3$COONa、0.0200 mol·L^{-1} CH$_3$COOC$_2$H$_5$ 溶液各 100 mL。

（3）G_0 的测量

本实验采用双管电导池进行测量，其装置如图 4-2-9 所示。

① 洗净双管电导池并用电吹风吹干，加入适量 0.0100 mol·L^{-1} NaOH 溶液（能浸没铂黑电极并超出 1 cm）。

② 用电导水洗涤铂黑电极，再用 0.0100 mol·L^{-1} NaOH 溶液淋洗，然后插入电导池中。

③ 将整个系统置于恒温水浴中，恒温 10 min。

④ 测量该溶液的电导值，每隔 2 min 读一次数据，读取三次。

⑤ 更换溶液，重复测量，如果两次测量在误差允许范围内，则取平均值，即为 G_0。

（4）G_∞ 的测量

实验测定中，不可能等到 $t \to \infty$，且反应也并不完全不可逆，故通常以 0.0100 mol·L^{-1} CH$_3$COONa 溶液的电导值作为 G_∞，测量方法与 G_0 的测量方法相同。但必须注意，每次更换测量溶液时，须用电导水淋洗电极和电导池，然后再用被测溶液淋洗三次。

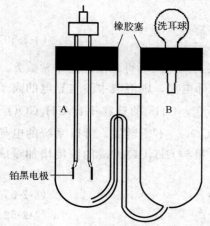

图 4-2-9　双管电导池示意图

（5）G_t 的测量

① 电导池和电极的处理方法与上述相同，安装后置于恒温水浴内。

② 用移液管量取 15 mL 0.0200 mol·L^{-1} NaOH 溶液放入 A 管中；用另一支移液管吸取 15 mL 0.0200 mol·L^{-1} CH$_3$COOC$_2$H$_5$ 注入 B 管中，电导池塞上橡胶塞，恒温 10 min。

③ 用洗耳球通过 B 管上口将 CH$_3$COOC$_2$H$_5$ 溶液轻轻压入 A 管中，当溶液压入一半时，开始记录反应时间。然后反复压几次，使溶液混合均匀，并立即测量其电导值。

④ 每隔 2 min 读一次数据，直至电导值基本不变。

⑤ 反应结束后，倾去反应液，洗净电导池和电极。重新测量 G_t；如果测量结果与前一次的基本相同，则可进行下步的实验。

（6）反应活化能的测定

按上述步骤测定另一个温度时的反应速率常数，并按阿伦尼乌斯（Arrhenius）公式计算反应活化能。

$$\ln\frac{k_2}{k_1}=\frac{E}{R}\left(\frac{T_2-T_1}{T_1 T_2}\right) \tag{4-2-55}$$

式中，k_1、k_2 分别为温度 T_1、T_2 时测得的反应速率常数；R 为摩尔气体常数；E 为反应的活化能。

【数据记录及处理】

（1）根据测定结果，分别以 $(G_0-G_t)/(G_t-G_\infty)$ 对 t 作图，并从直线斜率计算反应速率常 k_1、k_2。

（2）根据公式（4-2-55），代入测量温度 T_1、T_2 与对应的反应速率常数 k_1、k_2 计算反应的活化能 E。

【思考题】

（1）为何本实验要在恒温条件下进行，而且 CH$_3$COOC$_2$H$_5$ 和 NaOH 在混合前还要预先恒温？

（2）反应分子数与反应级数是两个完全不同的概念，反应级数只能通过实验来确定。试问如何从实验结果来验证乙酸乙酯皂化反应为二级反应？

（3）乙酸乙酯皂化反应为吸热反应，试问在实验过程中如何处理这一影响而使实验得到较好的结果？

（4）若 CH$_3$COOC$_2$H$_5$ 和 NaOH 溶液均为浓溶液，试问能否用此方法求得 k 值？为什么？

实验十三 ｜ 最大泡压法测定溶液的表面张力

【实验目的】

（1）理解表面张力的概念、表面吉布斯自由能的意义及表面张力和表面吸附的关系。

（2）掌握用最大泡压法测定溶液的表面张力的原理和实验技术。

（3）测定不同浓度乙醇水溶液的最大泡压，计算表面张力、表面吸附量和乙醇分子的横截面积。

【实验原理】

1. 表面自由能

$$\gamma = \left(\frac{\partial G}{\partial A_s}\right)_{T,p,n_B} = \left(\frac{\partial U}{\partial A_s}\right)_{S,V,n_B} = \left(\frac{\partial H}{\partial A_s}\right)_{S,p,n_B} = \left(\frac{\partial A}{\partial A_s}\right)_{T,V,n_B} \tag{4-2-56}$$

式（4-2-67）为广义的表面自由能。狭义的表面自由能是定温、定压下，增加单位表面时系统吉布斯自由能的增加，因此 γ 又称为比表面吉布斯自由能，简称为表面吉布斯自由能。

在恒温、恒压、恒组成时，

$$dG_{T,p,n_B} = \gamma dA_s \tag{4-2-57}$$

由式（4-2-57）可知，A_s 减小、γ 下降均导致 $G_{T,p}$ 减小，过程自发，这是产生表面现象的热力学原因。

2. 溶液的表面吸附

纯液体在恒温、恒压下，表面张力是一定值，纯液体降低表面吉布斯自由能的唯一途径就是尽可能缩小表面积。

对于溶液来说，溶液表面的吸附现象可用恒温、恒压下溶液表面吉布斯自由能自动减小的趋势来说明。在一定 T、p 下，当一定量的溶质与溶剂所形成的溶液的表面积不变时，降低表面吉布斯自由能的唯一途径是尽可能地使溶液的表面张力降低。而降低表面张力则是通过使溶液中相互作用力较弱的分子富集到表面而完成的。

正吸附：溶质在溶剂表面浓度＞溶质在本体溶液中浓度。

负吸附：溶质在溶剂表面浓度＜溶质在本体溶液中浓度。

一般说来，凡是能使溶液表面张力升高的物质，称为表面惰性物质；凡是能使溶液表面张力降低的物质，称为表面活性物质。习惯上，只把那些溶入少量就能显著降低溶液表面张力的物质，称为表面活性剂。表面活性剂的分子都是由亲水性的极性基团和亲油性的非极性基团所构成的。表面活性剂的分子能定向地排列于任意两相之间的界面层中，使界面的不饱和力场得到某种程度的补偿，从而使界面张力降低。表面活性的大小可用 $(\partial \gamma / \partial c)_T$ 来表示，其值愈大，则表示溶质的浓度对溶液表面张力的影响愈大。溶质吸附量的大小，可用吉布斯吸附等温式来计算。

$$\Gamma = -\frac{c}{RT} \times \frac{d\gamma}{dc} \tag{4-2-58}$$

由该式可知，在一定温度下，当溶液的表面张力随浓度的变化率 $d\gamma/dc < 0$ 时，$\Gamma > 0$，表明凡是增加浓度使溶液表面张力降低的溶质，在表面层必然发生正吸附；当 $d\gamma/dc > 0$ 时，$\Gamma < 0$，表明凡增加浓度使溶液表面张力上升的溶质，在溶液的表面层必然发生负吸附；当 $d\gamma/dc = 0$ 时，$\Gamma = 0$，说明此时无吸附作用。

用吉布斯吸附等温式计算某溶质的吸附量（即表面过剩）时，可由实验测定一组恒温下不同浓度 c 时的表面张力 γ，以 γ 对 c 作图，得到 γ-c 曲线。将曲线上某指定浓度下的斜率 $d\gamma/dc$ 代入式（4-2-58），即可求得该浓度下溶质在溶液表面的吸附量。将不同浓度下求得的吸附量对溶液浓度作图，可得到 Γ-c 曲线，即溶液表面的吸附等温线。

3. 饱和吸附与表面活性物质分子的横截面积

在一定温度下，系统在平衡状态时，吸附量 Γ 和浓度 c 之间的关系与固体对气体的吸附很相似，也可用和朗缪尔单分子层吸附等温式相似的经验公式来表示，即：

$$\Gamma = \Gamma_m \frac{kc}{1+kc} \qquad (4\text{-}2\text{-}59)$$

式中，k 为经验常数，与溶质的表面活性大小有关。由上式可知，当浓度足够大时，则呈现一个吸附量的极限值，即 $\Gamma = \Gamma_m$，此时若再增加浓度，吸附量不再改变，所以 Γ_m 称为饱和吸附量。或将上式写成直线方程：

$$\frac{c}{\Gamma} = \frac{c}{\Gamma_m} + \frac{1}{k\Gamma_m}$$

作出 $\frac{c}{\Gamma}$-c 图，由直线的斜率求得 Γ_m。

Γ_m 可以近似地看作是溶质在单位表面上定向排列呈单分子层吸附时的物质的量。由实验测出 Γ_m 值，即可算出每个被吸附的表面活性物质分子的横截面积 a_m，即：

$$a_m = \frac{1}{\Gamma_m L} \qquad (4\text{-}2\text{-}60)$$

式中，L 为阿伏伽德罗常数。

4. 最大泡压法

当不断往毛细管内增压时，毛细管内因毛细现象而上升的液柱不断下降，直至管下端出口出现气泡，刚开始呈球缺形，液面可视为球面的一部分。随着压力增大，气泡的曲率半径将经历从大变小，再变大的过程，直至气泡破裂从液体内部逸出。当气泡的半径等于毛细管的半径时，气泡的曲率半径最小，弯曲液面对气泡内气体的附加压力达到最大。

当气泡的半径等于毛细管半径时：

气泡内的压力 $\qquad\qquad p_内 = p_{大气} + p_{最大}$

气泡外的压力 $\qquad\qquad p_外 = p_{大气} + \rho g h$

实验控制使毛细管口与液面相切，即使 $h = 0$，则

$$p_外 = p_{大气}$$

根据附加压力的定义及拉普拉斯方程，半径为 r 的凹面对小气泡的附加压力为：

$$\Delta p = p_内 - p_外 = p_{最大} = 2\gamma / r$$

于是求得所测液体的表面张力为：

$$\gamma = \frac{\Delta p \times r}{2} = \frac{p_{最大} \, r}{2} \qquad (4\text{-}2\text{-}61)$$

【实验仪器及试剂】

DP-AW-Ⅱ表面张力实验装置一套；阿贝折射仪；真空硅胶管；等等。

乙醇（分析纯）。

【实验步骤】

仪器装置图如图 4-2-10。实验前默认毛细管和 8 根样品管已洗净烘干。将仪器接通电源，开启仪器。在置数状态设置水浴温度，设置好温度后切换到加热状态，水浴开始加热至设定温度并恒温。

1. 准备溶液

用容量法粗略配制 10%、15%、20%、25%、30%、35%、40%的乙醇水溶液各 100 mL。测得各溶液的折射率，通过折射率-浓度的工作曲线获得 7 种溶液的准确浓度。将 7 种溶液按浓度从小到大的顺序对标有 1～7 编号的样品管各润洗 2 次，再加入 15 mL 左右，置于水浴中恒温。

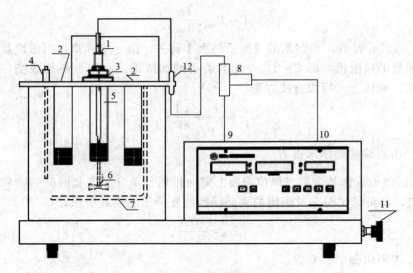

图 4-2-10　仪器装置示意图

1—毛细管及活塞；2—待测样品管；3—样品管紧固螺栓；4—温度传感器；5—测量位置样品管；

6—搅拌器；7—加热器；8—三通；9—压力传感器；10—微压调节输出接嘴；

11—微压调节阀；12—毛细管活塞转接嘴

2. 测量纯水的 $p_{最大}$

① 将测量位置的样品管用纯水润洗 2 次，再加入 15 mL 左右纯水，将盖板上的样品管紧固螺栓拧下来，将样品管放入，并将样品管紧固螺栓拧上并拧紧，再插入毛细管，毛细管的安装见附注。调节毛细管，使其管口刚好与液面相切。微压调节阀向内旋紧。恒温 5 min 后，按调零键。

② 把毛细管上端的活塞塞上（注：为防止系统漏气，毛细管活塞应涂上少量纯水）。此时打开微压调节阀（向内旋为关闭，向外旋为打开），使压力计上显示的数值以 10 个字左右变化，当毛细管产生气泡时，关闭微压调节阀。由于内部存储压力较高，毛细管不断产生气泡以降低压力，当毛细管不出泡时，压力数值基本稳定，表示不漏气。

③ 微微打开微压调节阀，使压力计显示数值逐个增加，气泡由毛细管尖端成单泡逸出，显示屏上显示峰值，即为纯水的 $p_{最大}$，记下 10 个左右数据。

注意：本装置微压调节阀非常精密和灵敏，调节时要缓慢，不可大幅度调节；起始出泡压峰值可能不太稳定；由于是微压测量，管路稍有晃动会影响系统压力。

3. 测量乙醇水溶液的 $p_{最大}$

分别将 1~7 号样品管依次换到测量位置，测得不同浓度的乙醇水溶液的 $p_{最大}$。每次测量前必须用少量被测溶液多次润洗毛细管，确保每一次测量时毛细管内外溶液的浓度一致。

实验完毕，将毛细管上端的活塞取出，关掉电源，洗净并烘干样品管和毛细管。

【数据记录及处理】

（1）设计实验数据记录表，正确记录完整的原始数据，并填入演算结果；查得实验温度下纯水的表面张力数据，填入表 4-2-6 中。

（2）同一根毛细管测纯水和乙醇水溶液的 $p_{最大}$，$r = \dfrac{2\gamma}{\Delta p} = \left(\dfrac{2\gamma}{p_{最大}}\right)_{纯水} = \left(\dfrac{2\gamma}{p_{最大}}\right)_{乙醇}$，按

$$\gamma_{\text{乙醇}} = \frac{\gamma_{\text{纯水}} \cdot p_{\text{最大,乙醇}}}{p_{\text{最大,纯水}}}$$ 计算各浓度乙醇水溶液的 $\gamma_{\text{乙醇}}$ 值，填入表中。

表 4-2-6　实验数据记录表

室温：_____℃；实验温度_____℃

溶液	折射率 n_D	由折射率确定的浓度 $c/(\text{mol}\cdot\text{L}^{-1})$	$p_{\text{最大}}/\text{Pa}$	表面张力 $\gamma/(\text{N}\cdot\text{m}^{-1})$
纯水				
10%乙醇				
15%乙醇				
20%乙醇				
25%乙醇				
30%乙醇				
35%乙醇				
40%乙醇				

（3）根据测得折射率，由实验室提供的乙醇的折射率-浓度工作曲线查出各溶液的浓度。

（4）作 γ-c 曲线图，在 γ-c 曲线上取 10 个点，分别作出切线，并求得对应的斜率 $\mathrm{d}\gamma/\mathrm{d}c$。

（5）根据 $\Gamma = -\dfrac{c}{RT} \times \dfrac{\mathrm{d}\gamma}{\mathrm{d}c}$，求算上述取点浓度 c 对应的吸附量 Γ。

（6）作出 $\dfrac{c}{\Gamma}$-c 图，由直线的斜率求得 Γ_{m}，并计算 a_{m}。

【实验注意事项】

（1）玻璃器皿一定要洗涤干净，否则测定的数据不真实；清洗毛细管时，须注意不能有清洗液残留在毛细管内，可用洗耳球直接从毛细管顶部吹一下，再用待测溶液润洗毛细管，重复几次即可。

（2）硅胶管与玻璃仪器、压力计等相互连接时，接口与硅胶管一定要插牢，以不漏气为原则，保证实验系统的气密性。

（3）测量乙醇水溶液的 $p_{\text{最大}}$ 时，按从稀到浓依次进行。

（4）必须将液面刚好与毛细管管口相接触。

【思考题】

（1）本实验为什么要读取最大压力差？

（2）在测量过程中，如果毛细管出泡速度太快对测量结果有何影响？

【附注】

毛细管安装示意图见图 4-2-11。

将所有紧固件旋松，将毛细管放入，拧紧毛细管调节顶丝 4，再将毛细管放入样品管中，调节高度调节螺栓 3 使毛细管与液面相切，相切后向下拧紧位置锁定螺母 5，最后再微调毛细管调节顶丝 4，使毛细管与液面垂直相切。

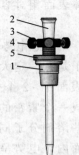

图 4-2-11　毛细管安装示意图
1—固定塞；2—毛细管；
3—高度调节螺栓；
4—毛细管调节顶丝；
5—位置锁定螺母

第三节　设计性实验

实验十四　电　泳

【实验目的】

（1）学会制备 AgI 负溶胶，设计实验方案，通过电泳法测溶胶 ζ 电势。

（2）针对实验过程出现的问题，提出合理的实验步骤与条件，撰写详细实验分析及报告。

【实验原理】

溶胶的制备方法可分为分散法和凝聚法。分散法是用适当方法把较大的物质颗粒变为胶体大小的质点；凝聚法是先制成难溶物的分子（或离子）的过饱和溶液，再使之相互结合成胶体粒子而得到溶胶。AgI 溶胶的制备通常采用的是化学凝聚法，即通过化学反应使生成物呈过饱和状态，然后粒子再结合成溶胶。

1. 电泳

由于胶粒带电，而溶胶是电中性的，则介质带与胶粒相反的电荷。在外电场作用下，胶粒和介质分别向带相反电荷的电极移动，就产生了电泳和电渗的电动现象。影响电泳的因素有：带电粒子的大小、形状，粒子表面电荷的数目，介质中电解质的种类、离子强度及 pH 值和黏度，电泳的温度和外加电压，等。从电泳现象可以获得胶粒或大分子的结构、大小和形状等有关信息。

2. 三种电势

（1）热力学电势 φ_0

固体表面相对溶液的电势称为热力学电势，$\varphi_0 = f$（固体表面电荷密度，电势决定离子浓度）。

（2）斯特恩电势 φ_δ

离子是有一定大小的，而且离子与质点表面除了静电作用外，还有范德华力。所以在靠近表面 1～2 个分子厚的区域内，反离子由于受到强烈的吸引，会牢固地结合在表面，形成一个紧密的吸附层，称为固定吸附层或斯特恩层。在斯特恩层中，除反离子外，还有一些溶剂分子同时被吸附。反离子的电性中心所形成的假想面，称为斯特恩面。在斯特恩面内，电势呈直线下降，由表面的 φ_0 直线下降到斯特恩面的 φ_δ。φ_δ 称为斯特恩电势。

（3）电动（ζ）电势

当固、液两相发生相对移动时，紧密层中吸附在固体表面的反离子和溶剂分子与质点作为一个整体一起运动，其滑动面在斯特恩层稍靠外一些。滑动面与溶液本体之间的电势差，称为 ζ 电势。ζ 电势与 φ_δ 在数值上相差甚小，但具有不同的含义。应当指出，只有在固、液两相发生相对移动时，才能呈现出 ζ 电势。

ζ 电势的大小，反映了胶粒带电的程度。ζ 电势越高，表明胶粒带电越多，其滑动面与溶液本体之间的电势差越大，扩散层也越厚。当溶液中电解质浓度增加时，介质中反离子的浓度加大，将压缩扩散层使其变薄，把更多的反离子挤进滑动面以内，使 ζ 电势在数值上变小。当电解质浓度足够大时，可使 ζ 电势为零。此时相应的状态，称为等电态。处于等电态的胶粒不带电，因此不会发生电动现象，电泳、电渗速度也必然为零，这时的溶胶非常容易聚沉。

3. 电泳公式

当带电胶粒在外电场作用下迁移时，胶粒受到的静电力 f_1 为

$$f_1 = qE \tag{4-3-1}$$

式中，q 为胶粒的电荷；E 为电场强度。

本实验研究的 AgI 为棒形胶粒。棒形胶粒在介质中运动受到的阻力 f_2 按 Stokes 定律计算：

$$f_2 = 4\pi\eta rv \tag{4-3-2}$$

式中，r 为胶粒的半径；v 为胶粒的沉降速度；η 为介质的黏度。

当胶粒运动速度，即电泳速度达到稳定时，$f_1 = f_2$，结合式（4-3-1）、式（4-3-2）得到

$$v = \frac{qE}{4\pi\eta r} \tag{4-3-3}$$

根据静电学原理可知

$$\zeta = \frac{q}{\varepsilon r} \tag{4-3-4}$$

式中，r 为胶粒的半径；ε 为介质的介电常数。

所以有

$$v = \frac{\zeta\varepsilon E}{4\pi\eta} \tag{4-3-5}$$

$$\zeta = \frac{4\pi\eta v}{\varepsilon E} \tag{4-3-6}$$

由式（4-3-6）可知，若已知 ε、η，可通过测定 v 和 E 算出 ζ 电势。该式只适合于 CGS 单位制，且得出 ζ 电势的单位为 V。若各物理量都采用 SI 制单位，r 的单位为 m，v 的单位为 $m \cdot s^{-1}$，η 的单位为 $Pa \cdot s$，E 的单位为 $V \cdot m^{-1}$，此时公式为

$$\zeta = \frac{4\pi\eta v}{\varepsilon E} \times 9 \times 10^9 \tag{4-3-7}$$

【实验注意事项】

（1）实验时，注意用电安全，拆卸装置时也一定要先切断电源。

（2）本实验也可通过制备其他溶胶，如 $Fe(OH)_3$ 溶胶来进行。但溶胶制备的方法需学生自行查阅文献，且 ζ 电势的计算公式将受溶胶胶粒形状的影响。

【思考题】

（1）电泳速度的快慢与哪些因素有关？可以采取哪些措施提高溶胶的电动电势？

（2）胶粒带电的原因是什么？如何判断胶粒所带电荷的符号？

（3）AgI 溶胶有无必要进行渗析？为什么？

实验十五　　煤的发热量的测定

【实验目的】

（1）激发学生的学习积极性，培育创新精神，提高理论联系实际的能力和分析问题、解剖问题的能力。运用已学习过的理论知识和实验技能，通过查阅有关的参考资料，拟定实验方案并进行实验。

（2）熟悉氧弹量热仪的结构和原理，掌握用其测量煤的发热量的方法。

（3）了解有关实验数据校正方法和误差处理方法。

【研究内容】

（1）了解煤的取样、制样方法。

（2）了解煤的发热量的分级方法。

（3）了解煤的发热量的各种表达方式和换算。

（4）进行量热仪热容的标定。

（5）进行煤的发热量的测定。

（6）进行有关校正和误差计算，有关校正如温度校正、质量的浮力校正、有关能量校正等。

【提示】

（1）查阅有关国家标准和行业标准。

（2）查阅有关专著或其他最新文献。

（3）也可用有关商业软件进行校正和误差处理。

实验十六　　水-盐二组分固-液相图的测绘

【实验目的及要求】

水-盐二元系统在低温技术、科学研究、分离提纯等领域有重要的应用。本实验目的是要测绘出水-氯化钾二元系统的固-液相图，要求学生在查阅一定文献的基础上，拟定实验方案并进行实验，最终得到相图。

在准备实验及进行实验的过程中，学生应该了解并掌握以下知识：

① 普通实验室低温获得技术。

② 水-盐二元系统固-液相图的基本特点。

③ 步冷曲线法和溶解度法测绘水-盐二元系统相图的方法及原理。

④ 从相图的角度说明水溶性物质分离纯化的原理。

实验十七　氯离子对混凝土中钢筋腐蚀的影响

【实验目的】

（1）激发学生的学习积极性，培育创新精神，熟悉科学研究的基本方法和过程，提高运用专业知识、文献、实验手段分析问题和解决实际问题的能力。

（2）熟悉有关电化学研究方法。

【研究内容】

（1）混凝土中氯化物的来源。

（2）Cl^- 在混凝土中的扩散机理。

（3）钢筋腐蚀的危害。

（4）用电化学方法研究氯离子对混凝土中钢筋腐蚀的影响。

（5）设计并验证实验数据的正确性。

（6）钢筋混凝土的防腐措施。

【提示】

（1）丝束电极可模拟钢筋混凝土结构，测量极化曲线和自腐蚀电位可反映氯离子对混凝土中钢筋腐蚀的影响。

（2）电化学保护、涂层保护、渗透型涂料表面处理、内掺防水剂改性混凝土等都可以用来防止或降低钢筋混凝土的腐蚀。

（3）电化学方法可以用来评价腐蚀速率。

读一读　

练一练

第五章　创新研究性实验

【提示】

　　物质分子中的各种基团，在有选择地吸收不同频率的红外辐射后，发生振动能级之间的跃迁，形成各自独特的红外吸收光谱。由于基团的振动频率和吸收强度与组成基团的原子量、化学键类型及分子的几何构型等有关。因此，根据红外吸收光谱的峰位、峰强、峰形和峰的数目，可以判断物质中可能存在的某些官能团，进而推断未知物的结构。

　　现有一未知样品，试通过所学的分析鉴定手段，来推断和鉴定其化学结构。

实验二　常见的葡萄糖的羟基保护反应

【实验目的】

　　（1）认真查阅糖类的羟基保护反应相关文献，得到葡萄糖的羟基保护反应所需的底物、催化剂、溶剂和反应条件。

　　（2）思考此类反应的提纯方法。

【提示】

　　葡萄糖是自然界分布最广且最为重要的一种单糖，它是一种多羟基醛。由于糖类具有多个羟基，在反应中的选择性较差，因此需要对糖类的羟基进行保护和脱保护以控制反应位点。D-葡萄糖的环式结构与链式结构如图5-1所示。

图 5-1　D-葡萄糖的环式结构与链式结构

葡萄糖羟基保护反应可以简化理解为对羟基的保护反应。常见的羟基保护基有酯基保护基、苄基保护基和硅烷保护基等。羟基保护的常用基团如图 5-2 所示。

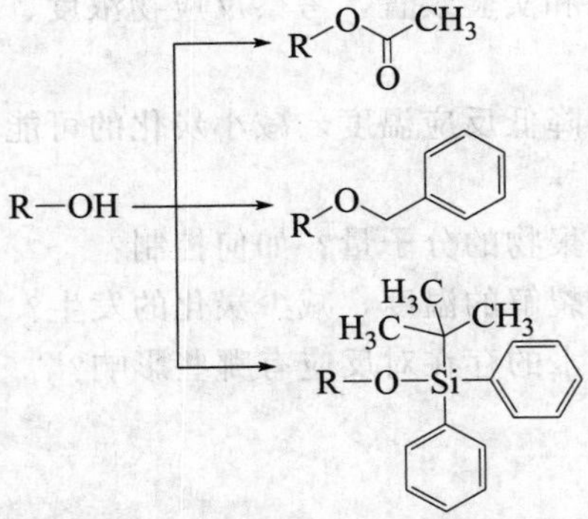

图 5-2 羟基保护的常用基团

实验三 丙交酯的制备研究

【背景】

聚乳酸是一种无毒、无刺激性、具有生物相容性和生物降解性的高分子化合物，它在体内的代谢产物二氧化碳、水及乳酸均能参与人体的新陈代谢，因此，它在外科修复材料、药物运送载体等方面得到了广泛的应用。聚乳酸的制备主要有直接缩聚法和开环聚合法。前者是利用乳酸直接脱水缩合得到聚乳酸，这种方法得到的产物分子量较低，且易分解，无实用价值；后者是将乳酸脱水缩合后得到的低聚物在催化剂的作用下，使其解聚得到丙交酯（LA），然后再加入催化剂使其开环聚合得到高分子量的聚乳酸。因此丙交酯是合成生物降解的聚乳酸及其共聚物的基本原料。

在丙交酯的制备过程中，因反应温度高，如何防止炭化及如何提高产品的产率和纯度，是研究工作的重点。

丙交酯的结构式：

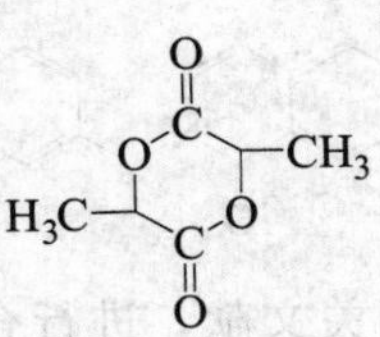

以乳酸为原料，利用减压条件下乳酸缩聚为低聚物，然后高温下乳酸低聚物裂解环化来合成丙交酯。丙交酯的合成是按下面路线进行的：

$$乳酸 \xrightarrow{\text{脱水}} 乳酸的低聚物 \xrightarrow{\text{热裂解}} 丙交酯$$

【要求】

（1）查阅相关文献，比较不同的合成方法，设计可行的实验方案，合成 1 g 丙交酯。

（2）采用合适的方法提纯产品。

（3）对合成的丙交酯进行结构表征。

【提示】

（1）设计可行的合成方案和实验装置，考察反应物浓度、反应时间、反应温度对反应的影响。

（2）选择合适的真空度以降低反应温度，减小炭化的可能性。

【思考题】

（1）为什么要控制乳酸低聚物的分子量？如何控制？

（2）采用哪些方法降低热裂解的温度，减少炭化的发生？

（3）乳酸缩聚的过程中，水的存在对反应有哪些影响？

实验四　　N-苄基异喹啉酮的制备研究

【背景】

含有杂环的有机化合物在自然界中占据了非常大的比例，其中氮杂环化合物通常具备特殊的生物活性。喹啉酮与异喹啉酮是氮杂环化合物中最重要的一部分，它们作为一种重要的基本骨架，是合成许多天然产物及具有生物活性的药物分子的前体。如图 5-3 所示：A1 是一种乙型肝炎病毒抑制剂；A2 用于氨基酸与多肽类的高效荧光标记；A3 多韦替尼是一种用于治疗晚期肝癌的新型药物；A4 是一种丝裂原活化蛋白激酶抑制剂；A5 茚达特罗是一种用于治疗慢性阻塞性肺病的药物；A6 与 A8 均是拓扑异构酶 I 的抑制剂；A7 是一种抗过敏药物；A9 是一种抗肿瘤药物；A10 是一种用于治疗肿瘤坏死因子的药物；A11 是一种镇吐药。因此，含有喹啉酮与异喹啉酮结构单元的药物分子被广泛应用于疾病治疗中。

N-取代基异喹啉酮化合物的制备方法，主要有多步合成法与一步合成法。前者通常利用廉价易得的异喹啉与烷基溴代物在干燥溶剂中回流得到季铵盐，然后在碱性条件下用铁氰化钾氧化得到 N-烷基异喹啉酮，这种方法涉及多步操作且需在强碱或者高温条件下；后者通常经过分子内或分子间的加成串联环化过程，一步制备 N-烷基或 N-芳基异喹啉酮，这种方法需要精心设计高度活化的起始原料，或构建高效的催化体系。

N-苄基异喹啉酮的结构式：

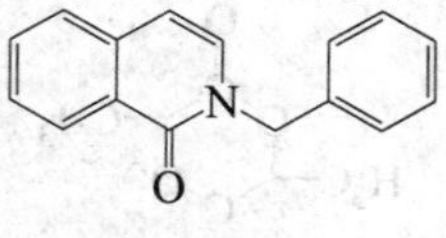

查阅 N-苄基异喹啉酮化合物的相关文献，进行合成设计探索，给出可行的实验方案，并合成 1 g 产品。

【要求】

（1）采用合适的方法提纯产品。

（2）对合成的 N-苄基异喹啉酮进行结构表征。

【提示】

（1）设计可行的合成方案和实验装置，考察反应物浓度、反应时间、反应温度对反应的影响。

（2）选择合适的氧化剂来选择性氧化，减少副产物的生成。

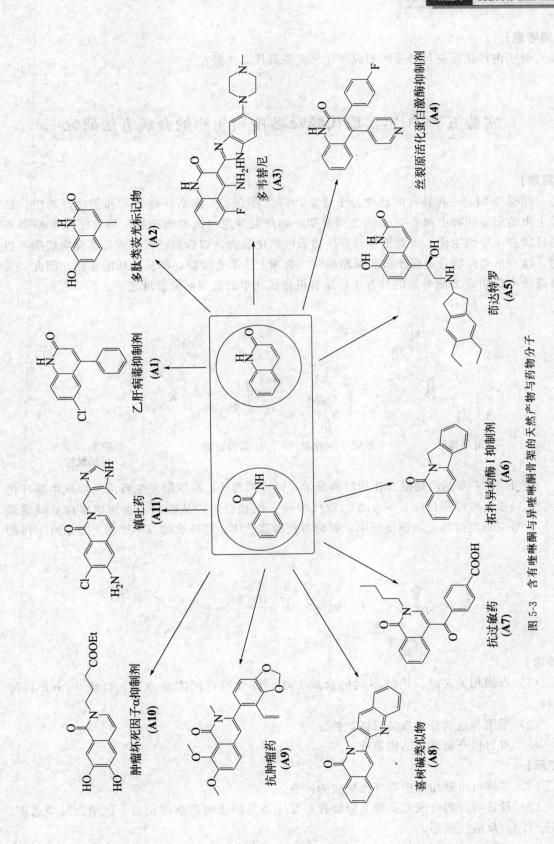

多肽类荧光标记物 (A2)

乙肝病毒抑制剂 (A1)

镇吐药 (A11)

多韦替尼 (A3)

丝裂原活化蛋白激酶抑制剂 (A4)

奈达特罗 (A5)

拓扑异构酶 I 抑制剂 (A6)

抗过敏药 (A7)

肿瘤坏死因子α抑制剂 (A10)

抗肿瘤药 (A9)

喜树碱类似物 (A8)

图 5-3 含有喹啉酮与异喹啉酮骨架的天然产物与药物分子

【思考题】

分子内环化反应与分子间加成环化反应各有什么优势？

实验五 ｜ 3,3-二取代吲哚-2-酮衍生物的合成方法研究

【背景】

吲哚-2-酮是一种特殊的药物分子骨架，广泛存在于生物活性化合物和天然产物中。已经上市的很多药物中都含有吲哚-2-酮骨架，如舒尼替尼（抗肿瘤药物）等。吲哚-2-酮骨架还可以进一步衍生化，得到更多具有生物活性的化合物，如毒扁豆碱家族及其吡咯烷酮类似物，这一系列药物分子属于抗胆碱酯酶药，临床上主要有缩瞳、降低眼压的作用。因此，发展高效构筑吲哚-2-酮骨架的新方法，是有机合成化学的重要研究领域之一。

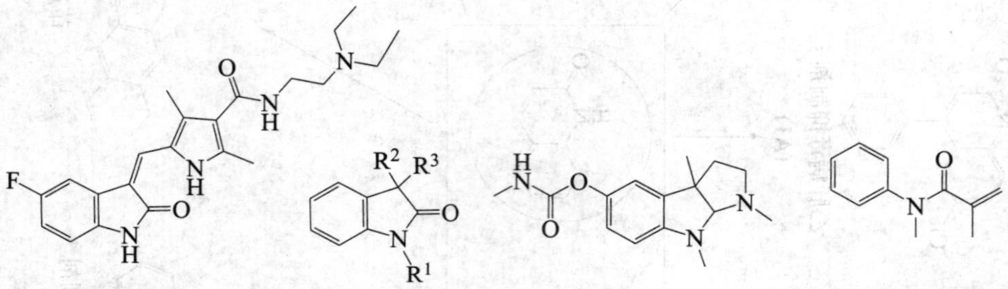

舒尼替尼　　　　　　吲哚-2-酮骨架　　　　　毒扁豆碱　　　　　*N*-甲基-*N*-苯基
　　　　　　　　　　　　　　　　　　　　　　　　　　　　　　　　丙烯酰胺

N-甲基-*N*-苯基丙烯酰胺作为经典分子，可以与溴代乙酸甲酯发生自由基加成串联环化反应，一步反应得到目标分子 3,3-二取代吲哚-2-酮化合物，从而进一步构建毒扁豆碱家族及其吡咯烷酮类似物。在该反应中，如何得到较高产率、高纯度的目标产物，是研究工作的重点。

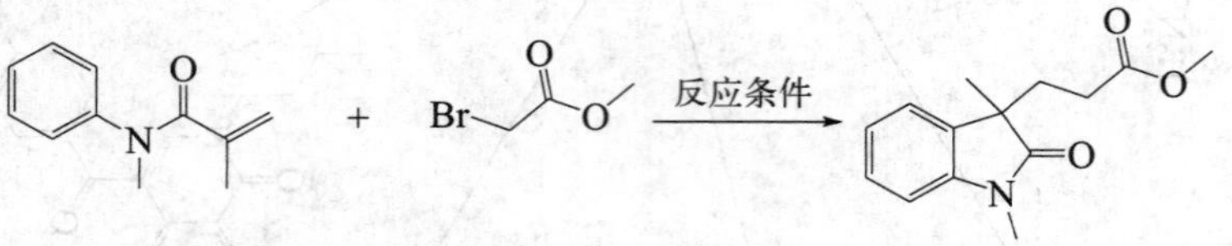

【要求】

（1）查阅相关文献，比较不同的合成方法，设计可行的实验方案，合成 40 mg 目标产物。

（2）采用合适的方法提纯目标产物。

（3）对目标产物进行结构表征。

【提示】

（1）了解自由基加成串联环化反应的特点。

（2）设计可行的合成方案和实验装置，反应条件筛选可考察催化剂、溶剂、反应温度、反应时间、反应气氛等。

【思考题】

(1) 反应中自由基是如何引发的?

(2) 如何设计并合成毒扁豆碱?

(3) 请提出可能的反应机理。

实验六　废旧电池正极材料的电化学回收

【背景】

　　新能源汽车产业不仅仅是全球科研热点,也是中国明确定位的战略性新兴产业。而锂离子电池的寿命通常在 5～8 年,随着时间的推移,每年都会产生大量的退役锂电池。从 2021 年开始,我国将迎来第一批动力电池退役高峰期。预计到 2025 年,我国动力电池累计退役量将达到约 80 万吨。由于锂电池在制造过程中需要利用大量的有价金属,如 Ni、Co、Mn、Li、Al、Cu 等,因此,废旧锂电池是一种优秀的再生资源。

【要求】

(1) 通过 XRD 对 $LiCoO_2$ 等正极材料进行成分分析。

(2) 通过热分析测试确定材料的煅烧温度,同时通过高温煅烧将正极材料与黏结剂、残留碳粉等杂质有效分离。

(3) 通过查找文献确定材料的浸出体系并进行优化,得到浸出最优化条件。

(4) 以不锈钢为电极,通过调节电沉积温度、pH 值、电流密度、电沉积时间等条件,得到浸出液单次电沉积过程最优化条件。

实验七　纳米 TiO_2 光催化降解甲基橙的动力学研究

【背景】

　　通过光催化技术降解污染物是近些年迅速发展并得到广泛应用的一种环境治理技术,通常采用的光催化剂有 TiO_2、ZnO、WO_3、CdS、ZnS、$SrTiO_3$ 和 Fe_2O_3。其中 TiO_2 光催化技术近年来获得了巨大发展,TiO_2 对多种有机物有明显的降解效果,具有广阔的应用前景。

【要求】

(1) 通过查找文献合成(或购买)锐钛矿型纳米 TiO_2,并在紫外光辐射下进行降解甲基橙实验。

(2) 利用所学的化学动力学理论,对纳米 TiO_2 光催化降解甲基橙的动力学因素进行探讨,得出其光催化降解反应所遵循的动力学规律。

(3) 得出纳米 TiO_2 光催化降解甲基橙反应的表观速率常数,阐明降解过程的动力学规律,为纳米 TiO_2 光催化降解废水的工业应用奠定基础。

实验八 锰渣制备磷酸铁锰锂正极材料

【背景】

近年来，电解二氧化锰（EMD）工业生产规模不断扩大，产量持续增长，随之产生的锰渣固废污染问题不容忽视。本实验对锰渣中锰源进行回收再利用，合成磷酸锰铁锂正极材料，一体化有效解决 EMD 行业锰渣固废堆积的困扰，降低磷酸锰铁锂正极材料的生产成本，同时对其他行业推进固废资源的规模化、高值化利用具有借鉴和参考意义。

【要求】

（1）分析不同类别锰渣的主要成分。

（2）设计锰渣中锰源的回收方法与流程。

（3）设计利用回收锰源制备磷酸锰铁锂正极材料的方法。

实验九 碱性电解水制氢及阴极活性分析

【背景】

电解水制氢技术具有绿色环保、生产灵活和产品纯度高等特点，是光伏、风电等可再生能源制氢的主攻方向。碱性电解水制氢是最早开展的电解水制氢技术之一，其投资、运行成本低，但存在碱液流失、易腐蚀、能耗高等问题，目前尚未进入到大规模工业应用阶段。开发高效的碱性电解水制氢催化剂迫在眉睫。

【要求】

（1）查阅资料理解碱性电解水制氢原理。

（2）通过电化学工作站测试过电位、电化学活性表面积、电化学阻抗等，分析比较不同阴极的析氢反应（HER）活性。

（3）总结不同阴极材料结构与其在碱性环境下的 HER 活性的构效关系。

实验十 电池中电解液对隔膜/电极材料界面润湿性分析

【背景】

电解液对隔膜/电极材料的界面润湿性对于锂离子电池的运行具有重要的意义。高润湿性界面具备良好的电解液保持能力，为锂离子在电池正负极的高效传递提供保障。

【要求】

（1）利用接触角测试仪，测试电解液与不同隔膜/电极材料的接触角，量化界面润湿性。

（2）运用 Young's 方程，了解接触角大小与界面张力的关系。

（3）测试不同电池体系的倍率性能、循环性能及安全性能，总结界面润湿性对电池电化学性能的影响规律。

实验十一 | 高温热解法合成锂离子电池硅碳负极材料

【背景】

随着电动汽车对动力电池续航要求的不断提高，传统石墨负极已渐渐不能满足市场需求。硅负极具有最高的比容量 $3579 \ mA \cdot h \cdot g^{-1}$，但体积膨胀与低电导率等问题限制了其进一步应用，所以需要对其进行改性处理。

【要求】

（1）有机物包覆硅材料后经过高温热解可制备硅碳复合材料。通过工艺探索，优化硅碳负极合成工艺的参数，制备性能更优的硅碳负极材料，并掌握电池组装的关键步骤。

（2）通过电池测试系统对电池进行充放电测试，了解电池充放电测试工步设置、性能评估指标。

（3）通过电化学工作站对电池进行循环伏安以及交流阻抗测试，了解硅材料脱嵌锂过程中的电化学特性，得出实验结论。

实验十二 | 印制电路板 Ni-Pd-Au 化学镀镀液体系的研究

【背景】

印制电路板的导电主体 Cu 在空气中容易发生腐蚀，因此需要在 Cu 的表面通过化学镀依次镀 Ni 层、Pd 层、Au 层。目前存在化学镀体系不稳定、容易翻槽（化学镀槽内所有金属离子被快速还原为金属单质，沉积在槽底）、镀速不能精确控制等问题。

【要求】

（1）通过选择主盐、还原剂、加速剂和稳定剂分别构建镀 Ni、镀 Pd、镀 Au 化学镀体系。

（2）通过电化学方法研究还原剂、加速剂和稳定剂浓度对化学镀镀速的影响。

（3）通过电化学方法研究金属沉积过程成核与生长哪一个为主导因素。

实验十三 | 锂电池材料理论模拟研究

【背景】

随着基础理论与计算机领域的发展，诸多计算模拟的方法被应用在锂离子电池的研究。由于实验手段在微观尺度方面无法给出明确的理论解释，理论计算模拟的方法在理解锂离子电池的内部化学与电化学的演变过程上具有相对的优越性。理论计算模拟能够验证锂离子电池材料的实验结果，同时也促进并指导电池材料的发展。

【要求】

（1）基于密度泛函理论计算电极材料的结构稳定性、嵌锂电位、电子结构、能带、弛豫结构、缺陷生成能、迁移路径、活化能及锂离子传输动力学和脱嵌锂相变等性质。

（2）通过分子动力学模拟锂离子随时间的演化，查看离子迁移的路径，计算粒子的扩散系数以及材料的稳定性。

（3）通过相场模型能够模拟晶体生长、固态相变、裂纹演化、薄膜相变、离子在界面外迁移等。

实验十四 聚氧化乙烯固态电解质的制备与离子电导率测试

【背景】

固态电解质是固态锂离子电池中最重要的部分，目前聚合物固态电解质主要存在着离子电导率低的问题，这也是阻碍固态锂离子电池商业化最重要的原因。因此如何提高聚合物固态电解质的离子电导率是目前研究的重点。本实验以聚氧化乙烯（PEO）固态电解质作为研究对象，探究温度对离子电导率的影响。

【要求】

（1）选择 PEO 聚合物为主体，LiTFSI 作为锂源，复合制备 PEO 聚合物固态电解质。

（2）在手套箱中组装正极壳-不锈钢片-固态电解质-不锈钢片-负极壳阻塞电池。

（3）组装好的电池在电化学工作站上在不同温度下进行阻抗测试，探究温度对离子电导率的影响。

实验十五 锂离子电池隔膜用聚烯烃纤维的亲液性改性

【背景】

隔膜作为锂离子电池的关键材料，起到提供锂离子通道，同时隔断正负极防止内部短路的作用。现有商用聚烯烃隔膜因其表面亲液性能差，导致锂离子通过阻力大，影响电池充放电性能和电池容量等。同时，聚烯烃表面亲液性能差，无法和植物纤维等实现均匀混合，混抄过程中造成纤维分层，严重影响隔膜性能，所以，聚烯烃纤维表面的亲液性改性以实现各种纤维在溶液中的均匀混合是制备锂离子电池的重要步骤之一。

【要求】

（1）聚烯烃纤维经润胀，氧化接枝可实现部分表面由非极性向极性转变，再以新制轻质碳酸钙吸附，可实现聚烯烃纤维表面的亲液性改性。通过工艺探索，优化改性工艺的各项参数。

（2）了解吸湿率的测试程序，掌握聚烯烃纤维的亲液性测试表征方法。

（3）通过红外光谱法，分析纤维表面接枝情况；通过扫描电镜，观察纤维表面状态变化情况，得出实验结论。

实验十六 | 湿法无纺布法制备锂离子电池复合隔膜

【背景】

现有商用聚烯烃隔膜因其表面亲液性能差，导致锂离子通过阻力大，影响电池充放电性能和电池容量等；且随着温度升高，聚烯烃隔膜易于卷曲，导致正负极可能接触而短路，严重时会导致体系温度不可控地上升，从而引起电池燃烧甚至爆炸。采用湿法无纺布法，以聚丙烯纤维、植物纤维，以及其他化学纤维为原料，制备孔隙率高、强度高、亲液性好及抗形变能力强的锂离子电池隔膜，是解决上述问题的一种思路。

【要求】

（1）改性聚烯烃纤维与经过打浆的植物纤维混合后，轻度疏解、抄片、压榨、热压干燥成型可制得锂离子电池隔膜，通过工艺探索，优化改性工艺的各项参数。

（2）掌握隔膜厚度、抗拉强度、耐破度、孔隙率、亲液性、抗形变能力等测试表征方法。

（3）通过扫描电镜观察隔膜表面状态变化情况，得出实验结论。

实验十七 | 复合隔膜的"热闭"功能

【背景】

近年来，锂离子电池的燃烧和爆炸屡见报道，通过添加组分，使得隔膜既可作为锂离子通道，也可作为阻止锂离子通过的隔离墙，实现低温通畅、高温隔断，以此有望解决锂离子电池的安全问题。

【要求】

（1）了解交流阻抗法测试隔膜阻抗的原理，掌握隔膜电导率的测试方法。

（2）对比高温（如 130℃）处理前后隔膜的孔隙率、阻抗或电导率，了解"热闭"概念。

（3）通过扫描电镜观察隔膜表面状态变化情况，得出实验结论。

实验十八 | 复合隔膜对锂离子电池性能的影响

【背景】

隔膜的纤维组成、结构和性能，无不影响着锂离子电池的性能。本实验通过对锂离子电池的装配与制作及性能的分析测试，研究隔膜对电池性能的影响。

【要求】

（1）制备纤维复合隔膜，并掌握电池组装的步骤。

（2）通过电池测试系统对电池进行充放电测试，了解电池充放电测试工步设置、性能评估指标。

（3）通过电化学工作站对电池进行循环伏安以及交流阻抗测试，研究锂离子通过隔膜的扩散机制，以及隔膜对锂离子电池性能的影响机制，得出实验结论。

实验十九　构建具有确定相变温度的多组分体系

【背景】

相变蓄热材料在太阳能热利用、电力削峰填谷和建筑调温等领域有广泛的应用前景。单组分相变材料具有确定的熔点，其应用也受到相变材料熔点温度的限制。构建具有确定熔点的多组分体系是扩展相变材料应用温度范围的重要方法。本实验的目的是依据相图原理，采用热分析的方法构建具有确定相变温度的多组分体系，获得具有不同于单组分相变材料熔点的新相变材料。要求学生在查阅文献的基础上，拟定实验方案并进行实验，最终得到新相变材料。

【要求】

在准备实验及进行实验的过程中，学生应该了解并掌握以下知识：

① 二组分体系相图的基本特点。

② 热分析方法的分类及其应用。

③ 相变蓄热材料的基本工作原理。

④ 相变蓄热材料的基本要求及所获得的新相变材料的不足。

实验二十　多孔材料的制备与应用

【背景】

多孔材料种类多，应用范围广，储能、催化、建材、航空航天等领域均可见到多孔材料的身影。本实验的目的是制备得到至少一种具有稳定结构的多孔材料并掌握相关基本化学理论。要求学生依据指导老师所提出的应用目的，在查阅文献的基础上，选择合适的多孔材料类型，拟定实验方案并进行实验，最终制得多孔材料并进行相关表征和应用尝试。

【要求】

在准备实验及进行实验的过程中，学生应该了解并掌握以下知识：

① 表面化学的相关理论。

② 多孔材料的种类、特点、应用领域，以及影响多孔材料性能的主要因素。

③ 超临界干燥、冷冻干燥、水热合成和自组装等相关实验技术。

④ 多孔材料的主要表征手段及其原理。

附　录

附录1　物理化学基本常数

常数	符号	数值[①]	单位
真空中的光速	C_0	$2.99792458(12) \times 10^8$	$m \cdot s^{-1}$
真空磁导率	$\mu_0 = 4\pi \times 10^{-7}$	12.566371×10^{-7}	$H \cdot m^{-1}$
真空电容率	ε_0	8×10^{-12}	$F \cdot m^{-1}$
基本电荷	e	$1.60217733(49) \times 10^{-19}$	C
精细结构常数	$a = \mu_0 c e^2 / (2h)$	$7.29735308(33) \times 10^{-3}$	—
普朗克常数	h	$6.6260755(40) \times 10^{-34}$	$J \cdot s$
阿伏伽德罗常数	L	$6.0221367(36) \times 10^{23}$	mol^{-1}
电子的静止质量	m_e	$9.1093897(54) \times 10^{-31}$	kg
质子的静止质量	m_p	$1.6726231(10) \times 10^{-27}$	kg
中子的静止质量	m_n	$1.6749286(10) \times 10^{-27}$	kg
法拉第常数	F	$9.6485309(29) \times 10^4$	$C \cdot mol^{-1}$
里德堡常数	R_∞	$1.0973731534(17) \times 10^7$	m^{-1}
玻尔半径	$a_0 = a / (4\pi R_\infty)$	$5.29177249(24) \times 10^{-10}$	m
玻尔磁子	$\mu_B = eh / (2m_e)$	$9.2740154(31) \times 10^{-24}$	$J \cdot T^{-1}$
核磁子	$\mu_N = eh / (2m_p c)$	$5.0507866(17) \times 10^{-27}$	$J \cdot T^{-1}$
摩尔气体常数	R	$8.314510(70)$	$J \cdot K^{-1} \cdot mol^{-1}$
玻尔兹曼常数	$k = R / L$	$1.380658(12) \times 10^{-23}$	$J \cdot K^{-1}$

① 括号中数字是标准偏差。

附录2 国际单位制基本单位（SI）

量的名称	量的符号	单位的名称	单位的符号
长度	l	米	m
质量	m	千克（公斤）	kg
时间	t	秒	s
电流	I	安[培]	A
热力学温度	T	开[尔文]	K
物质的量	n	摩[尔]	mol
发光强度	I_v	坎[德拉]	cd

附录3 专有名称和符号的国际单位制导出单位

物理量名称	单位名称	单位符号	备注
频率	赫[兹]	Hz	$1\ Hz = 1\ s^{-1}$
力	牛[顿]	N	$1\ N = 1\ kg \cdot m \cdot s^{-2}$
压力、应力	帕[斯卡]	Pa	$1\ Pa = 1\ N \cdot m^{-2}$
能[量]、功、热量	焦[耳]	J	$1\ J = 1\ N \cdot m$
电荷[量]	库[仑]	C	$1\ C = 1\ A \cdot s$
功率	瓦[特]	W	$1\ W = 1\ J \cdot s^{-1}$
电位、电压、电动势	伏[特]	V	$1\ V = 1\ W \cdot A^{-1}$
电容	法[拉]	F	$1\ F = 1\ C \cdot V^{-1}$
电阻	欧[姆]	Ω	$1\ \Omega = 1\ V \cdot A^{-1}$
电导	西[门子]	S	$1\ S = 1\ A \cdot V^{-1}$
磁通量	韦[伯]	Wb	$1\ Wb = 1\ V \cdot s$
磁感应强度	特[斯拉]	T	$1\ T = 1\ Wb \cdot m^{-2}$

附录4 能量单位换算

能量单位	J	cal	eV
1 J	1	0.239006	6.241461×10^{18}
1 cal	4.184	1	2.611425×10^{19}
1 eV	1.602189×10^{-19}	3.829326×10^{-20}	1

附录 5　压力单位换算

压力单位	Pa	kgf · cm^{-2}	dyn · cm^{-2}	lbf · cm^{-2}
1 Pa	1	1.019716×10^{-5}	10	1.450342×10^{-4}
1 kgf · cm^{-2}	9.80665×10^4	1	9.80665×10^5	14.223343
1 dyn · cm^{-2}	0.1	1.019716×10^{-6}	1	1.450377×10^{-5}
1 lbf · cm^{-2}	6.89476×10^3	7.0306958×10^{-2}	6.89476×10^4	1
1 atm	1.101325×10^5	1.03323	1.101325×10^6	14.6960
1 bar	1×10^5	1.019716	1×10^6	14.5038
1 mmHg	133.322	1.35951×10^{-3}	1333.224	1.93368×10^{-2}

压力单位	atm	bar	mmHg
1 Pa	9.86923×10^{-6}	1×10^{-5}	7.5006×10^{-3}
1 kgf · cm^{-2}	0.967841	0.980665	735.559
1 dyn · cm^{-2}	9.86923×10^{-7}	1×10^{-6}	7.50062×10^{-4}
1 lbf · cm^{-2}	6.80460×10^{-2}	6.89476×10^{-2}	51.7149
1 atm	1	1.101325	760.0
1 bar	0.986923	1	750.062
1 mmHg	1.3157895×10^{-3}	1.33322×10^{-3}	1

附录 6　一些有机物的标准摩尔燃烧焓

名称	化学式	$t/℃$	$-\Delta_c H_m^{\ominus}/(kJ \cdot mol^{-1})$
甲醇	$CH_3OH(l)$	25	726.51
乙醇	$C_2H_5OH(l)$	25	1366.8
甘油	$(CH_3OH)_2CHOH(l)$	20	1661.0
苯	$C_6H_6(l)$	20	3267.5
己烷	$C_6H_{14}(l)$	25	4163.1
苯甲酸	$C_6H_5COOH(s)$	20	3226.9
樟脑	$C_{10}H_{16}O(s)$	20	5903.6
萘	$C_{10}H_8(s)$	25	5153.9
尿素	$NH_2CONH_2(s)$	25	631.7

注：本表摘自 CRC Handbook of chemistry and Physics. 66th ed. 1985—1986，272-278。

附录 7　一些液体的蒸气压、沸点和汽化热

温度/℃	蒸气压/kPa						
	四氯化碳	乙酸乙酯	乙醇	苯	正丙醇	水	醋酸
25	18.865	—	7.866	—	2.680	3.168	—
30	19.065	15.825	10.439	—	3.680	4.242	2.746
35	23.491	—	13.826	—	4.986	5.623	—
40	28.771	24.840	18.039	24.371	6.693	7.375	4.640
45	34.997	—	23.318	29.798	8.853	9.583	—
50	42.277	37.637	29.624	36.170	11.626	12.334	7.546
55	50.569	—	37.410	43.596	15.145	15.737	—
60	60.102	55.369	47.023	52.196	19.598	19.918	11.852
65	70.781	—	59.835	62.102	24.906	24.998	—
70	82.967	79.500	72.327	73.434	31.864	31.157	18.132
75	—	—	88.139	86.366	40.130	38.543	—
80	—	—	—	—	50.129	47.343	26.971
85	—	—	—	—	62.128	57.809	—
90	—	—	—	—	76.527	70.101	39.157
95	—	—	—	—	80.927	84.513	—
100	—	—	—	—	—	101.325	55.609
正常沸点/℃	76.75	77.15	78.3	80.1	97.4	100	118.5
汽化热/(kJ·mol⁻¹)	29.857 (76.75℃)	47.789 (77.15℃)	39.320 (78.3℃)	30.824 (80.1℃)	41.238 (97.4℃)	40.668(100℃) 41.584(80℃)	24.321 (118.5℃)

附录 8　金属混合物熔点

金属		金属（Ⅱ）的含量/%									
Ⅰ	Ⅱ	0	10	20	30	40	50	60	70	80	90	100
Pb	Sn	326	295	276	262	240	220	190	185	200	216	232
	Bi	322	290	—	—	179	145	126	168	205	—	268
	Sb	326	250	275	330	395	440	490	525	560	600	632
Sb	Bi	632	610	590	575	555	540	520	470	405	330	268
	Sn	622	600	570	525	480	430	395	350	310	255	232

注：本表摘自 CRC Handbook of Chemistry and Physics. 66th ed. 1985—1986，183-184。

附录 9　不同温度下水的饱和蒸气压、密度、黏度、表面张力、折射率等数据表

温度 /℃	蒸气压 /Pa	密度 /(kg・m^{-3})	黏度 /(mPa・s)	表面张力 /(mN・m^{-1})	折射率 （钠光 589.3 nm）
0	610.5	999.84	1.791	75.64	1.3339
1	656.7	999.90	1.7313	—	—
2	705.8	999.94	1.6728	—	—
3	757.9	999.97	1.6191	—	—
4	813.4	999.98	1.5674	—	—
5	872.3	999.97	1.5188	74.92	1.33388
6	935.0	999.95	1.4728	—	—
7	1001.6	999.1	1.4283	—	—
8	1072.6	999.85	1.3860	—	—
9	1147.8	999.78	1.3462	—	—
10	1227.8	999.70	1.3077	74.22	1.33370
11	1312.4	999.61	1.2713	74.07	1.33365
12	1402.3	999.50	1.2363	73.93	1.33359
13	1497.3	999.38	1.2028	73.78	1.33352
14	1598.1	999.25	1.1709	73.64	1.33346
15	1704.9	999.10	1.1404	73.49	1.33339
16	1817.7	998.95	1.1111	73.34	1.33331
17	1937.2	998.78	1.0828	73.19	1.33324
18	2063.4	998.60	1.0559	73.05	1.33317
19	2196.7	998.41	1.0299	72.90	1.33307
20	2337.8	998.21	1.0050	72.88	1.33299
21	2486.5	998.00	0.9810	72.59	1.33290
22	2643.4	997.77	0.9579	72.44	1.33281
23	2808.8	997.54	0.9358	72.28	1.33272
24	2983.3	997.30	0.9142	72.13	1.33263
25	3167.2	997.05	0.8937	71.97	1.33262
26	3360.9	996.79	0.8737	71.82	1.33242
27	3564.9	996.52	0.8545	71.66	1.33231
28	3779.5	996.24	0.8360	71.50	1.33219
29	4005.3	995.99	0.8180	71.35	1.33208
30	4242.8	995.65	0.8007	71.40	1.33192
31	4492.3	995.35	0.7840	—	—
32	4754.7	995.03	0.7679	—	—
33	5030.1	994.71	0.7523	—	—
34	5319.3	994.38	0.7371	—	—
35	5622.9	994.04	0.7225	70.38	1.33131
40	7375.9	992.22	0.6560	69.56	—
45	9583.2	—	0.5883	68.74	—
50	12334	988.04	0.5494	67.91	—
60	19916	983.22	0.4688	66.18	—
80	47343	971.81	0.3547	62.6	—
100	101325	958.36	0.2818	58.9	—

附录 10　25℃下某些醇类水溶液的表面张力

表1　不同浓度乙醇水溶液的表面张力

乙醇浓度 w/%	乙醇溶液表面张力/(mN·m^{-1})	乙醇浓度 w/%	乙醇溶液表面张力/(mN·m^{-1})
0.00	72.20	30.47	32.25
2.72	60.79	50.22	27.87
5.21	54.87	68.94	25.71
11.00	46.03	87.92	23.64
20.50	37.53	100.0	22.03

表2　不同浓度其他醇水溶液的表面张力　　　　单位：mN·m^{-1}

醇类溶液浓度 w/%	正丁醇水溶液	2-甲基-1-丙醇水溶液	2-甲基-2-丙醇水溶液
0	72.2	72.2	72.2
0.25	64.7	64.4	65.7
0.50	58.7	58.3	61.2
1.00	51.0	51.0	55.7
2.00	43.2	43.3	50.0
3.00	37.5	37.7	45.9
6.00	27.8	28.6	38.7

附录 11　水在某些温度下的汽化热

单位：kJ·mol^{-1}

温度/℃	汽化热	温度/℃	汽化热	温度/℃	汽化热
0	44.894	70	42.022	110	40.168
20	44.087	80	41.584	120	39.625
40	43.266	90	41.140		
60	42.451	100	40.668		

附录 12　18～25℃下难溶化合物的溶度积

化合物	K_{sp}	化合物	K_{sp}
AgBr	5.0×10^{-13}	BaSO$_4$	1.1×10^{-10}
AgCl	1.8×10^{-10}	Fe(OH)$_3$	4.0×10^{-38}
AgI	8.3×10^{-17}	PbSO$_4$	1.6×10^{-8}
Ag$_2$S	6.3×10^{-50}	CaF$_2$	2.7×10^{-11}
BaCO$_3$	5.1×10^{-9}		

附录 13　不同温度下某些液体的密度 ρ 和黏度 η

温度/℃	苯		乙醇		氯仿	
	$\rho/(kg \cdot m^{-3})$	$\eta/(mPa \cdot s)$	$\rho/(kg \cdot m^{-3})$	$\eta/(mPa \cdot s)$	$\rho/(kg \cdot m^{-3})$	$\eta/(mPa \cdot s)$
0	—	0.912	806	1.785	1526	0.699
10	887	0.758	798	1.451	1496	0.625
15	883	0.698	794	1.345	1486	0.597
16	882	0.685	793	1.320	1484	0.591
17	882	0.677	792	1.290	1482	0.586
18	877	0.666	791	1.265	1480	0.580
19	870	0.656	790	1.238	1478	0.574
20	879	0.647	789	1.216	1.476	0.568
21	879	0.638	788	1.188	1474	0.562
22	878	0.629	787	1.165	1472	0.556
23	877	0.621	786	1.143	1471	0.551
24	876	0.611	786	1.123	1.469	0.545
25	875	0.601	785	1.103	1467	0.540
30	869	0.566	781	0.991	1460	0.514
40	858	0.482	722	0.823	1451	0.464
50	847	0.436	763	0.701	1433	0.424
60	—	0.395	—	0.591	—	0.389
70	836	—	754	—	1411	—

附录 14　某些液体的折射率

物质	15℃	18℃	20℃	25℃	30℃
水	1.334	1.33317	1.3330	1.33262	1.33192
乙醇	1.36330	1.36129	1.36048	1.35885	1.35639
氯仿	1.44858	—	1.44550	—	—
四氯化碳	1.46305	—	1.46044	—	—
丙酮	1.36157	—	1.35911	—	—
环己酮	1.4289	—	1.4265	—	—
环己烷	—	—	—	1.42388	—
苯	1.50439	—	1.50110	—	—
溴苯	1.56252	—	1.56020	1.533	—
硝基苯	1.5547	—	1.5525		

附录 15　KCl 溶液的电导率

单位：S・m^{-1}

温度/℃	$c/(mol \cdot L^{-1})$			
	1.000	0.100	0.02	0.01
0	6.541	0.715	0.1521	0.0776
5	7.414	0.822	0.1752	0.0896
10	8.319	0.933	0.1994	0.1020
15	9.252	1.048	0.2243	0.1147
16	9.441	1.072	0.2294	0.1173
17	9.631	1.095	0.2435	0.1199
18	9.822	1.119	0.2397	0.1225
19	10.014	1.143	0.2449	0.1251
20	10.207	1.167	0.2501	0.1278
21	10.400	1.191	0.2553	0.1305
22	10.594	1.215	0.2606	0.1332
23	10.789	1.239	0.2659	0.1359
24	10.984	1.264	0.2712	0.1386
25	11.180	1.288	0.2765	0.1413
26	11.377	1.313	0.2819	0.1441
27	11.574	1.337	0.2873	0.1468
28	—	1.362	0.2927	0.1496
29	—	1.387	0.2981	0.1524
30	—	1.412	0.3036	0.1552
31	—	1.437	0.3091	0.1531
32	—	1.462	0.3146	0.1609
33	—	1.488	0.3201	0.1638
34	—	1.513	0.3256	0.1667
35	—	1.539	0.3312	—
36	—	1.564	0.3368	—

注：25℃时，0.001 mol・L^{-1} 的 KCl 电导率为 0.01469 S・m^{-1}，0.0001 mol・L^{-1} 的 KCl 电导率为 0.001489 S・m^{-1}。

附录 16　不同温度下离子在水溶液中的极限摩尔电导率 Λ_m^∞

单位：$\times 10^4$ S・m^2・mol^{-1}

离子	0℃	18℃	25℃	50℃
H$^+$	240	314	350	465
K$^+$	40.4	64.4	74.05	115
Na$^+$	26	4305	50.9	82
NH$_4^+$	40.2	64.5	74.5	115
Ag$^+$	32.9	54.3	63.5	101

离子	0℃	18℃	25℃	50℃
$\frac{1}{2}Ba^{2+}$	33	55	65	104
$\frac{1}{2}Ca^{2+}$	30	51	60	98
$\frac{1}{3}La^{3+}$	35	61	72	119
OH^-	105	172	192	284
Cl^-	41.1	65.5	75.5	116
NO_3^-	40.4	61.7	70.6	104
$C_2H_3O_2^-$	20.3	34.6	40.8	67
$\frac{1}{2}SO_4^{2-}$	41	83	80	125
$\frac{1}{2}C_2O_4^{2-}$	39	96	73	115
$\frac{1}{4}Fe(CN)_6^{4-}$	58	95	111	173

附录17 25℃时一些离子在水溶液中的极限摩尔电导率

单位：$S \cdot m^2 \cdot mol^{-1}$

离子	$\Lambda_m^\infty / \times 10^4$	离子	$\Lambda_m^\infty / \times 10^4$	离子	$\Lambda_m^\infty / \times 10^4$	离子	$\Lambda_m^\infty / \times 10^4$
$\frac{1}{2}Be^{2+}$	54	Li^+	38.69	ClO_3^-	64.4	HSO_4^-	52
$\frac{1}{2}Cd^{2+}$	54	$\frac{1}{2}Mg^{2+}$	53.06	ClO_4^-	67.9	I^-	76.8
$\frac{1}{2}Ce^{3+}$	70	$\frac{1}{2}Ni^{2+}$	50	CN^-	78	IO_3^-	40.5
$\frac{1}{2}Co^{2+}$	53	$\frac{1}{2}Pb^{2+}$	71	$\frac{1}{2}CO_3^{2-}$	72	IO_4^-	54.4
$\frac{1}{3}Cr^{3+}$	67	$\frac{1}{2}Sr^{2+}$	59.46	$\frac{1}{2}CrO_4^{2-}$	85	IO_5^-	71.8
$\frac{1}{2}Cu^{2+}$	55	Tl^+	76	$\frac{1}{3}Fe(CN)_6^{3-}$	101	$\frac{1}{3}PO_4^{3-}$	69.0
$\frac{1}{2}Fe^{2+}$	54	$\frac{1}{2}Zn^{2+}$	52.8	HCO_3^-	44.5	SCN^-	66
$\frac{1}{3}Fe^{3+}$	58	Br^-	78.1	HS^-	65	$\frac{1}{2}SO_4^{2-}$	80.0
$\frac{1}{2}Hg^{2+}$	53.06	F^-	54.4	HSO_3^-	58	Ac^-	40.9

附录 18　25℃时一些弱酸和弱碱的电离平衡常数

物质	K（或 K_1）	物质	K（或 K_1）	物质	K（或 K_1）
醋酸	1.8×10^{-5}	草酸	5.0×10^{-2}	氨	1.8×10^{-5}
苯甲酸	6.4×10^{-5}		（K_2：5.4×10^{-5}）	乙胺	5.6×10^{-4}
酚	1.3×10^{-10}	硼酸	5.8×10^{-10}	吡啶	1.7×10^{-9}
硫化氢	9.1×10^{-2}	磷酸	7.5×10^{-3}	苯胺	4.0×10^{-10}
	（K_2：1.2×10^{-15}）		（K_2：6.2×10^{-8}）		

附录 19　25℃时不同浓度的水溶液中阳离子的迁移数

电解质	浓度/(mol·L^{-1})					
	0（外推）	0.01	0.02	0.05	0.1	0.2
HCl	0.8209	0.8251	0.8266	0.8292	0.8314	0.8337
LiCl	0.3364	0.3289	0.3261	0.3211	0.3166	0.3112
NaCl	0.3963	0.3918	0.3902	0.3876	0.3854	0.3621
KCl	0.4906	0.4902	0.4901	0.4899	0.4898	0.4894
KBr	0.4849	0.4833	0.4832	0.4831	0.4833	0.4887
KI	0.4892	0.4884	0.4883	0.4882	0.4883	0.4887
KNO$_3$	0.5072	0.5084	0.5087	0.5093	0.5103	0.5120
$\frac{1}{2}$K$_2$SO$_4$	0.4790	0.4829	0.4848	0.4870	0.4890	0.4910
$\frac{1}{2}$CaCl$_2$	0.4360	0.4264	0.4220	0.4140	0.4060	0.3953
$\frac{1}{3}$LaCl$_3$	—	0.4625		0.4482	0.4375	—
$\frac{1}{2}$CuSO$_4$	0.4074[①]	—	0.375[②]	0.375[②]	0.373[②]	0.357[②]

① 25℃下 $\frac{1}{2}$CuSO$_4$ 阳离子的迁移数，其是根据无限稀释时 $\frac{1}{2}$Cu^{2+} 和 $\frac{1}{2}$SO$_4^{2-}$ 的极限摩尔电导率计算求得。

② 为 18℃时的数据。

附录 20　常用参比电极在 25℃时的电极电势及温度系数

名称	体系	E/V[①]	$(dE/dT)/(mV \cdot K^{-1})$
氢电极	$Pt, H_2 \mid H^+ (a_{H^+} = 1)$	0.0000	—
饱和甘汞电极	$Hg, Hg_2Cl_2 \mid$ 饱和 KCl	0.2424	-0.761
标准甘汞电极	$Hg, Hg_2Cl_2 \mid 1 \, mol \cdot L^{-1} \, KCl$	0.2800	-0.275
甘汞电极	$Hg, Hg_2Cl_2 \mid 0.1 \, mol \cdot L^{-1} \, KCl$	0.3337	-0.875
银-氯化银电极	$Ag, AgCl \mid 0.1 \, mol \cdot L^{-1} \, KCl$	0.290	-0.3
氧化汞电极	$Hg, HgO \mid 0.1 \, mol \cdot L^{-1} \, KOH$	0.165	—
硫酸亚汞电极	$Hg, Hg_2SO_4 \mid 1 \, mol \cdot L^{-1} \, H_2SO_4$	0.6758	—
硫酸铜电极	$Cu \mid$ 饱和 $CuSO_4$	0.316	-0.7

① 25℃，相对于标准氢电极（NCE）。

附录 21　不同温度时甘汞电极的电极电势

单位：V

$t/℃$	$0.1 \, mol \cdot L^{-1}$	$1.0 \, mol \cdot L^{-1}$	饱和	$t/℃$	$0.1 \, mol \cdot L^{-1}$	$1.0 \, mol \cdot L^{-1}$	饱和
5	0.3377	0.2876	0.2568	18	0.3369	0.2845	0.2483
6	0.3376	0.2874	0.2862	19	0.3369	0.2842	0.2477
7	0.3376	0.2871	0.2555	20	0.3368	0.2840	0.2471
8	0.3375	0.2869	0.2549	21	0.3367	0.2838	0.2464
9	0.3375	0.2866	0.2542	22	0.3367	0.2835	0.2458
10	0.3374	0.2864	0.2536	23	0.3366	0.2833	0.2451
11	0.3373	0.2862	0.2529	24	0.3366	0.2830	0.2445
12	0.3373	0.2859	0.2523	25	0.3365	0.2828	0.2424
13	0.3372	0.2857	0.2516	26	0.3364	0.2826	0.2431
14	0.3372	0.2854	0.2510	27	0.3364	0.2823	0.2425
15	0.3371	0.2852	0.2503	28	0.3363	0.2821	0.2418
16	0.3370	0.2850	0.2497	29	0.3363	0.2818	0.2412
17	0.3370	0.2847	0.2490	30	0.3362	0.2816	0.2405

注：表中数值是根据下列公式计算的：

$0.1 \, mol \cdot L^{-1}$：$E_{甘汞} = 0.3365 - 6.5 \times 10^{-5} (t - 25)$；

$1.0 \, mol \cdot L^{-1}$：$E_{甘汞} = 0.2828 - 2.4 \times 10^{-4} (t - 25)$；

饱和 $E_{甘汞} = 0.2438 - 6.5 \times 10^{-4} (t - 25)$ 或 $0.2420 - 7.4 \times 10^{-4} (t - 25)$。

附录 22   标准电极电势（还原，25℃）

电极	电极反应	$E^{\ominus}/V$
Li^+/Li	$Li^+ + e^- \rightleftharpoons Li$	-3.045
K^+/K	$K^+ + e^- \rightleftharpoons K$	-2.925
Mg^{2+}/Mg	$Mg^{2+} + 2e^- \rightleftharpoons Mg$	-2.37
Zn^{2+}/Zn	$Zn^{2+} + 2e^- \rightleftharpoons Zn$	-0.763
Fe^{2+}/Fe	$Fe^{2+} + 2e^- \rightleftharpoons Fe$	-0.440
Cd^{2+}/Cd	$Cd^{2+} + 2e^- \rightleftharpoons Cd$	-0.403
Ni^{2+}/Ni	$Ni^{2+} + 2e^- \rightleftharpoons Ni$	-0.250
AgI/Ag	$AgI + e^- \rightleftharpoons Ag + I^-$	-0.152
Pb^{2+}/Pb	$Pb^{2+} + 2e^- \rightleftharpoons Pb$	-0.126
$(Pt)H^+/H_2$	$2H^+ + 2e^- \rightleftharpoons H_2$	0.00
$(Pt)Sn^{4+}/Sn^{2+}$	$Sn^{4+} + 2e^- \rightleftharpoons Sn^{2+}$	0.14
$AgCl/Ag$	$AgCl + e^- \rightleftharpoons Ag + Cl^-$	0.2222
Cu^{2+}/Cu	$Cu^{2+} + 2e^- \rightleftharpoons Cu$	0.337
OH^-/O_2	$O_2 + 2H_2O + 4e^- \rightleftharpoons 4OH^-$	0.401
Cu^+/Cu	$Cu^+ + e^- \rightleftharpoons Cu$	0.521
Ag^+/Ag	$Ag^+ + e^- \rightleftharpoons Ag$	0.799
Cl_2/Cl^-	$Cl_2 + 2e^- \rightleftharpoons 2Cl^-$	1.3595

附录 23   不同浓度的一些电解质的平均活度系数（25℃）

电解质	浓度/(mol·kg^{-1})										
	0.001	0.005	0.01	0.02	0.05	0.1	0.2	0.5	1.0	2.0	3.0
$CuSO_4$	0.74	0.53	0.41	—	0.20	0.16	0.104	0.062	0.0423	—	—
HCl	0.966	0.928	0.905	0.875	0.83	0.796	0.767	0.705	0.809	1.009	1.316
HNO_3	0.965	0.927	0.902	0.871	0.823	0.785	0.748	0.715	0.720	0.783	0.876
H_2SO_4	0.830	0.643	0.545	0.455	0.341	0.266	0.210	0.155	0.131	0.125	0.142

电解质	浓度/(mol·kg⁻¹)										
	0.001	0.005	0.01	0.02	0.05	0.1	0.2	0.5	1.0	2.0	3.0
NaOH	—	—	0.899	0.860	0.818	0.766	0.72	0.693	0.679	0.70	0.77
KOH	—	0.92	0.90	0.86	0.824	0.798	0.765	0.728	0.765	0.888	1.081
NaCl	0.966	0.929	0.904	0.875	0.823	0.778	0.732	0.679	0.666	0.670	0.719
KCl	0.865	0.927	0.901	—	0.815	0.769	0.717	0.650	0.605	0.575	0.573
NH_4Cl	0.961	0.911	0.880	—	0.790	0.770	0.718	0.649	0.603	0.570	0.561
$ZnSO_4$	0.734	0.477	0.387	0.298	0.202	0.148	0.104	0.063	0.044	0.035	0.041

附录 24　各类物质的表面张力 σ

物类	物质	温度/℃	σ/(mN·m^{-1})	物质	温度/℃	σ/(mN·m^{-1})	物质	温度/℃	σ/(mN·m^{-1})
低沸点物质	氦 He	−272.1	0.356	一氧化碳	−193	9.8	氰酸	17	18.2
	氢 H_2	−253.1	2.10	氩 Ar	−183	11.86	氯 Cl_2	−40	27.3
	氘 D_2	−253.1	3.51	甲烷	−163	13.71	三氧化磷	20	29.1
	氖 Ne	−248.1	5.5	NOCl	−10	13.71	溴 Br_2	20	31.5
	二氧化碳	−25	9.13	氧 O_2	−196	16.48	过氧化氢	18.2	76.1
	氮 N_2	−198	9.41	乙烷	−93	186.63	N_2H_4	25	91.5
有机物质（室温下为液体）	全氟戊烷	20	9.89	甲苯	20	28.52	二硫化碳	20	约32
	全氟庚烷	20	13.19	乙酸丁酯	20	25.09	油酸	20	32.5
	全氟甲基环己烷	20	15.7	四氯化碳	25	26.43	硝基甲苯	20	32.66
	己烷	20	18.4	环己烷	20	26.5	二甲亚砜	20	36.56
	庚烷	20	20.14	丁酸	25	26.51	乙二醇	20	40.9
	乙醚	25	20.14	丙酸	20	26.69	邻二甲苯	20	30.1
	辛烷	20	21.62	三氯甲烷	25	26.67	对二甲苯	20	28.37
	乙醇	20	22.39	乙酸	20	27.6	间二甲苯	20	28.9
		30	21.55	甲醚	20	23.7			
	甲醇	20	22.50	苯	20	28.88			
	壬烷	20	22.85		30	27.56			
氧化物	Al_2O_3	2050	580	La_2O_3	2320	560	PbO	900	132
	B_2O_3	900	79.5	Na_2SiO_3	1000	310	—	—	—
	FeO	1420	585	SiO_2	1400	200～260	—	—	—

物类	物质	温度/℃	σ/(mN·m⁻¹)	物质	温度/℃	σ/(mN·m⁻¹)	物质	温度/℃	σ/(mN·m⁻¹)
金属熔体	钾 K	64	119	汞 Hg	20	486.5(476.1)	铜 Cu	熔点	1300
		70	294		25	485.5		1140-	1120
	钠 Na	100	206.4	镁 Mg	700	500(542)	钛 Ti	1680	1588
		250	199.5	锡 Sn	700	538	镍 Ni	1470	1615
	钡 Ba	720	226	镉 Cd	320	630	金 Au	1120	1128
	镓 Ga	30	358		370	608	铁 Fe	1550	1560
	铋 Bi	300	388(376)		477	753		1530	(1700)
		583	354	锌 Zn	590	708		熔点	1880
	锑 Sb	635	383		700	(750)	硫 S	445	38.97
	铅 Pb	350	454(442)	银 Ag	1000	923	硒 Se	220	105.5
		750	423		1100	878			
	汞 Hg	15	487	铝 Al		840(900)			
盐类熔体	AgBr	熔点	121.4	KCl	熔点	98.4	LiNO₃	359	111.5
	AgCl	452	125.5	KClO₃	368	61	NaCl	803	113.8
	BaCl₂	熔点	171	KCNS	175	101.5	NaBr	熔点	102.8
	Ba(NO₃)₂	595	134.8	KCN	熔点	96.1	NaF	1010	199.5
	BiCl₃	382	52.0	KF	913	138.4	NaMoO	699	214.0
	BiBr₃	271	66	K₂Cr₂O₇	397	129	NaNO₃	308	116.6
	CaCl₂	熔点	152	KNO₃	414	100.7	NaPO₃	827	197.5
	CsCl	664	89.2	KPO₃	897	155.5	Na₂SO₄	900	194.8
	CsNO₃	426	91.8	K₂SO₄	1306	128.8	Na₂WO₄	710	203.3
	CsSO₄	1036	111.3	S₂WO₄	925	161.0	PbCl₂	490	138
	InCl₂	405	89	LiCl	614	131.8	KBr	熔点	83.5

注：括号内的数据为物质对本身蒸气的表面张力，其余为对空气的。

● 参考文献

[1] 兰州大学. 有机化学实验 [M]. 4 版. 北京：高等教育出版社，2017.

[2] 高占先，于丽梅. 有机化学实验 [M]. 5 版. 北京：高等教育出版社，2016.

[3] 强根荣，金红卫，盛卫坚. 新编基础有机化学实验（Ⅱ）[M]. 3 版. 北京：化学工业出版社，2020.

[4] 曾和平. 有机化学实验 [M]. 5 版. 北京：高等教育出版社，2020.

[5] 尤启冬. 药物化学 [M]. 4 版. 北京：化学工业出版社，2021.

[6] 郭栋才，蔡炳新，陈贻文. 基础化学实验 [M]. 3 版. 北京：科学出版社，2021.

[7] 李兆陇，阴金香，林天舒. 有机化学实验 [M]. 北京：清华大学出版社，2001.

[8] Arai K J，Tamura S H，Kawai K I，et al. A novel electrochemical synthesis of ureides from esters [J]. Chemical & Pharmaceutical Bulletin，1989，37（11）：3117-3118.

[9] Pinhey J T，Rowe B A. The α-arylation of derivatives of malonic acid with aryllead triacetates. New syntheses of ibuprofen and phenobarbital [J]. Tetrahedron Letters，1980，21（10）：965-968.

[10] Lafont O，Cavé C，Ménager S，et al. New chemical aspects of primidone metabolism [J]. European Journal of Medicinal Chemistry，1990，25（1）：61-66.

[11] Hyon S H，Jamshidi K，Ikada Y. Synthesis of polylactides with different molecular weights [J]. Biomaterials，1997，18（22）：1503-1508.

[12] Filice M，Guisan J M，Palomo J M. Recent trends in regioselective protection and deprotection of monosaccharides [J]. Current Organic Chemistry，2010，14（6）：516-532.

[13] Tang J，Chen X，Zhao C Q，et al. Iodination/amidation of the N-alkyl（iso）quinolinium salts [J]. The Journal of Organic Chemistry，2021，86（1）：716-730.

[14] Fang Z X，Wang Y，Wang Y H. Synthesis of 4-iodoisoquinolin-1(2H)-ones by a dirhodium（Ⅱ）-catalyzed 1,4-bisfunctionalization of isoquinolinium iodide salts [J]. Organic Letters，2019，21（2）：434-438.

[15] Luo W K，Xu C L，Yang L. I_2/TBHP mediated multiple C—H bonds functionalization of azaarenes with methylarenes to synthesize iodoisoquinolinones via iodination/N-benzylation/amidation sequence [J]. Tetrahedron Letters，2019，60（52）：151328.

[16] Reddy C R，Mallesh K. Rh(Ⅲ)-catalyzed cascade annulations to access isoindolo [2,1-b] isoquinolin-5(7H)-ones via C—H activation：synthesis of rosettacin [J]. Organic Letters，2017，20（1）：150-153.

[17] Jin Y H，Ou L Y，Yang H J，et al. Visible-light-mediated aerobic oxidation of N-alkylpyridinium salts under organic photocatalysis [J]. Journal of the American Chemical Society，2017，139（40）：14237-14243.

[18] Marchese A D，Larin E M，Mirabi B，et al. Metal-catalyzed approaches toward the oxindole core [J]. Accounts of Chemical Research，2020，53（8）：1605-1619.

[19] 任志军，甘小婷，王大超，等. 银介导的3,3-二取代吲哚-2-酮衍生物的合成 [EB/OL]. 北京：中国科技论文在线 [2022-03-28].

[20] 任志军，罗维纬，周俊. 银介导的 N-芳基丙烯酰胺串联环化反应研究进展 [J]. 有机化学，2023，43（6）：2026-2039.

[21] Wu T，Sun L X，Cao Z，et al. Al-Li$_3$AlH$_6$：A novel composite with high activity for hydrogen generation [J]. International Journal of Hydrogen Energy，2014，39（20）：10392-10398.

[22] Li X Q，Liang H Q，Cao Z，et al. Simple and rapid mercury ion selective electrode based on 1-undecanethiol assembled Au substrate and its recognition mechanism [J]. Materials Science and Engineering：C，2017，72（1）：26-33.

[23] Zeng J L，Chen Y H，Shu L，et al. Preparation and thermal properties of exfoliated graphite/erythritol/mannitol eutectic composite as form-stable phase change material for thermal energy storage [J]. Solar Energy Materials and Solar Cells，2018，178：84-90.

[24] Zeng J L，Zheng S H，Yu S B，et al. Preparation and thermal properties of palmitic acid/polyaniline/exfoliated graphite nanoplatelets form-stable phase change materials [J]. Applied Energy，2014，115（15）：603-609.

[25] 杨道武，曾巨澜. 基础化学实验（下）[M]. 武汉：华中科技大学出版社，2009.

[26] 孙尔康，高卫，徐维清，等. 物理化学实验 [M]. 2版. 南京：南京大学出版社，2010.

[27] 易平贵，郑柏树. 物理化学实验 [M]. 北京：中国矿业大学出版社，2013.

[28] 吕喜风，梁鹏举，王芳. 物理化学实验 [M]. 北京：化学工业出版社，2020.

[29] 宿辉，白青子. 物理化学实验 [M]. 北京：北京大学出版社，2011.

[30] 陈茂龙，王少芬，童海霞. 巧用二组分金属固液相图的测绘实验讲授 Origin 软件入门 [J]. 化学教育，2019，40（6）：85-88.